타임차트 PLC 응용제어

김 일 호 저

GLOFA_GM7_PLC프로그램
MELSEC_FX3U_PLC프로그램
XGT_XBC DR32H_PLC프로그램
MASTER_K120S _PLC프로그램

오성미디어

머 리 말

타임차트에 의한 PLC 제어 응용 교재는 현재 산업현장에 많이 사용되는 MELSEC, GLOFA, XGT, XGI PLC 에 대한 프로그램 연습 할 수 있는 방법을 설명 하였다. PLC에 하드적 구성은 별반 차이가 없지만 PLC 소프트웨어에 차이로 많은 종류의 PLC프로그램을 접히는 것이 현실이다. 현장에서 PLC를 접하는 모는 기술인들이 타임차트를 활용하여 PLC프로그램 연습을 31개만 능숙하게 프로그램 할 수 있다면 PLC응용력이 증가 할 것으로 생각한다.

특히 전기기능장 시험을 준비하는 기술인에게 MELSEC PLC 활용 할 것을 권하고 십다. 현재 산업사회에서 만이 활용되는 이유이지만 요즘 XGT기종도 성능이 좋다. 새로운 장비를 활용함이 바람직 하다 고 생각한다.

PLC를 처음 접하는 기술인에게는 GLOFA를 권한다. GLOFA PLC를 배우면 SIMENS PLC 습득에 도움이 된다. 향후 PLC 기술은 점점 증가 추세로 갈 것이다. PLC전문 기술 인력도 증가추세로 대형 장비제어에 PLC기술이 대세다. 열심히 PLC를 공부 하여 자동화 전문직으로 평생직업 평생기술 이루기를 필자는 소망합니다.

저자

차 례

타임차트 PLC 프로그램

부 록

1. 타임차트를 이용한 램프제어(1)

1) 타임차트

동작설명: P1을 ON하면 M0에 의해 자기 유지되고 P0를 ON하면 초기화 되다.① P1을 ON한 상태에서 L1, L2, L3가 2초 간격으로 1회 동작 후 정지. ② L1, L2, L3가 계속 반복동작 ③ 카운터를 사용하여 5회 반복동작 후 정지 할 수 있게 PLC 프로그램 연습을 한다.

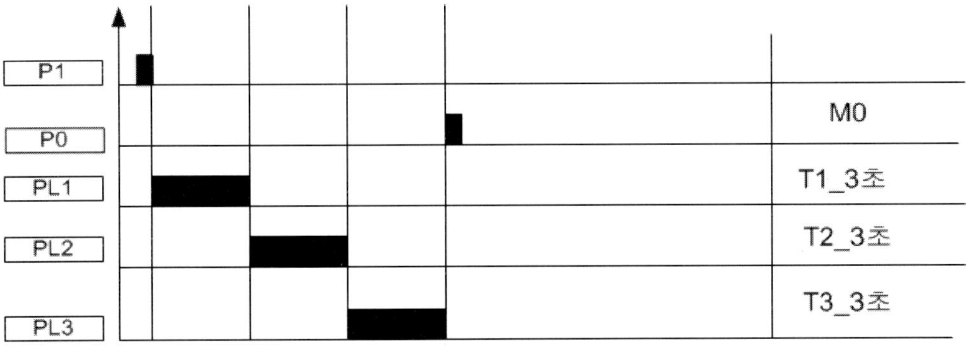

그림 1. 램프제어 타임차트(1)

2) 램프제어 타임차트(1) PLC 입출력 결선도

PLC입력은 P0, P1, PLC출력은 PL1, PL2, PL3 로 설정 한다.

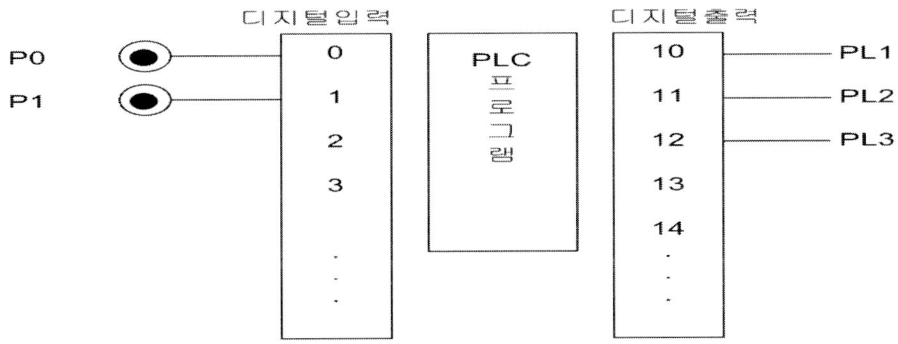

그림 2. 램프제어 타임차트(1) PLC 입출력 결선도

3) 램프제어 타임차트(1) PLC 프로그램

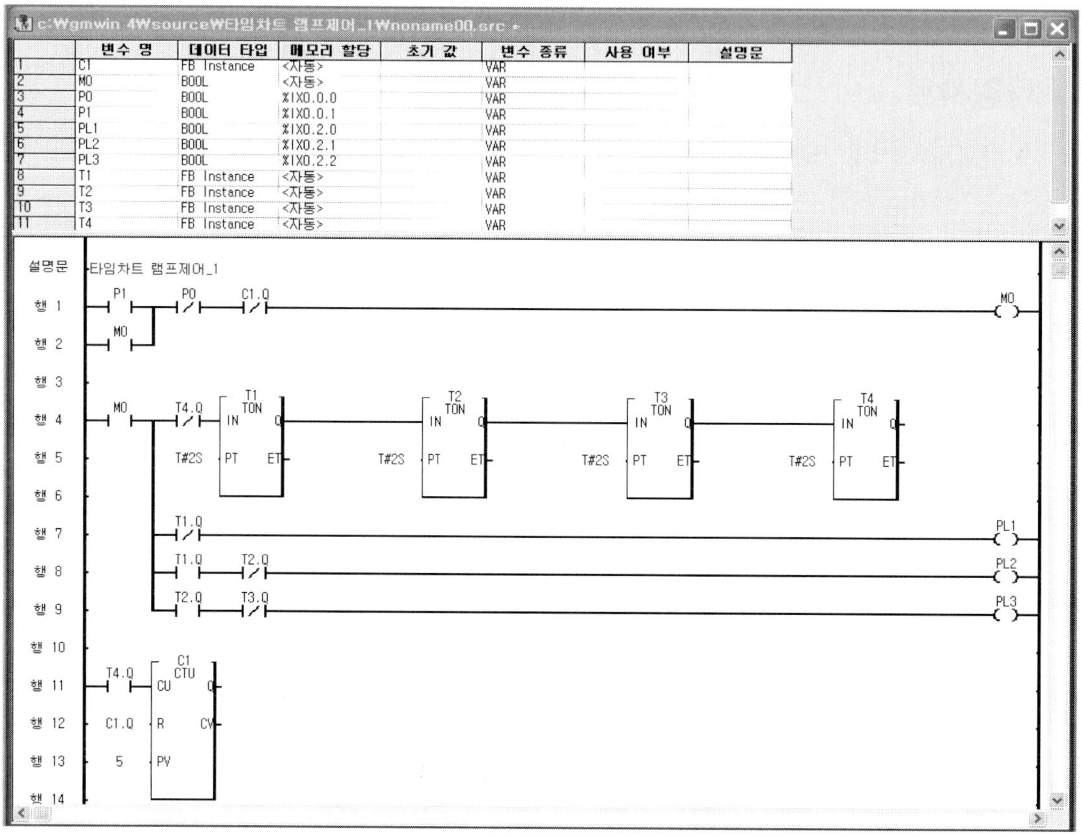

그림 3. 램프제어 타임차트(1)PLC 프로그램

메 모

2. 타임차트를 이용한 램프제어(2)

1) 타임차트

동작설명 : P1을 ON하면 PL1 3초 점등, PL2 3초점등, PL3, 6초점등, PL4 9초 점등 된다.

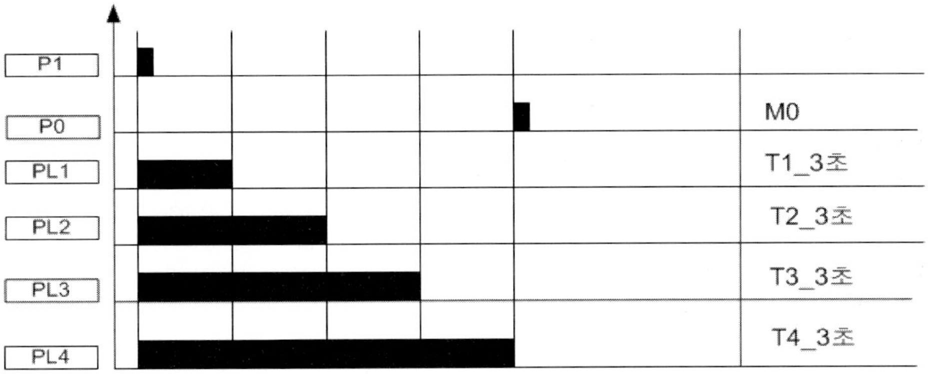

그림 4. 램프제어 타임차트(2)

2) 램프제어 타임차트(2) PLC 입출력 결선도

PLC입력은 P0, P1, PLC출력은 PL1, PL2, PL3, PL4로 설정 한다.

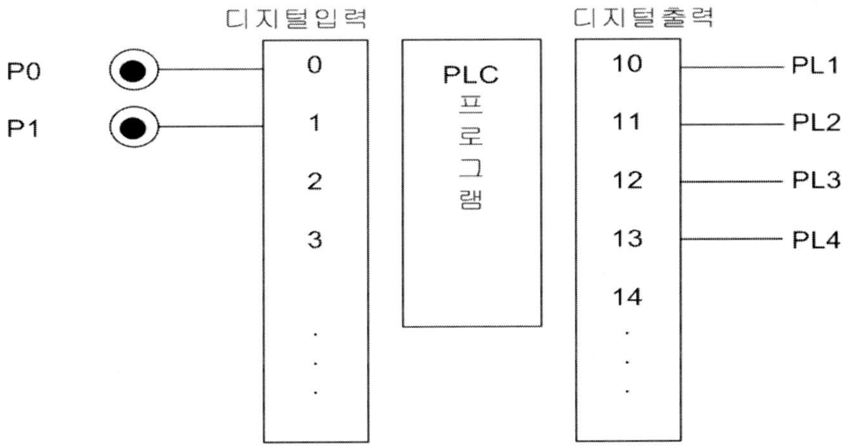

그림 5. 램프제어 타임차트(2) PLC입출력 결선도

3) 램프제어 타임차트(2) PLC 프로그램

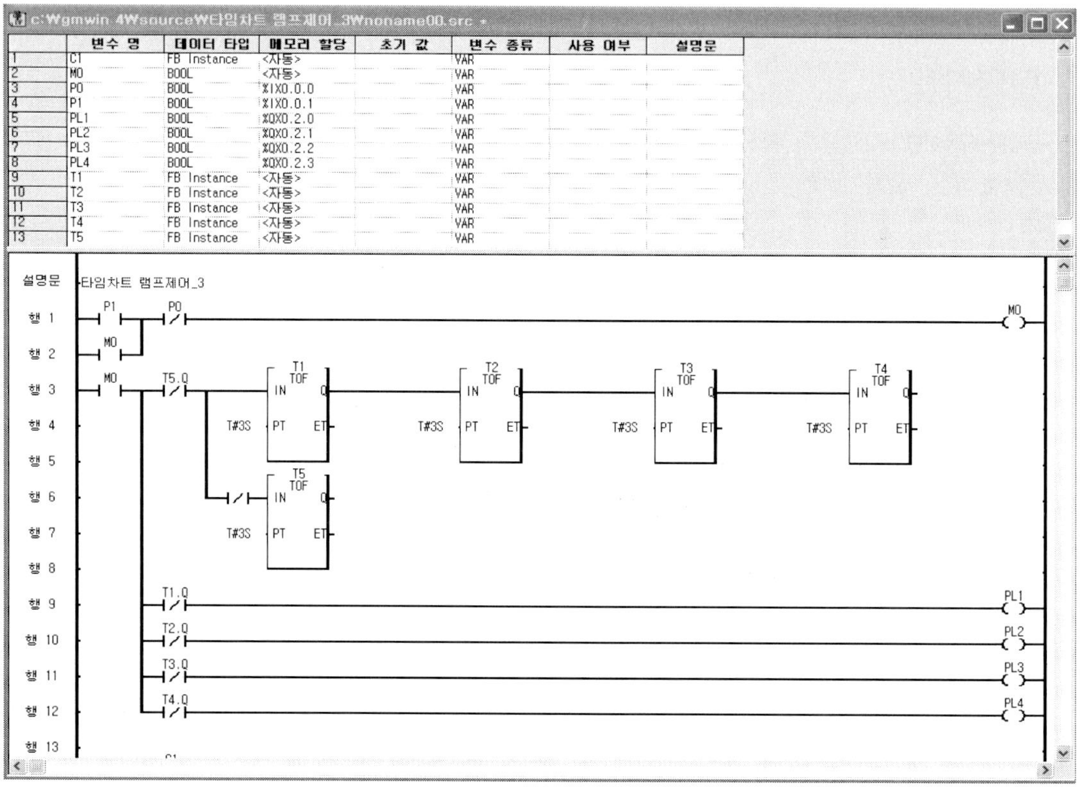

그림 6. 램프제어 타임차트(2) PLC 프로그램

메 모

3. 타임차트를 이용한 램프제어(3)

1) 타임차트

동작설명: P1 ON 하면 MO에 의해 자기유지 되고, P0에 의해 초기화 된다. 타이머에 의해 PL1, PL2, PL3, PL2, PL1 순으로 3초 간격으로 5회 반복 후 소등한다.

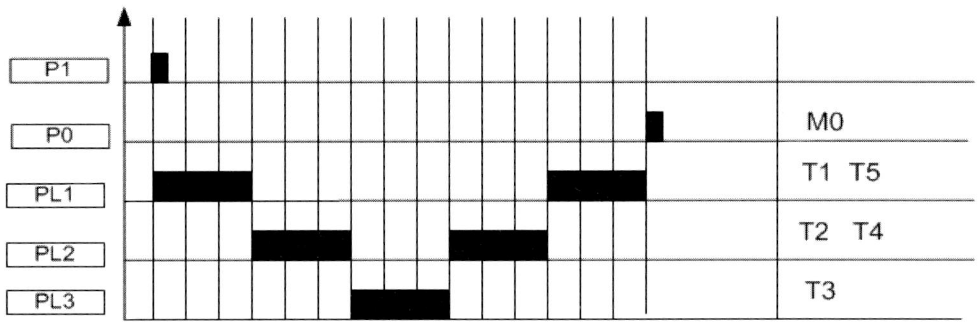

그림 7. 램프제어 타임차트(3)

2) 램프제어 타임차트(3) PLC 입출력 결선도

PLC입력은 P0, P1, PLC출력은 PL1, PL2, PL3,로 설정 한다.

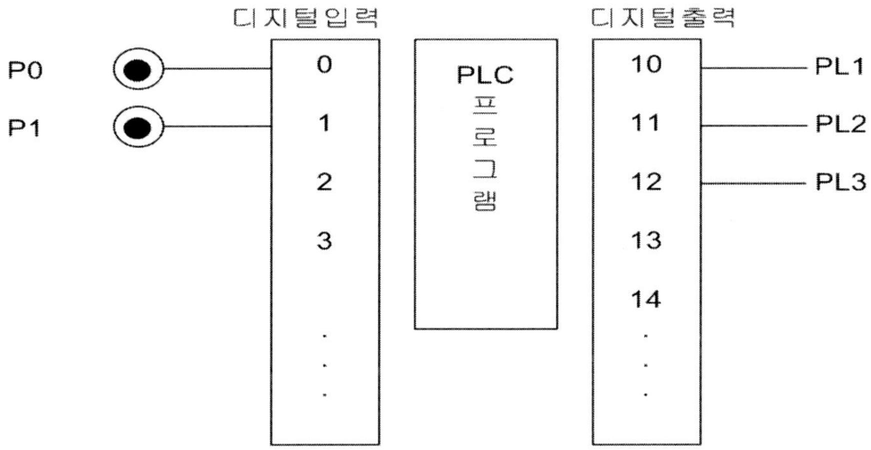

그림 8. 램프제어 타임차트(3) PLC 입출력 결선도

3) 램프제어 타임차트(3) PLC 프로그램

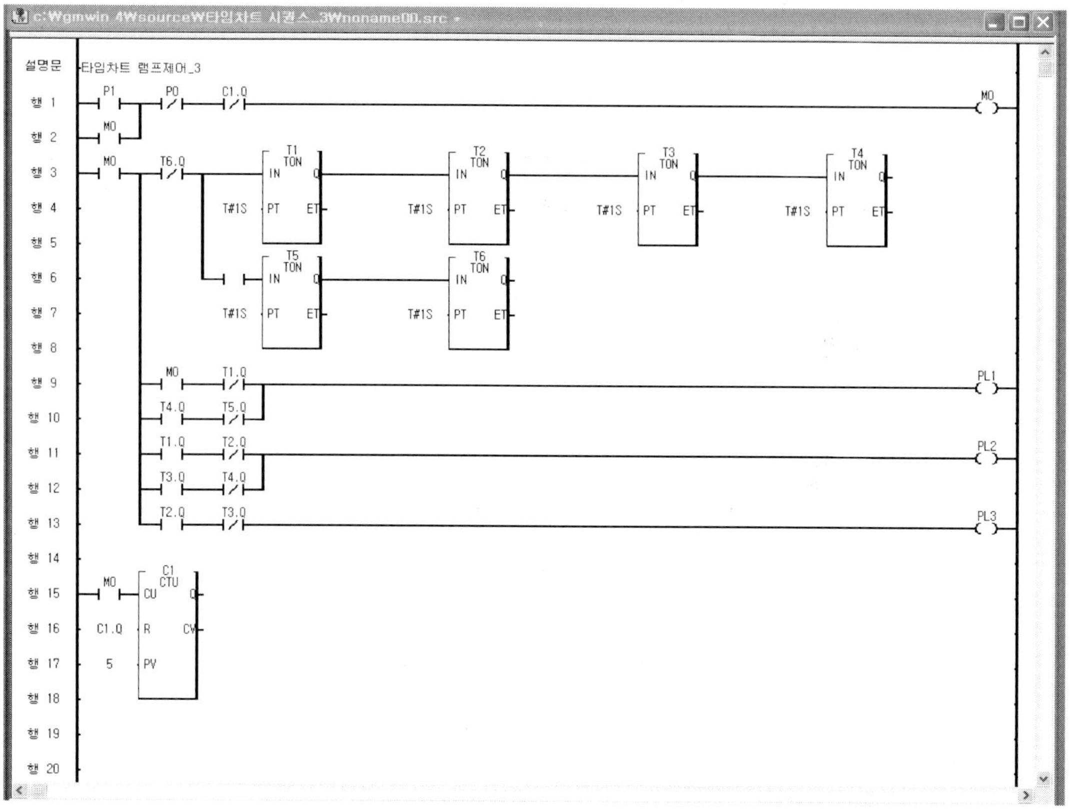

그림 9. 램프제어 타임차트(3) PLC 프로그램

메 모

4. 타임차트를 이용한 램프제어(4)

1) 타임차트

동작설명 : P1을 ON하면 M0에 의해 자기 유지 된다. P0를 ON하면 초기화 된다. 타이머에 의해 PL1 + PL5, PL1+PL4, PL2+PL3 순으로 램프가 2개 씩 점등된다. 5회 반복 후 소등된다.

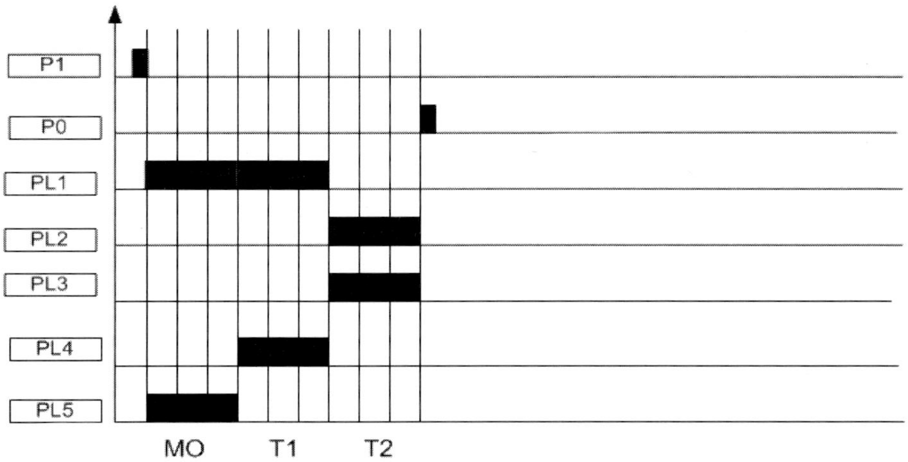

그림 10. 램프제어 타임차트(4)

2) 램프제어 타임차트(4) PLC 입출력 결선도

PLC입력은 P0, P1, PLC출력은 PL1, PL2, PL3, PL4, PL5 로 설정 한다.

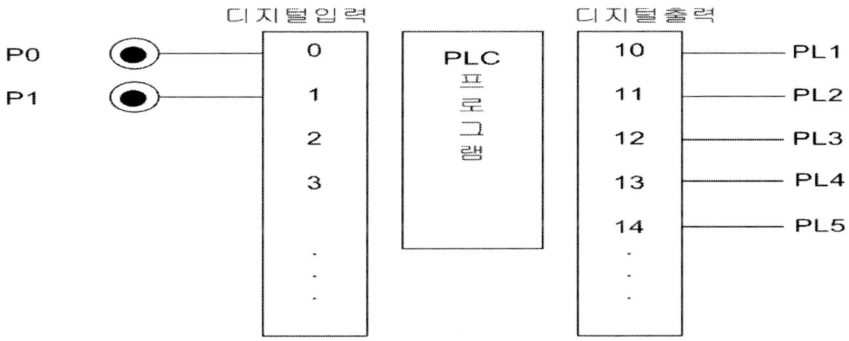

그림 11. 램프제어 타임차트(4) PLC 입출력 결선도

2) 램프제어 타임차트(4) PLC 입출력 PLC프로그램

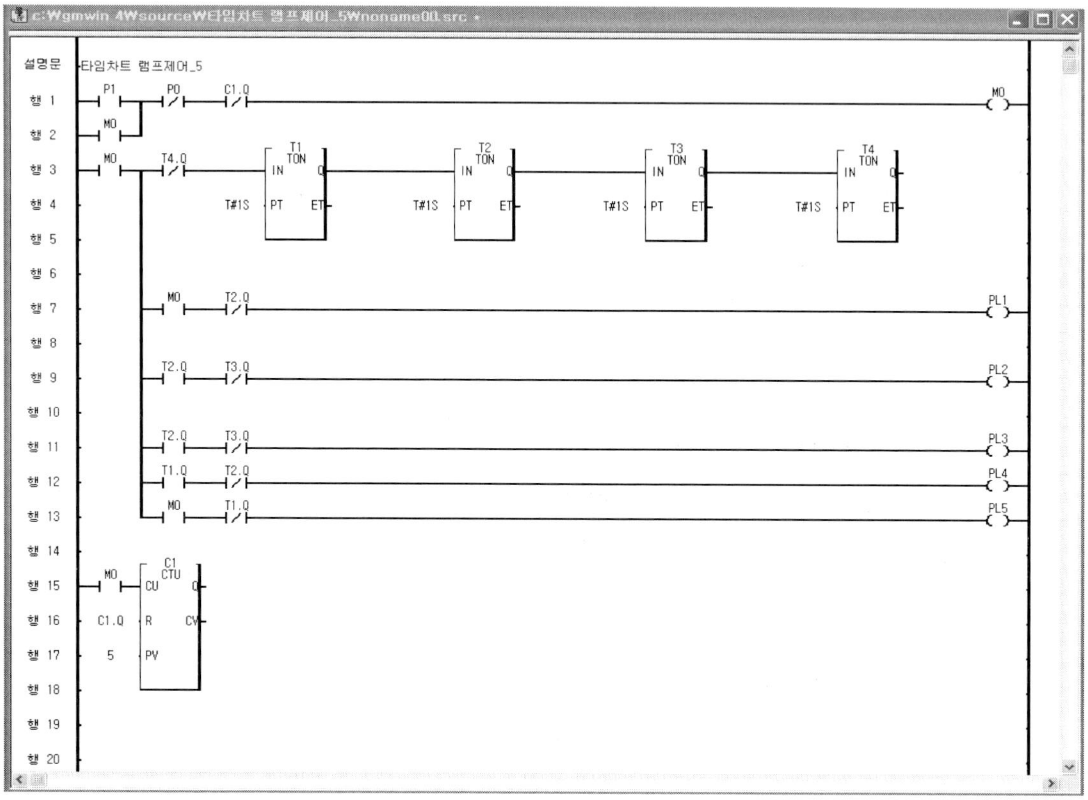

그림 12. 램프제어 타임차트(4) PLC 프로그램

메 모

5. 타임차트를 이용한 램프제어(5)

1) 타임차트

동작설명 : P1을 ON하면 M0에 의해 자기 유지 된다. P0를 ON하면 초기화 된다. 타이머에 의해 PL1 + PL2, PL3+PL4, PL1+PL3, PL2+PL4 PL2+PL3, PL1+PL4 순으로 램프가 2개 씩 점등된다. 5회 반복 후 소등된다.

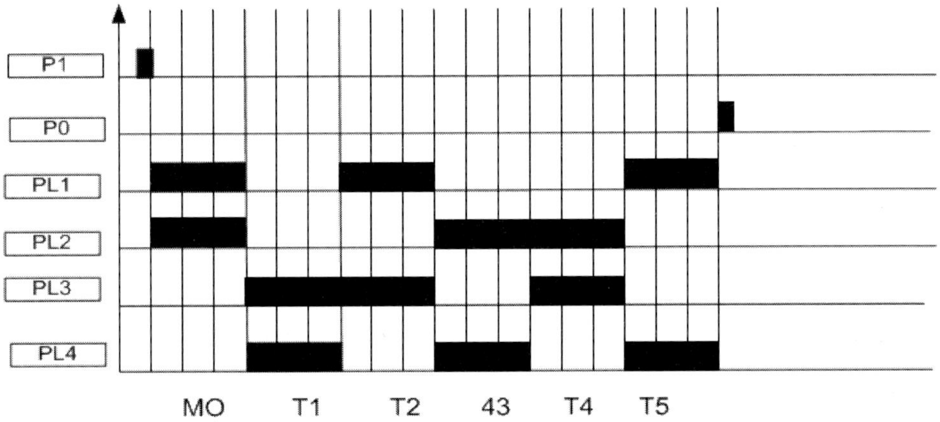

그림 13. 램프제어 타임차트(5)

2) 타임차트 램프제어(5) PLC입출력 결선도

PLC입력은 P0, P1, PLC출력은 PL1, PL2, PL3, PL4, 로 설정 한다.

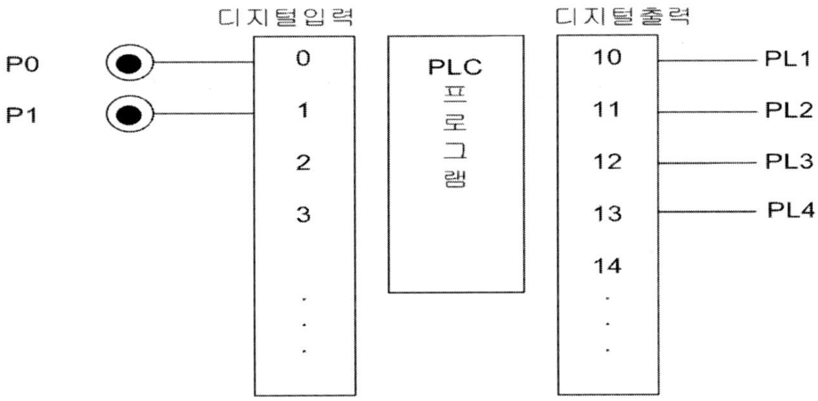

그림 14. 램프제어 타임차트(5) PLC 입출력 결선도

3) 램프제어 타임차트(5) PLC 프로그램

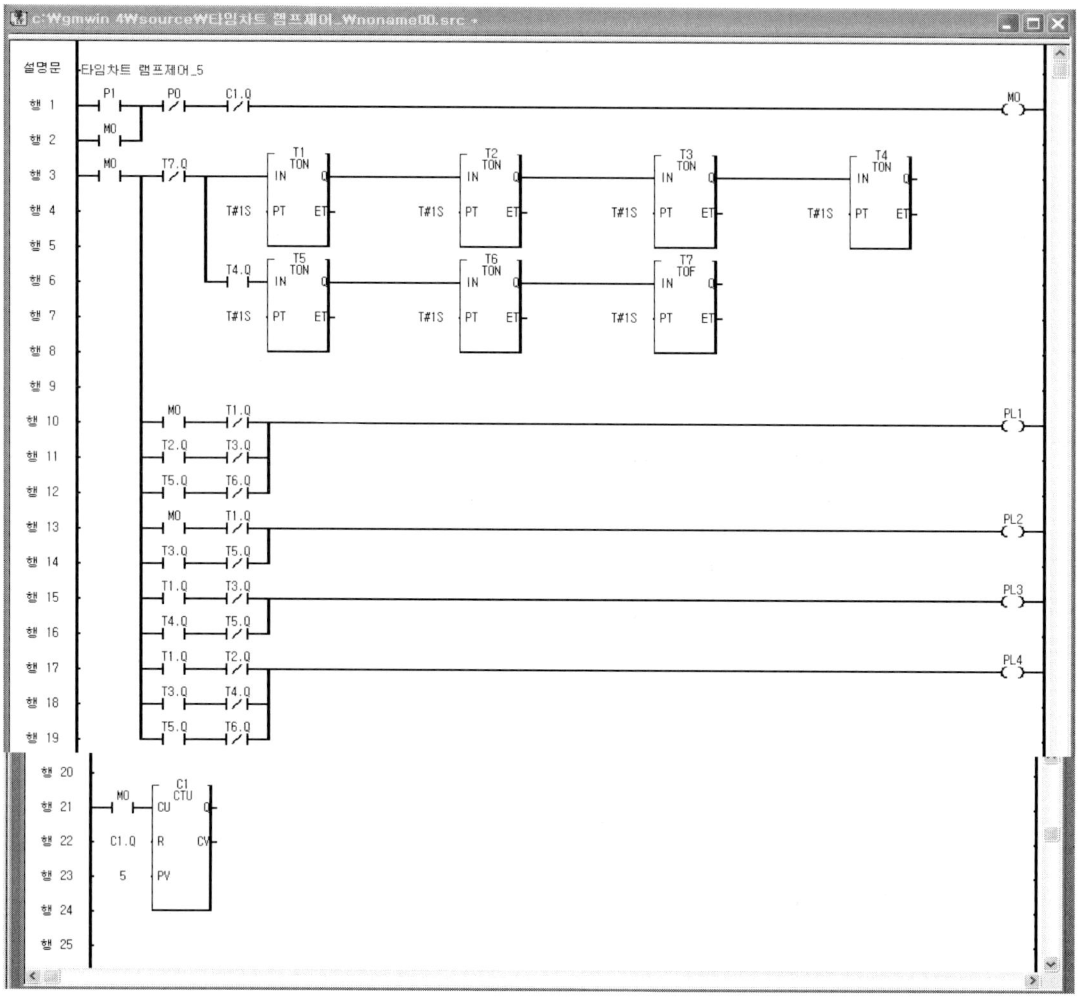

그림 15. 램프제어 타임차트(5) PLC 프로그램

메 모

6. 타임차트를 이용한 램프제어(6)

1) 타임차트

동작설명: 타이머를 활용하여 PL1,1초 점등 후 소등 10회 후 PL2가 3초 점등 후 소등을 반복 한다.

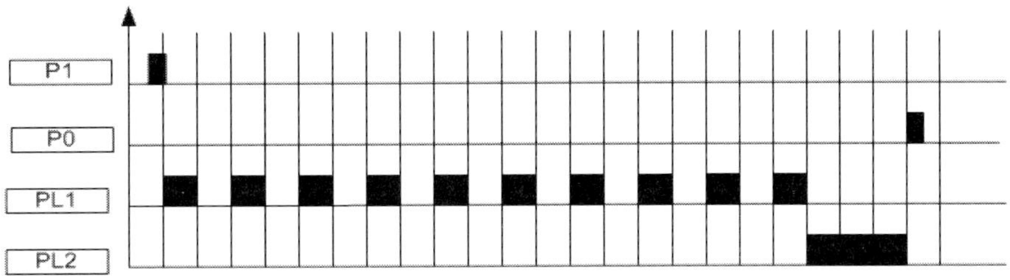

그림 16. 램프제어 타임차트(6)

2) PLC 입출력 결선도

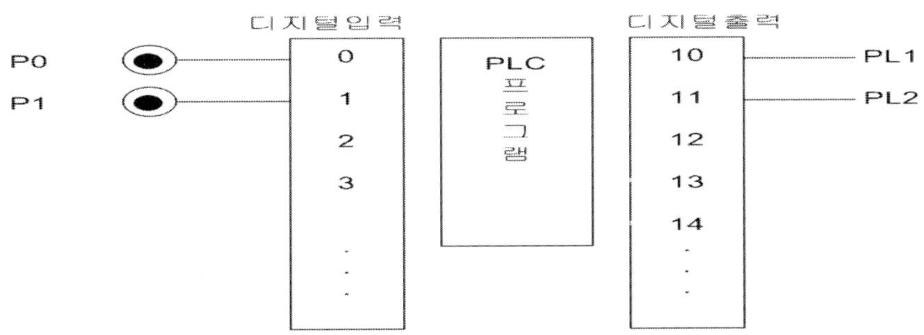

그림 17. 램프제어 타임차트(6)PLC 입출력 결선도

메 모

3) 램프제어 타임차트(6) PLC 프로그램

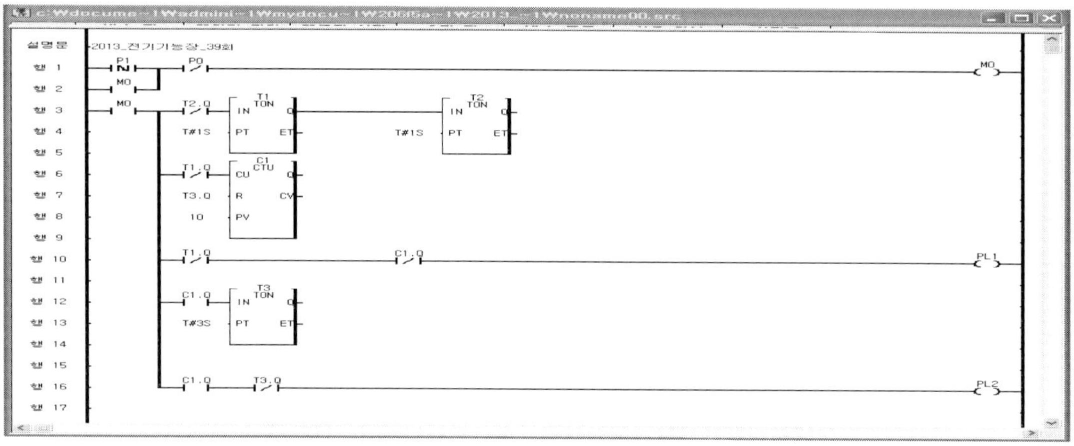

그림 18. 램프제어 타임차트(6)PLC 프로그램

메 모

7. 전동기 순차제어(1)

1) 타임차트

동작설명 : P1 _ON 입력하면 3대의 컨베이어를 순서에 따라 기동 시 [A - B - C] 순서로 기동하고, 정지 시 [C- B- A] 순서로 정지한다.

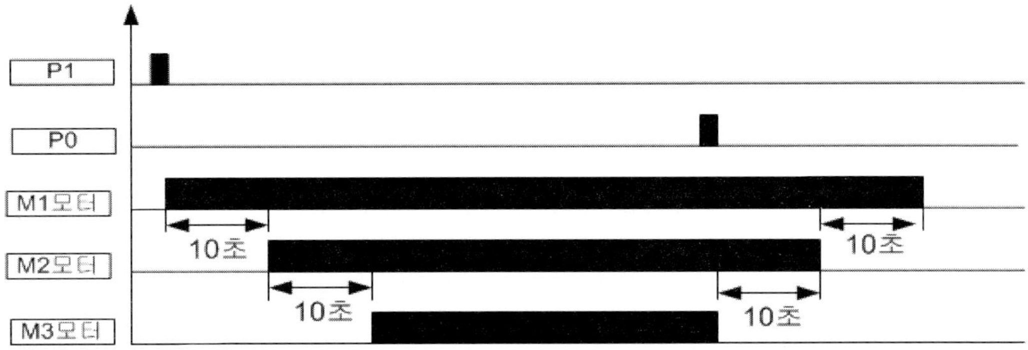

그림 19. 전동기순차제어(1) 입출력 결선도

2) 타임차트에 의한 램프제어(7) PLC 입출력 결선도

PLC 입력은 P1, P0 PLC 출력은 M1_모터, M2_모터, M3_모터를 출력으로 설정한다.

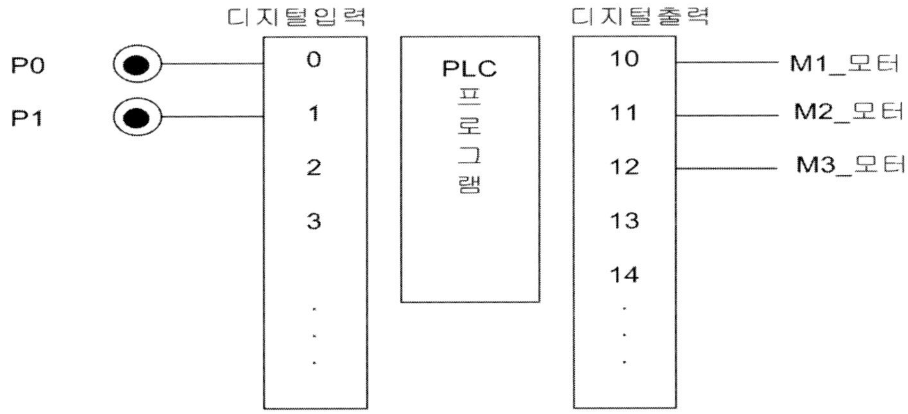

그림 20. 전동기순차제어(1) PLC 입출력 결선도

3) 전동기 순차제어(1) PLC 프로그램

	변수 명	데이터 타입	메모리 할당	초기 값	변수 종류	사용 여부	설명문
1	A	BOOL	%QX0.0.0		VAR		
2	B	BOOL	%QX0.0.1		VAR		
3	C	BOOL	%QX0.0.2		VAR		
4	M0	BOOL	<자동>		VAR		
5	M1	BOOL	<자동>		VAR		
6	P0	BOOL	%IX0.0.0		VAR		
7	P1	BOOL	%IX0.0.1		VAR		
8	T1	FB Instance	<자동>		VAR		
9	T10	FB Instance	<자동>		VAR		
10	T11	FB Instance	<자동>		VAR		
11	T2	FB Instance	<자동>		VAR		

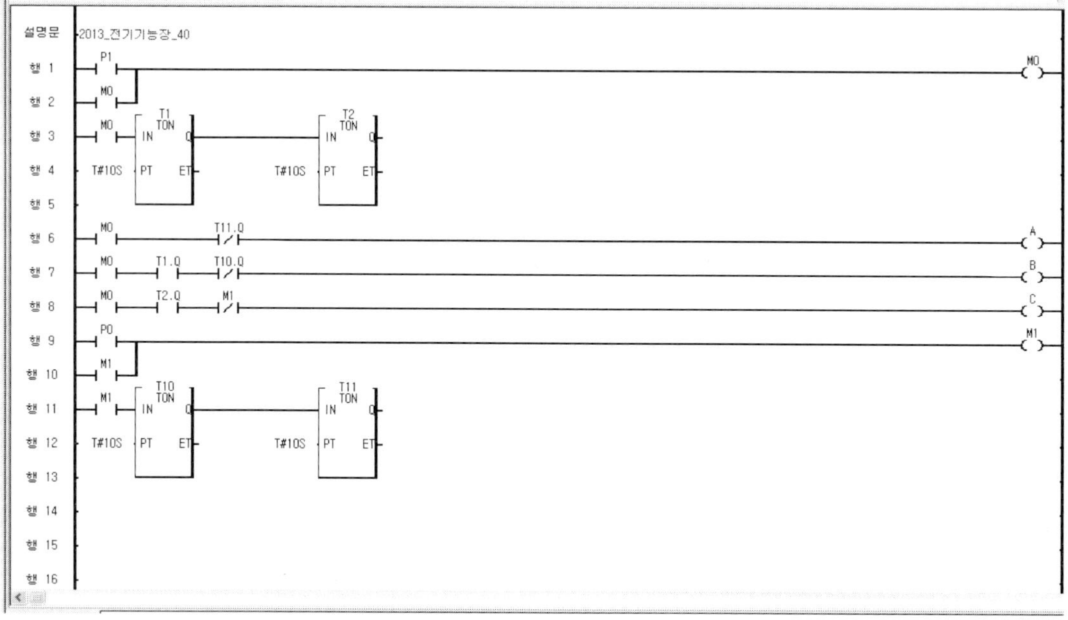

그림 21. 전동기순차제어(1) PLC 프포그램

메 모

8. 전동기 순차제어(2)

1) 타임차트

동작설명: P1 _ON 입력하면 3대의 컨베이어를 순서에 따라 기동 시 [A - B - C] 순서로 기동하고, 정지시 [A- B- C] 순서로 정지한다.

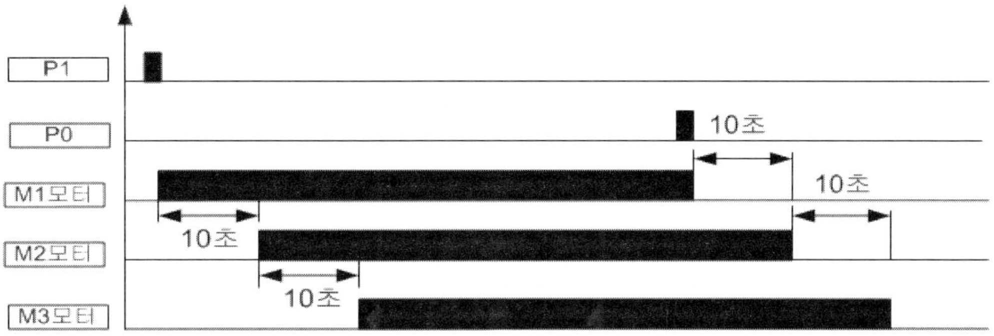

그림 22. 전동기순차제어(2) PLC 입출력 결선도

2) 전동기 순차제어(2) PLC 입출력 결선도

PLC 입력은 P1, P0 PLC 출력은 M1_모터, M2_모터, M3_모터를 출력으로 설정한다.

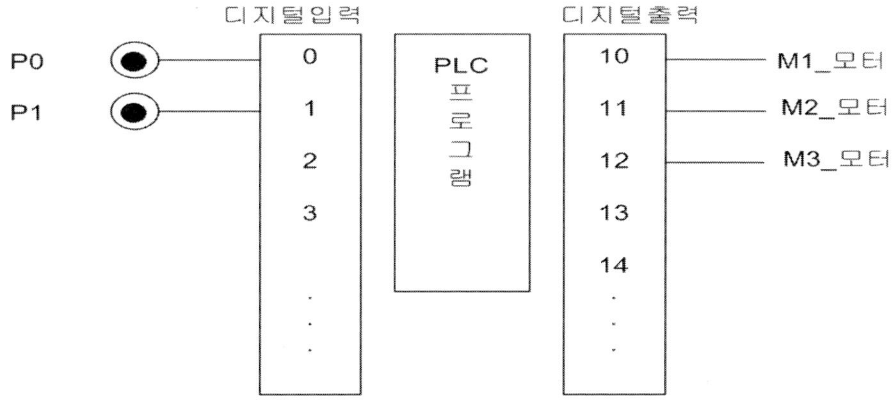

그림 23. 전동기순차제어(1) PLC 입출력 결선도

3) 전동기 순차제어(2) PLC 프로그램

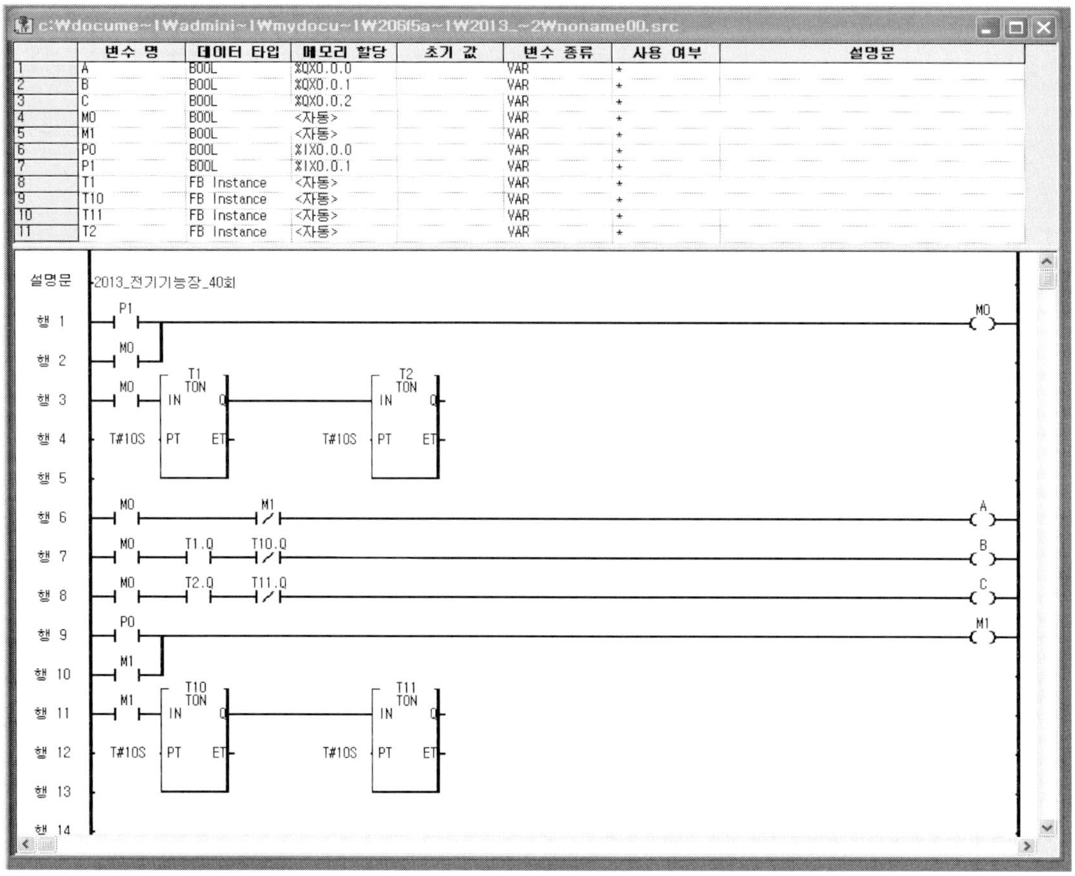

그림 24. 전동기순차제어(2) PLC 프로그램

메 모

9. 타임차트를 이용한 램프제어(7)

1) 타임차트

동작설명 : P1 _ON 입력하면 자기 유지되며, P1를 누르면 PL1이동작하며, 3초 후 소등, PL2가점등되고 3초 후 소등, PL3가 점등되고 3초 후 소등, 동작을 반복한다. P0_ON 하면 PL1, PL2, PL3 소등 한다.

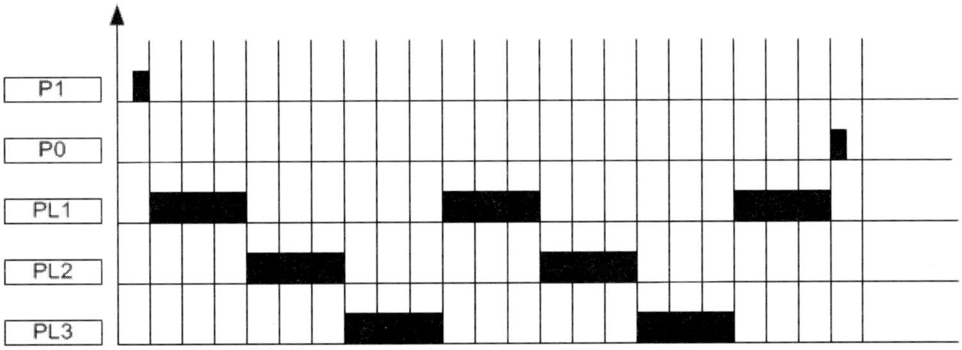

그림 25. 램프제어 타임차트(7)

2) 타임차트를 이용한 램프제어(7) PLC 입출력 결선도

PLC 입력은 P1, P0 PLC 출력은 PL1, PL2, PL3 로 설정 한다.

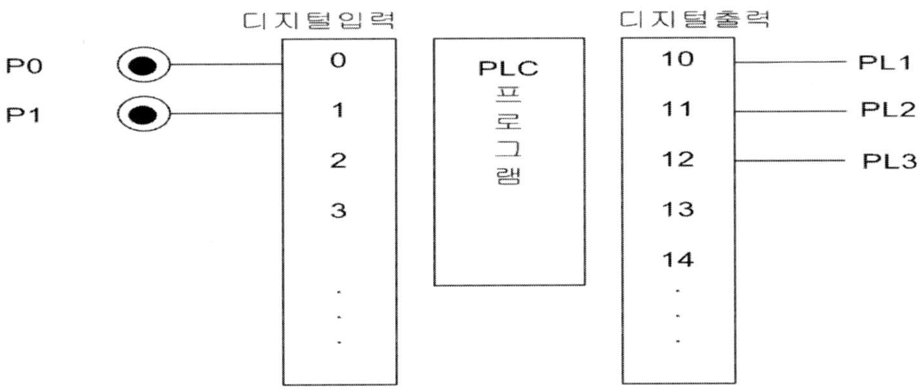

그림26. 램프제어 타임차트(7) PLC 입출력 결선도

3) 램프제어 타임차트(7) PLC 프로그램

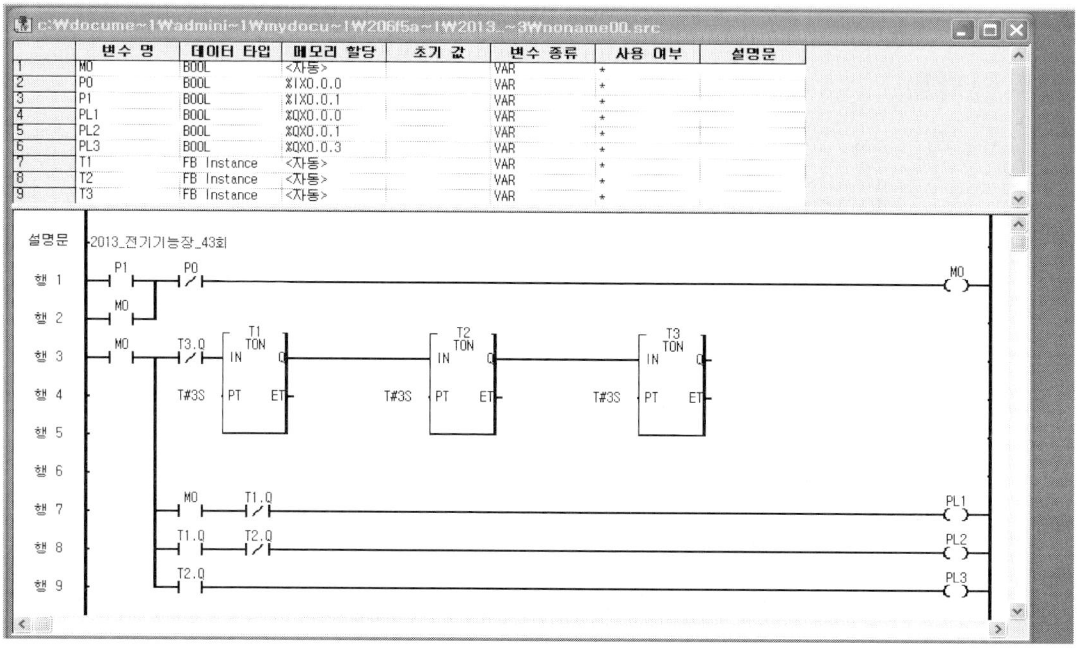

그림 27. 램프제어 타임차트(7) PLC 프로그램

메 모

10. 카운터(CTU)에 의한 램프제어(1)

1) 타임차트

동작설명 : P1를 3번 눌렀다 놓으면 PL1이점등 되며 , 2초 후 PL2가 1초간 격으로 점멸 한다. 또 3초 후 PL3이 점등 한다.3] P0_ON 하면 PL1이 소등되며, 3초 후 PL2가 소등 되고, 3초 후 PL3가 소등 된다.

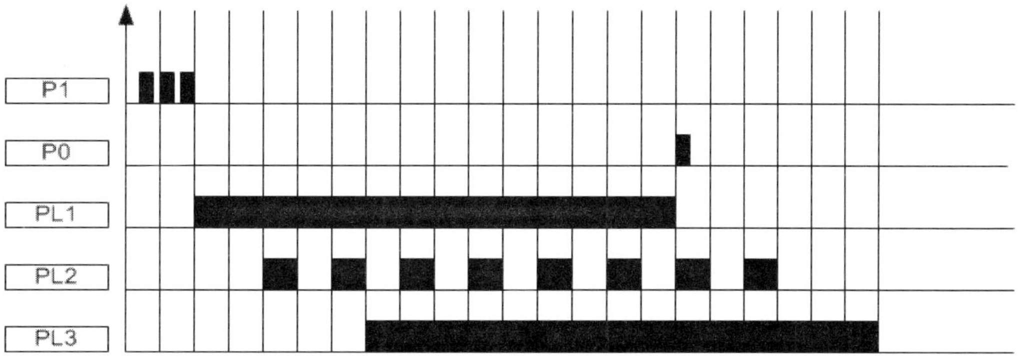

그림 28. 카운터(CTU)에 의한 램프제어(1)

2) 카운터에 의한 램프제어(1) PLC 입출력 결선도

PLC 입력은 P1, P0 PLC 출력은 PL1, PL2, PL3 로 설정 한다.

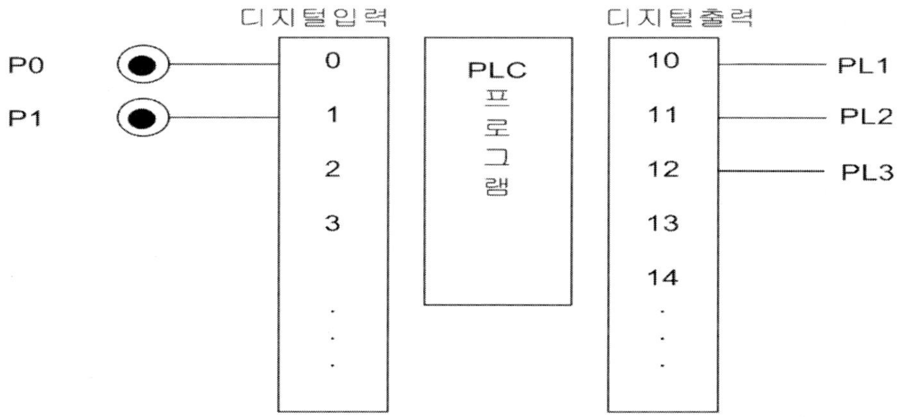

그림 29. 카운터(CTU)에 의한 램프제어(1) PLC 입출력 결선도

3) 카운터(CTU)에 의한 램프제어(1) PLC 프로그램

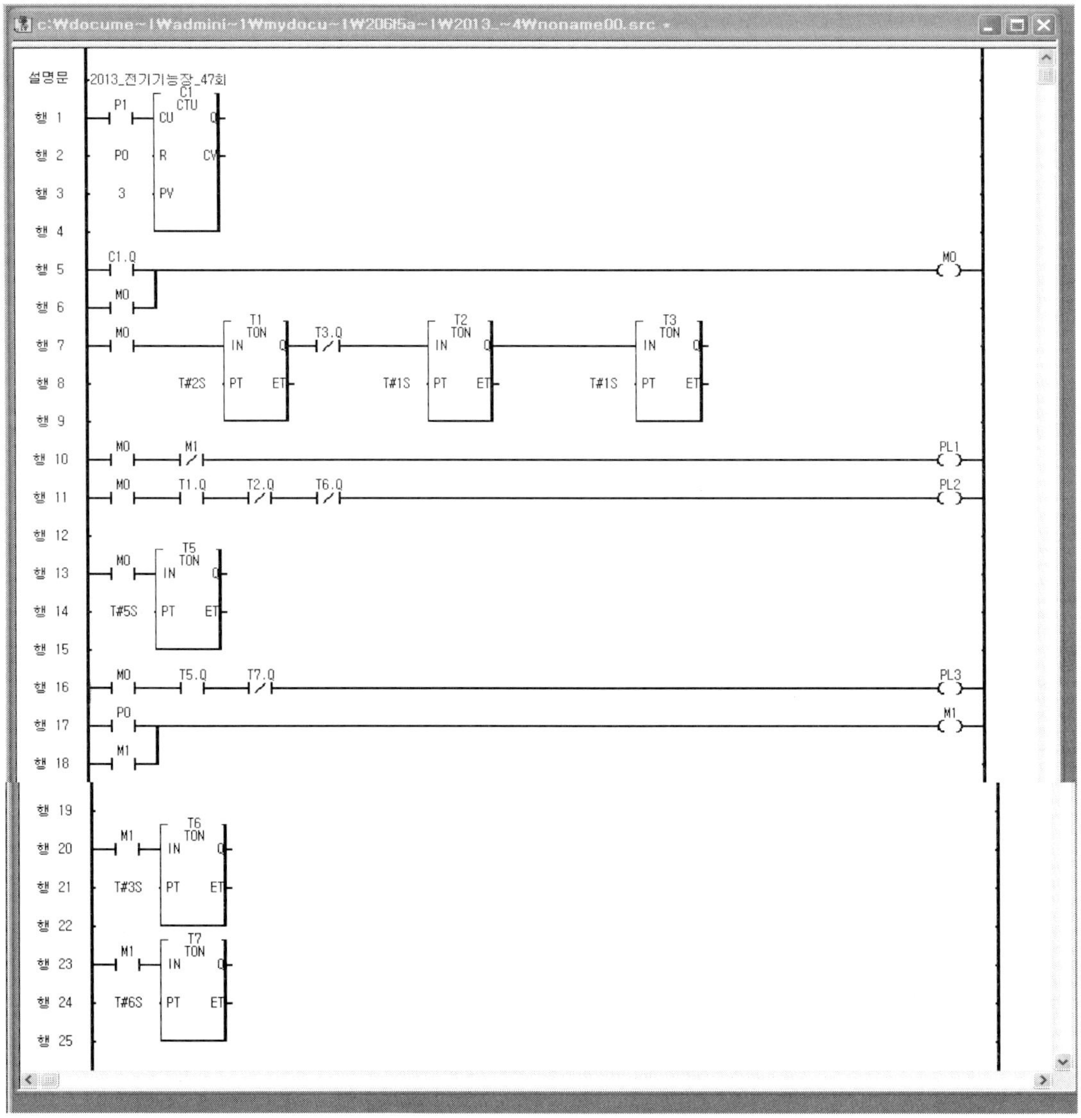

그림 30. 카운터(CTU)에 의한 램프제어(1) PLC 프로그램

메 모

11. 타임차트를 이용한 램프제어(8)

1) 타임차드

동작 설명 : P1를 ON 하면 PL1이 2초 점등 후 1초 소등을 계속 한다, PL1점등 2초 후 PL2가 1초 점등 2초 소등을 계속 한다, PL2점등 1초 후 PL3가 계속 점등 한다. P0_ON 하면 PL1이 소등되며, 3초 후 PL2가 소등되고, 3초 후 PL3가 소등 된다.

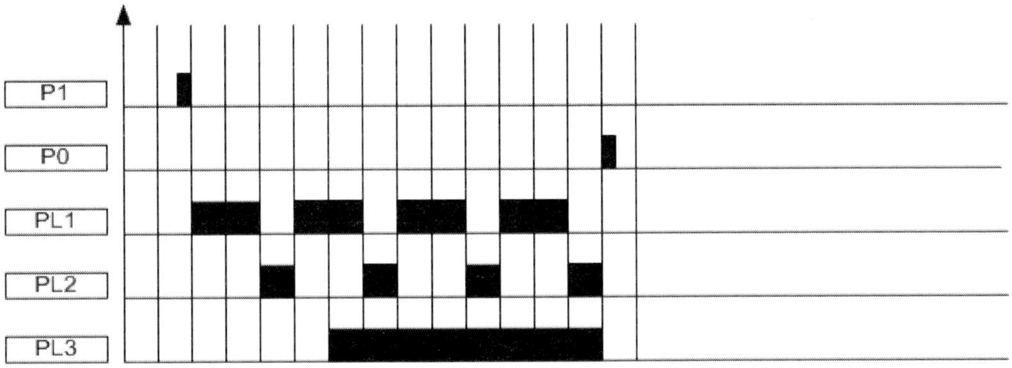

그림 31. 타임차트를 이용한 램프제어(8) PLC타임차트

2) 타임차트를 이용한 램프제어(8) PLC 입출력 결선도

PLC 입력은 P1, P0 PLC 출력은 PL1, PL2, PL3 로 설정 한다.

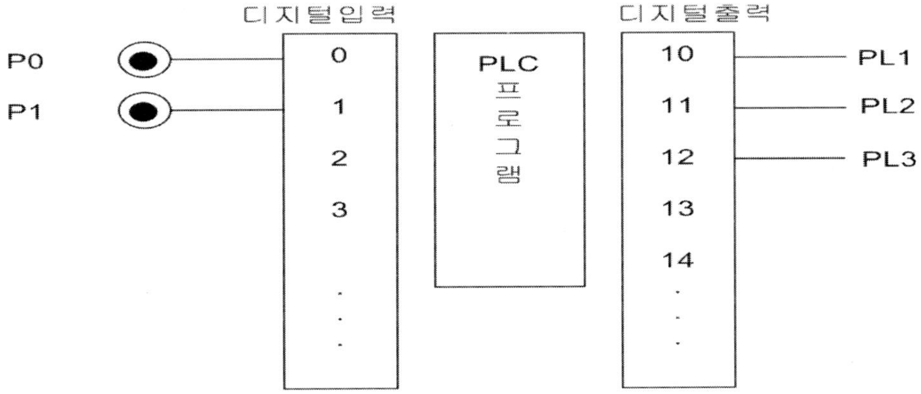

그림 32. 타임차트를 이용한 램프제어(8) PLC 입출력 결선도

3) 타임차트를 이용한 램프제어(8) PLC 프로그램

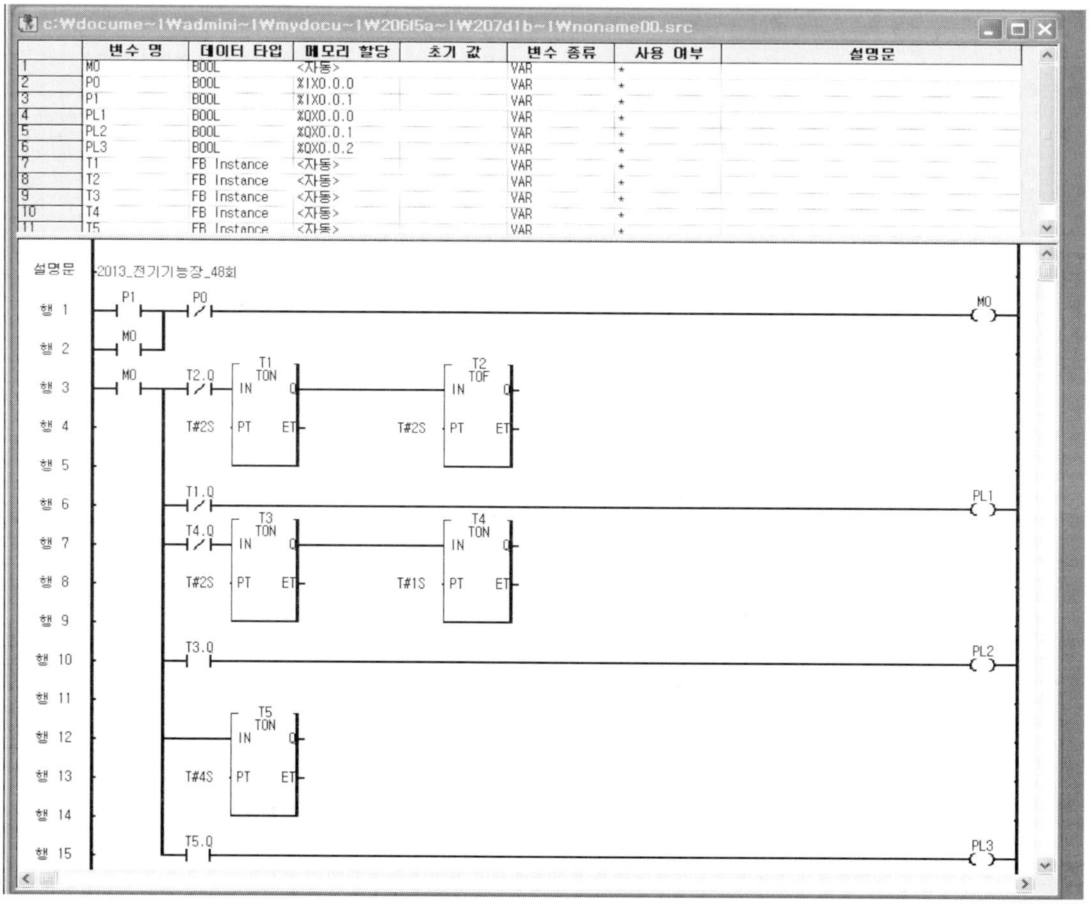

그림 33. 타임차트를 이용한 램프제어(8) PLC 프로그램

메 모

12. 타임차트를 이용한 램프제어(9)

1) 타임차트 동작설명

가. P1 _ON 입력하면

나. P1를 눌렀다 놓으면 1초 후 PL4가 점등되어 3초간 점등된 뒤 된 뒤 소등되고, PL3은 PL4가 소등된 후 1초 뒤 점등 되어 3초 후 소등되며. PL2는 PL3가 소등된 후 1초 뒤 점등 되어어 3초 후 소등되며, 1초 뒤 PL4가 다시 점등 된다.

다. P0를 누를 때 까지 위 사항을 계속 반복 동작 하며 P0를 누르면 동작중이던, PL2, PL3, PL4가 소등 된다.

라. PLC전원이 투입되면 PL1은 점등(1초) 소등(2초)을 반복 동작 한다.

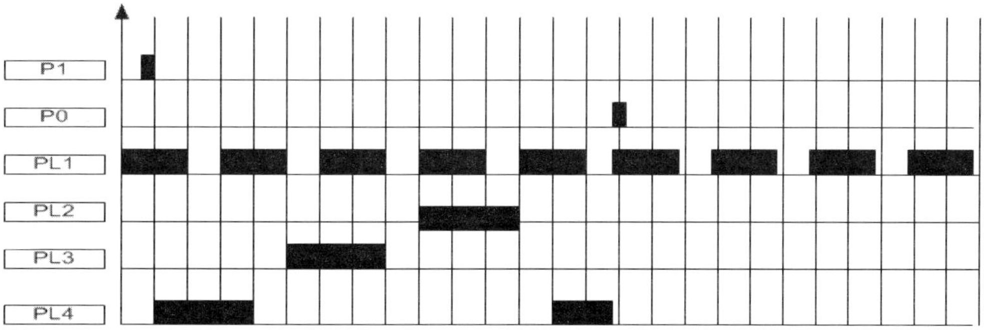

그림 34. 타임차트를 이용한 램프제어(9)

2) 타임차트를 이용한 램프제어(9) PLC 입출력 결선도

PLC 입력은 P1, P0 PLC 출력은 PL1, PL2, PL3, PL4로 설정 한다.

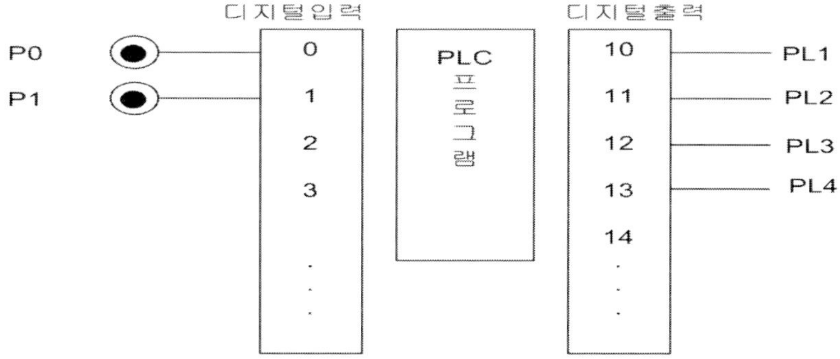

그림 35. 타임차트를 이용한 램프제어(9) PLC 입출력 결선도

3) 타임차트를 이용한 램프제어(9) PLC 프로그램

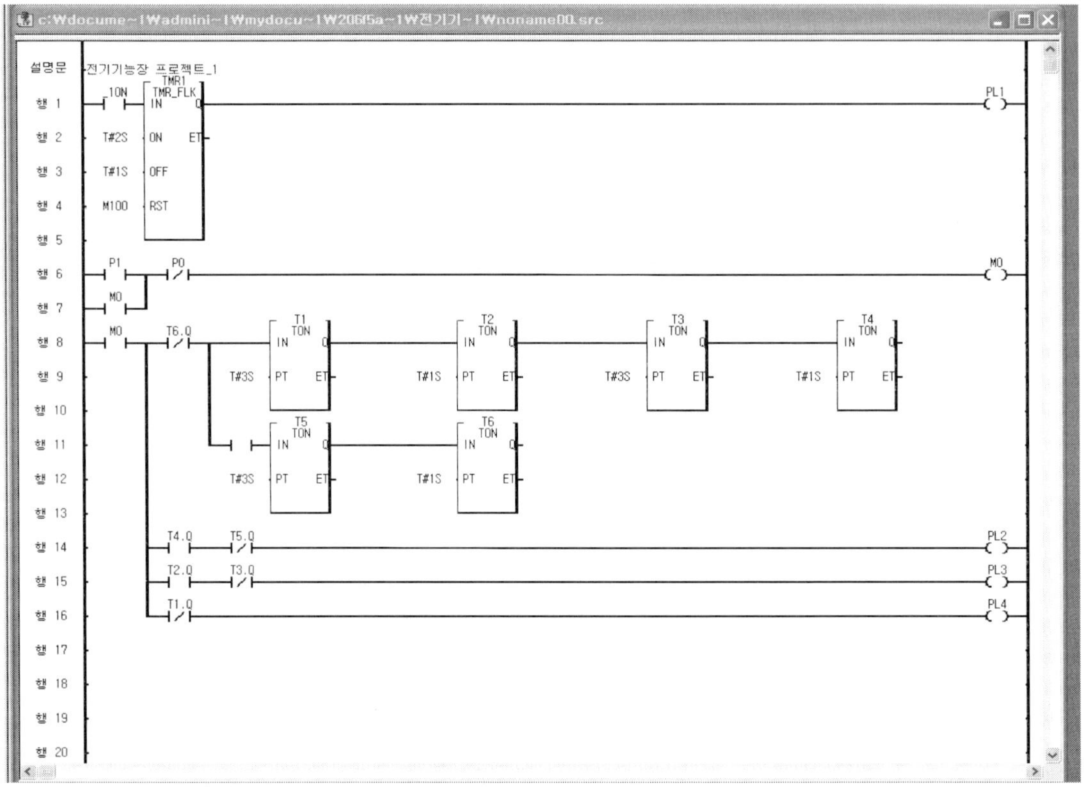

그림 36. 타임차트를 이용한 램프제어(9) PLC 프로그램

메 모

13. 카운터(CTUD)에 의한 램프제어(2)

1) 타임차트 동작설명

가. PB_UP와 PB _ down 의 입력에 의한 up _ down(설정치5)의 현재치가 5이상이면, PL1은 3초 간격으로 점멸 하고, PL2는 PL1이 점등된 후 2초 뒤 부터 1초 간격으로 점멸하며, PL3는 PL2가 점등된 후 2초 뒤부터 2초 간격으로 점멸한다.

나. up-down 카운터의 현재치가 5이상이면 위 사항을 계속 반복 동작하며 , 현재치가 5보다 적으면 동작중이던 PL1, PL2, PL3는 소등된다.

다. EOCR이 동작되면 X3 릴레이 접점에 의하여 YL 등(1초)_소등(1초) 점등(3초)_소등(1초) 을 반복, 동작하고 EOCR을 리셋하면 모든 동작은 멈춘다.

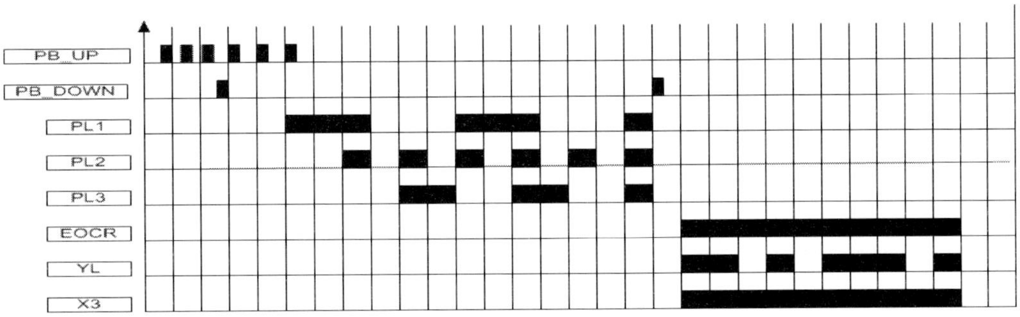

그림 37. 카운터(CTUD)에 의한 램프제어(2) 타임차트

2) 카운터(CTUD)에 의한 램프제어(2) PLC 입출력 결선도

PLC 입력은 PB_UP, PB_DOWN, EOCR, PLC 출력은 PL1, PL2, PL3, YL, X3 로 설정 한다.

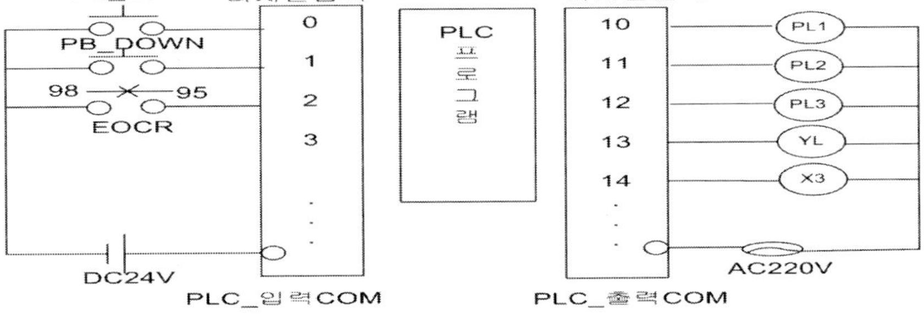

그림 38. 카운터(CTUD)에 의한 램프제어(2) PLC 입출력 결선도

3) P카운터(CTUD)에 의한 램프제어(2) LC 프로그램

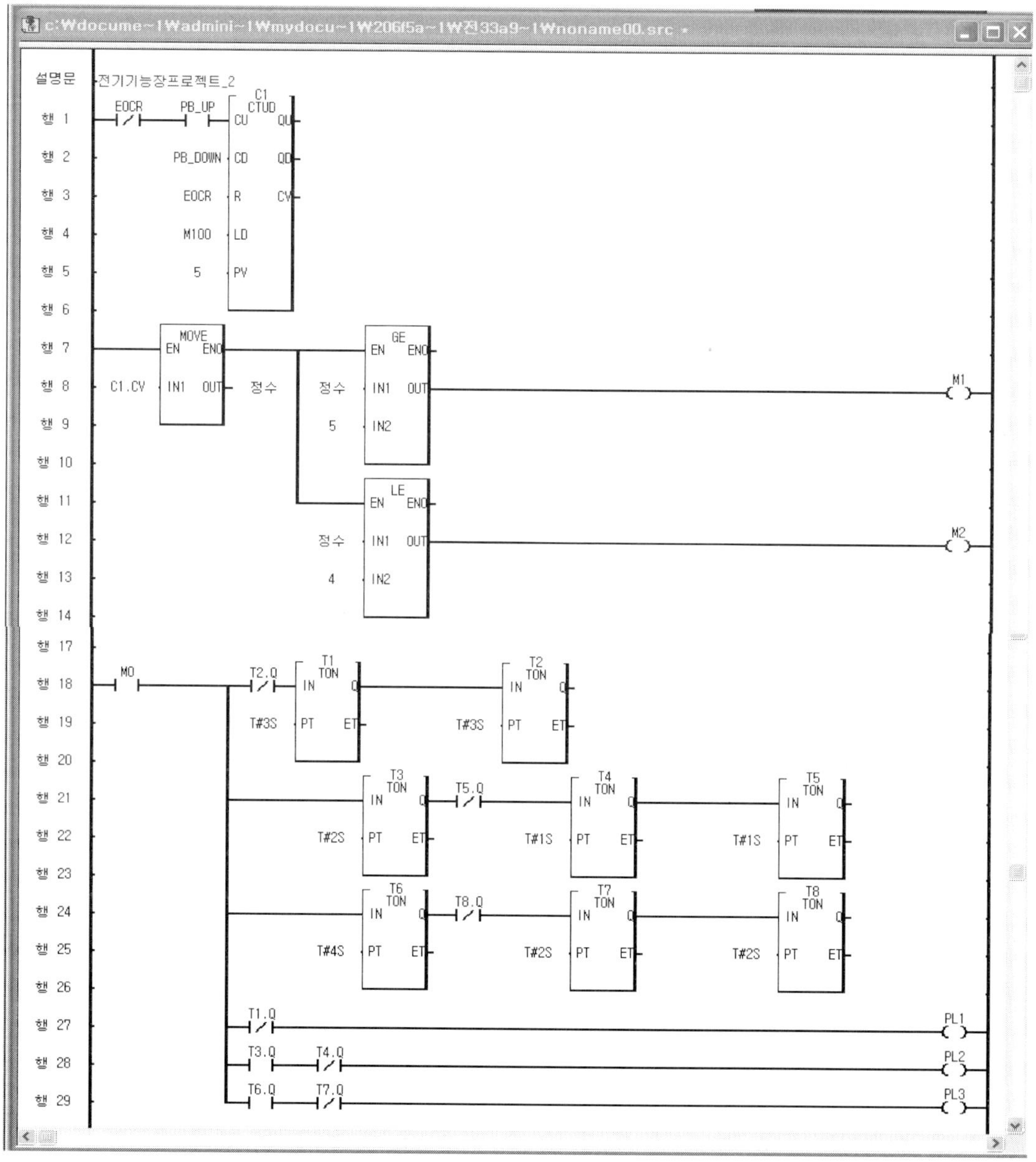

그림 39. 카운터(CTUD)에 의한 램프제어(2) PLC 프로그램

메 모

14. EOCR(X3)램프제어(1)

1) 타임차트 설명

가. PB-ON 을 눌렀다 놓으면 PL3은 1초간 점등되고, PL2는 PL3의 소등과 동시에 점등(2초간)되며,PL1은 PL2가 소등되기 1초전에 점등 되어 3초간 점등되고, 또한 PL1은 소등되기 1초전에 PL2가 재점 등(2 초간)된다.

나. PB-OFF를 누를 때까지 위 사항을 계속 반복 동작 하며, PB-OFF를 누르면 동작 중이던 PL1,PL2,PL3은 소등된다.

다. EOCR이 동작되면 X3 릴레이 접점에 의 하여 YL(점등(1초) - 소등 (1초)-점등 (2초)-소등(1초) - 점등(3초) - 소등(1초)을 반복 이 동작하고, EOCR을 리셋하면 모든 동작은 멈춘다.

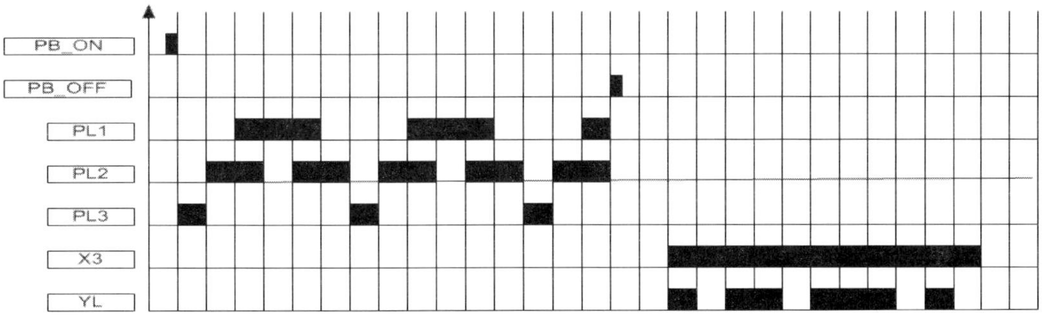

그림 40. EOCR(X3)램프제어(1)

2) EOCR(X3)램프제어(1)PLC 입출력 결선도

PLC 입력은 PB_ON, PB_OFF, X3, PLC 출력은 PL1, PL2, PL3, YL로 설정 한다.

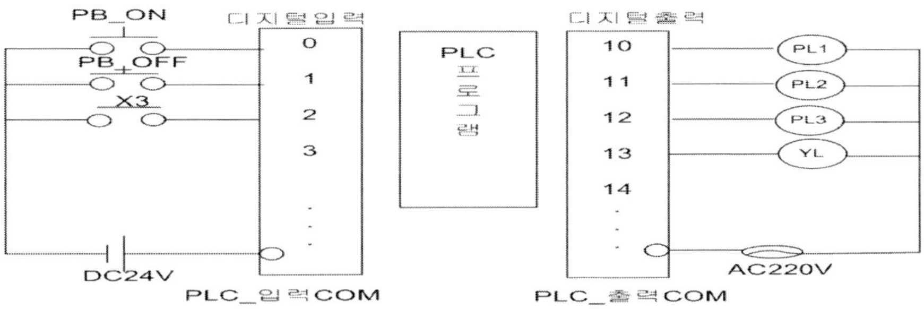

그림 41. EOCR(X3)램프제어(1) PLC 입출력 결선도

3) EOCR(X3)램프제어(1) PLC 프로그램

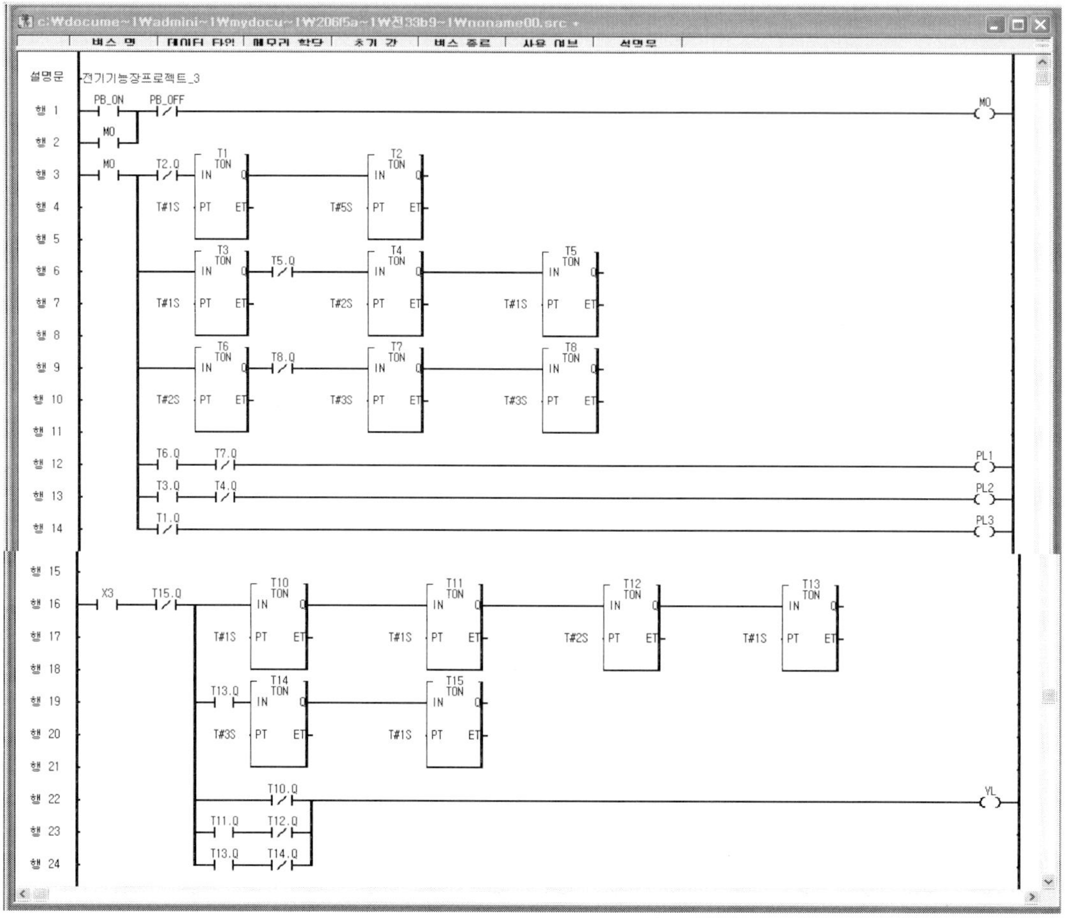

그림 42. EOCR(X3)램프제어(1) PLC 프로그램

메 모

15. EOCR(X3)램프제어(2)

1) 타임차트 동작설명

가. PB-ON을 누르면 PL1은 3초간 점등되고, PL2는 PL1소등 1초전에 점등되며 점등(2초)-소등(1초)-점등(1초)-소등(1초)을 동작하며 PL3은 PL2 소등 후 점등(1초)- 소등(1초)을 반복동작 한다.

나. PB-OFF를 누르기 전까지 위 사항을 계속 반복 동작 하며 , PB-OFF를 누르면 동작 중 이던 PL1, PL1, PL3은 소등된다.

다. EOCR이 동작되면 X3릴레이에 의하여 YL(점등(1초)-소등(1초)- 점등(2초) - 소등(1초)을 반복)이 동작하고, EOCR을 리셋 하면 모든 동작은 멈춘다.

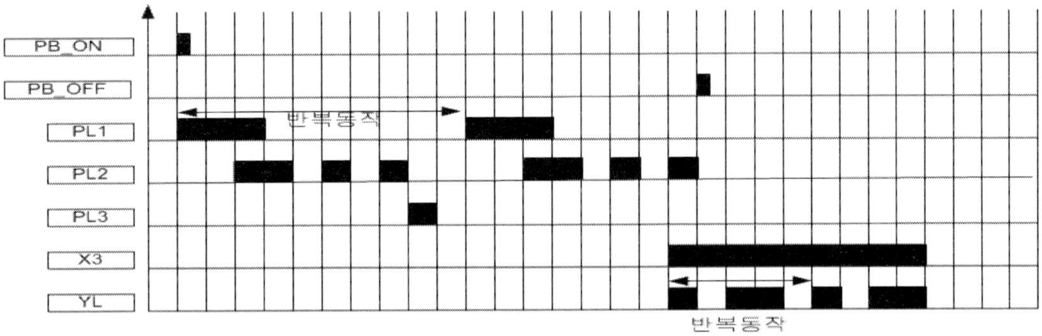

그림 43. EOCR(X3)램프제어(2) 타임차트

2) 램프제어 타임차트(15) PLC 입출력 결선도

PLC 입력은 PB_ON, PB_OFF, X3, PLC 출력은 PL1, PL2, PL3, YL, 로 설정 한다.

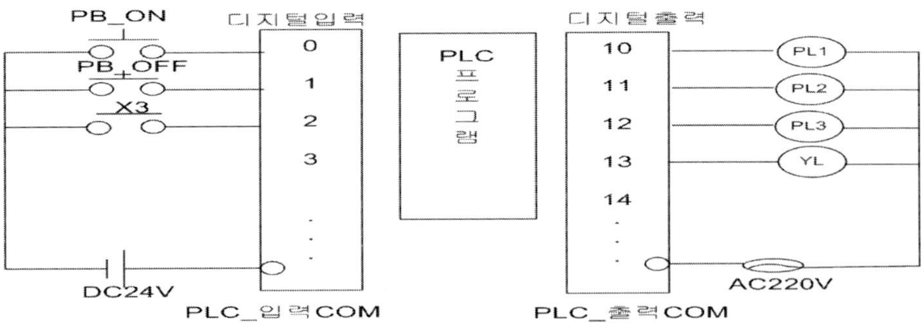

그림 44. EOCR(X3)램프제어(2) PLC 입출력 결선도

3) EOCR(X3)램프제어(2) PLC 프로그램

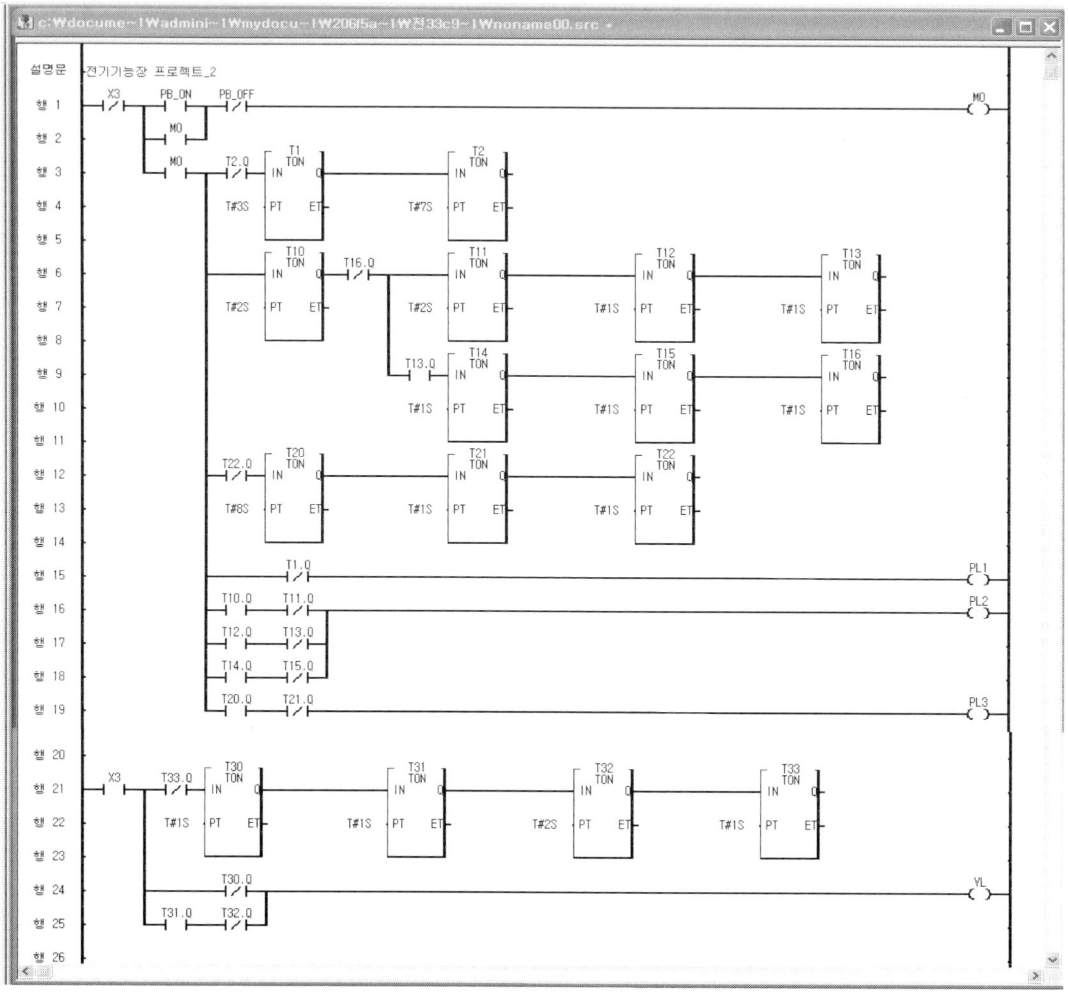

그림 45. EOCR(X3)램프제어(2) PLC 프로그램

메 모

16. EOCR램프제어(3)

1) 타임차트 동작설명

가. PB-ON을 눌렀다 놓으면 PL1은 3초간 점등되고, PL2는 PL1이 소등되기 1초 전 점등하여 2초간 점등되며, PL3는 PL2가 소등되기 1초전에 점등점등 되어 점등(3초)-소등(1초)-점등(1초)- 소등(1초)-점등(1초) 된 후 소등 된다.

나. PB-OFF를 누를 때가지 위 사항을 계속 반복동작 하며, PB-OFF를 누르면 동작중이던 L1, PL2, PL3은 소등된다.

다. EOCR이 동작되면 X3과 YL(점등(3초)-소등(1초)-점등(2초)- 소등(1초) -점등 (1초)을 반복)이 동작하고, EOCR을 리셋 하면 모든 동작은 멈춘다.

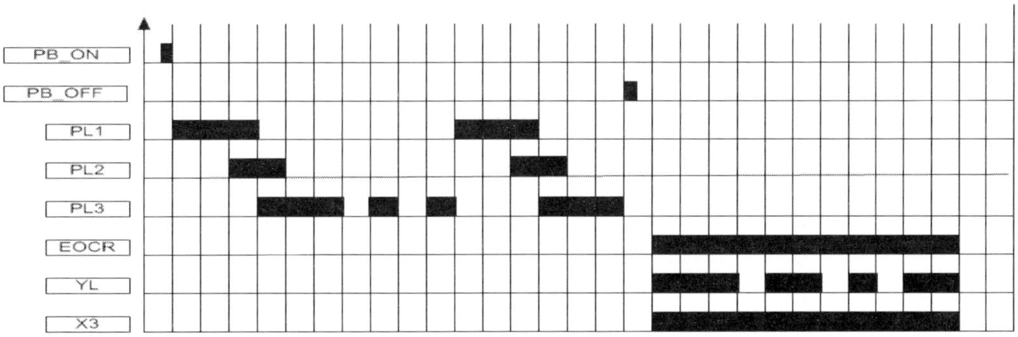

그림 46. EOCR램프제어(3) 타임차트

2) EOCR램프제어(3) PLC 입출력 결선도

PLC 입력은 PB_ON, PB_OFF, EOR, PLC 출력은 PL1, PL2, PL3, YL,X3 로 설정 한다.

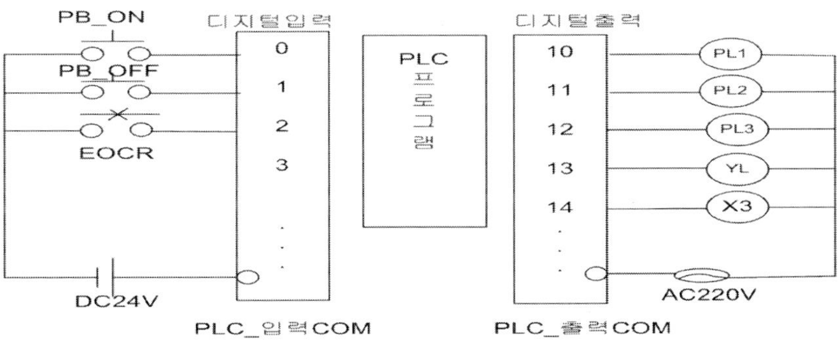

그림 47. EOCR램프제어(3) PLC 입출력 결선도

3) EOCR램프제어(3) PLC 프로그램

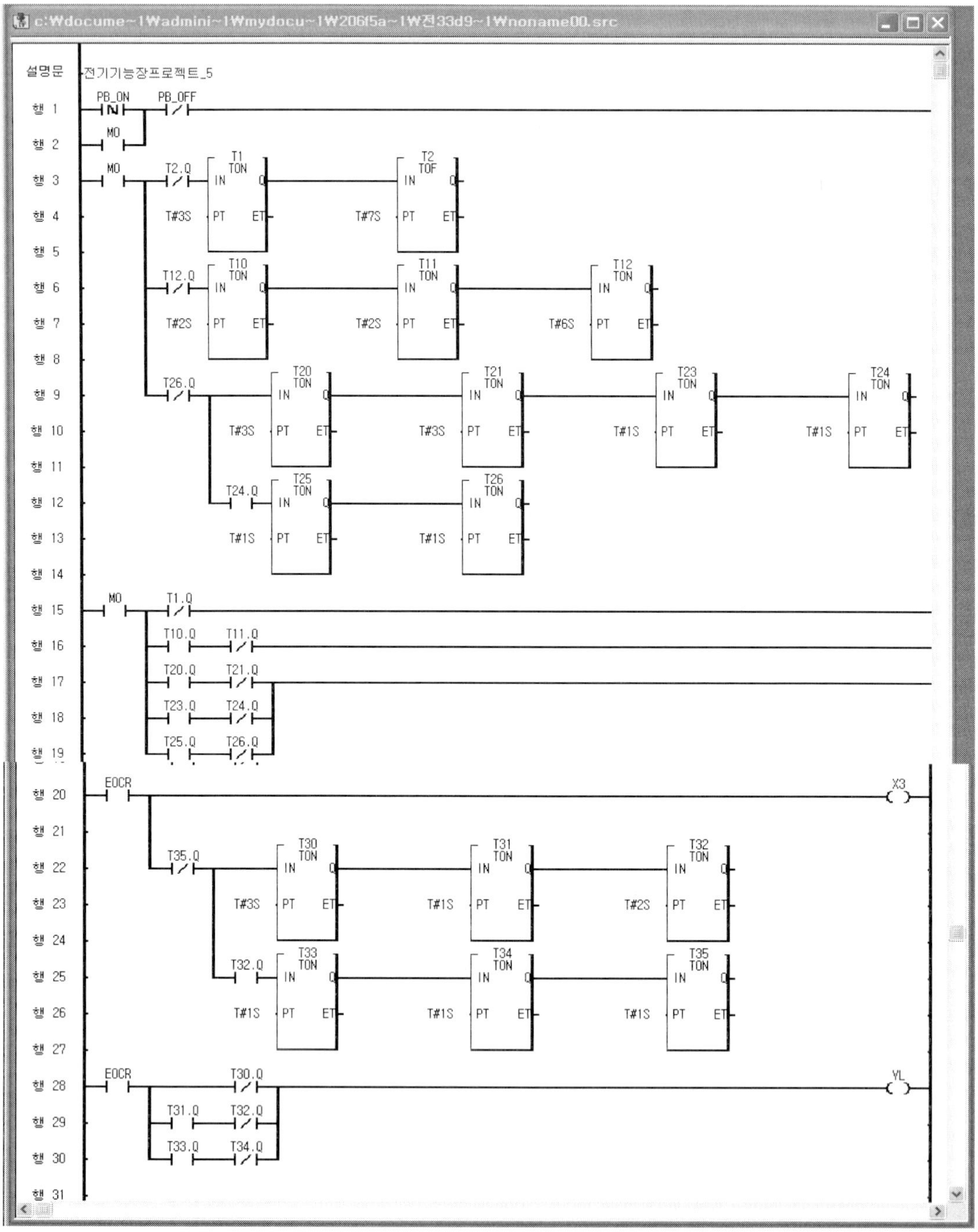

그림 48. EOCR램프제어(3) PLC 프로그램

17. EOCR(X4)램프제어(4)

1) 타임차트 동작설명

(●은동작(점등), ○은 정지(소등)이며 원호안의 숫자는 시간(초)임)

가. PB6을 누르면, PL3는 주어진 시간동안 점등과 소등(❻①❷①)을하며, PL2는 PL3점등된 1초 후 점등과 소등(❹①❹①)을 하고 PL1은 PL2가 점등된 1초 후 점등과 소등(❷①❻①)을 한다.

나. PB7의 입력이 들어오기 전까지 위 사항을 계속 반복 동작 하게 되며, PB7을 누르면 동작 중이던 PL1, PL2, PL3는 모두 소등된다.

다. 제어 회로의 X4(EOCR)가 동작되면, YL점등과 소등 (❸①❷①)을 반복 하고,BZ은 YL점 등 1초 후 동작과 정지 (❷②❶②)를 반복한다.X4(EOCR)가 복귀되면 YL과 BZ는 동작을 멈춘다.

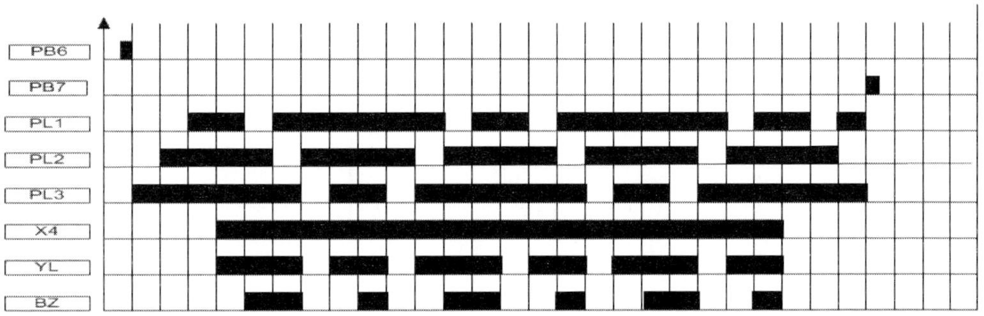

그림 49. EOCR(X4)램프제어(4) 타임차트

2) EOCR(X4)램프제어(4) PLC 입출력 결선도

PLC 입력은 PB6, PB7, X4, PLC 출력은 PL1, PL2, PL3, YL, BZ 로 설정 한다.

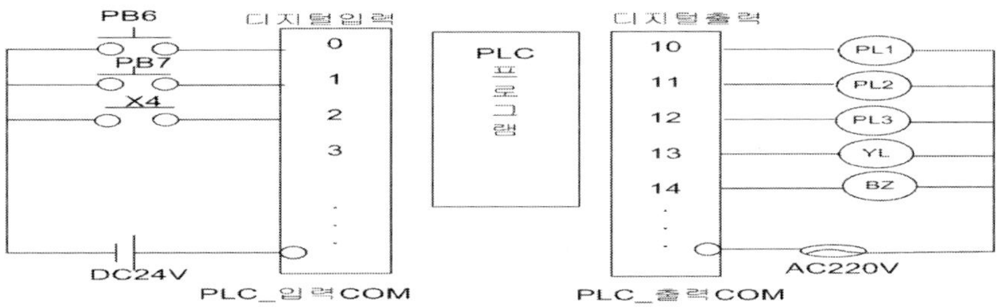

그림 50. EOCR(X4)램프제어(4) PLC 입출력 결선도

3) EOCR(X4)램프제어(4) PLC 프로그램

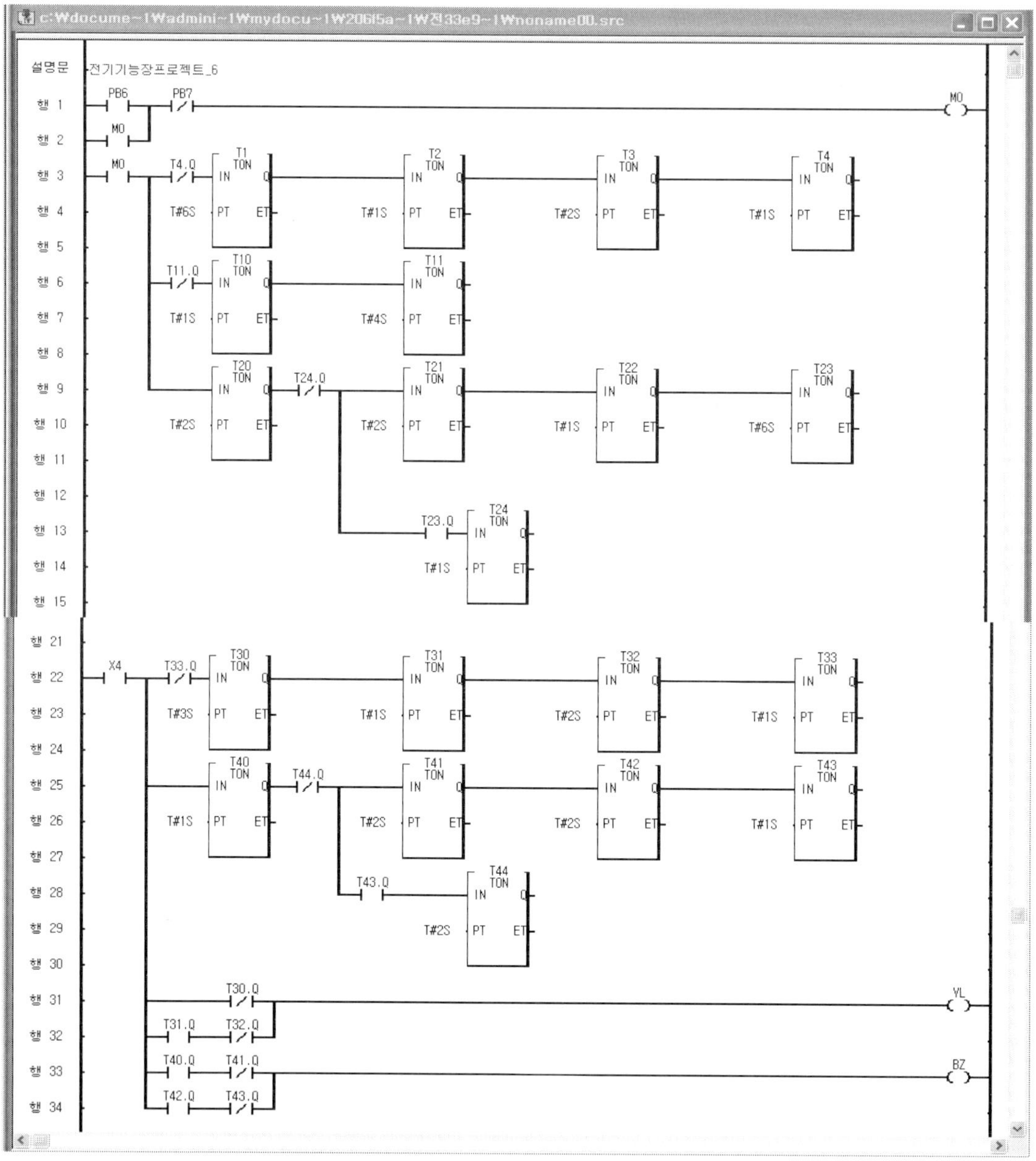

그림 51. EOCR(X4)램프제어(4)PLC 프로그램

메 모

18. EOCR(X4)램프제어(5)

1) 타임차트 동작설명

가. PB6을 누른후 놓으면, PL1는 주어진 시간동안 점등과 소등 (❺①❶ ①❺①을 하고,PL2는 PL1점등된 1초 후 점등과 소등(❺①❺③을 하고, PL3은 PL2가 점등된 1초 후 점등과 소등(❸①❶①❸②❶을 한다.

나. PB7의 입력이 들어오기 전까지 위 사항을 계속 반복 동작 하게 되며, PB7을 누르면 동작 중이던 PL1, PL2, PL3는 모두 소등된다.

다. 제어 회로의 X4(EOCR)가 동작되면, YL점등과 소등 (❷①❷①을 반복하고, BZ은 YL점등 1초 후 동작과 정지 (❶①❷①를 반복한다. X4(EOCR)가 복귀되면 YL과 BZ는 동작을 멈춘다.

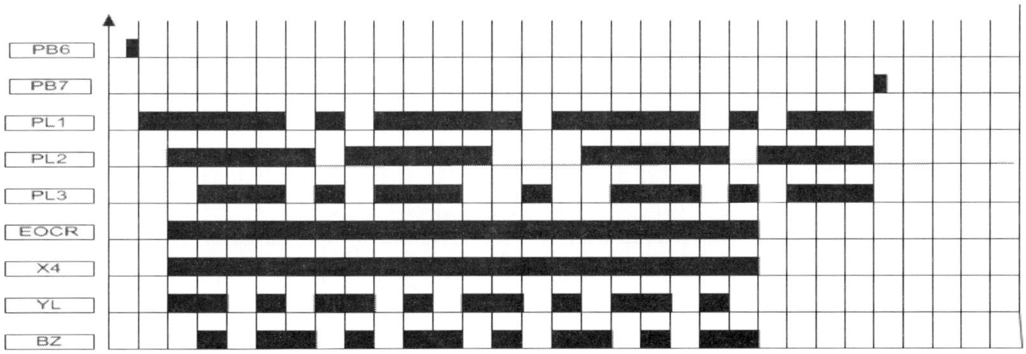

그림 52. EOCR(X4)램프제어(5) 타임차트

2) EOCR(X4)램프제어(5) PLC 입출력 결선도

PLC 입력은 PB6, PB7, X4, PLC 출력은 PL1, PL2, PL3, YL, BZ 로 설정 한다.

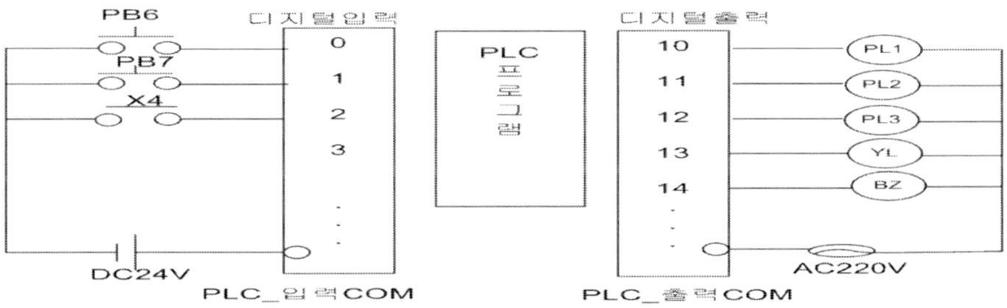

그림 53. EOCR(X4)램프제어(5) PLC 입출력 결선도

3) EOCR(X4)램프제어(5) PLC 프로그램

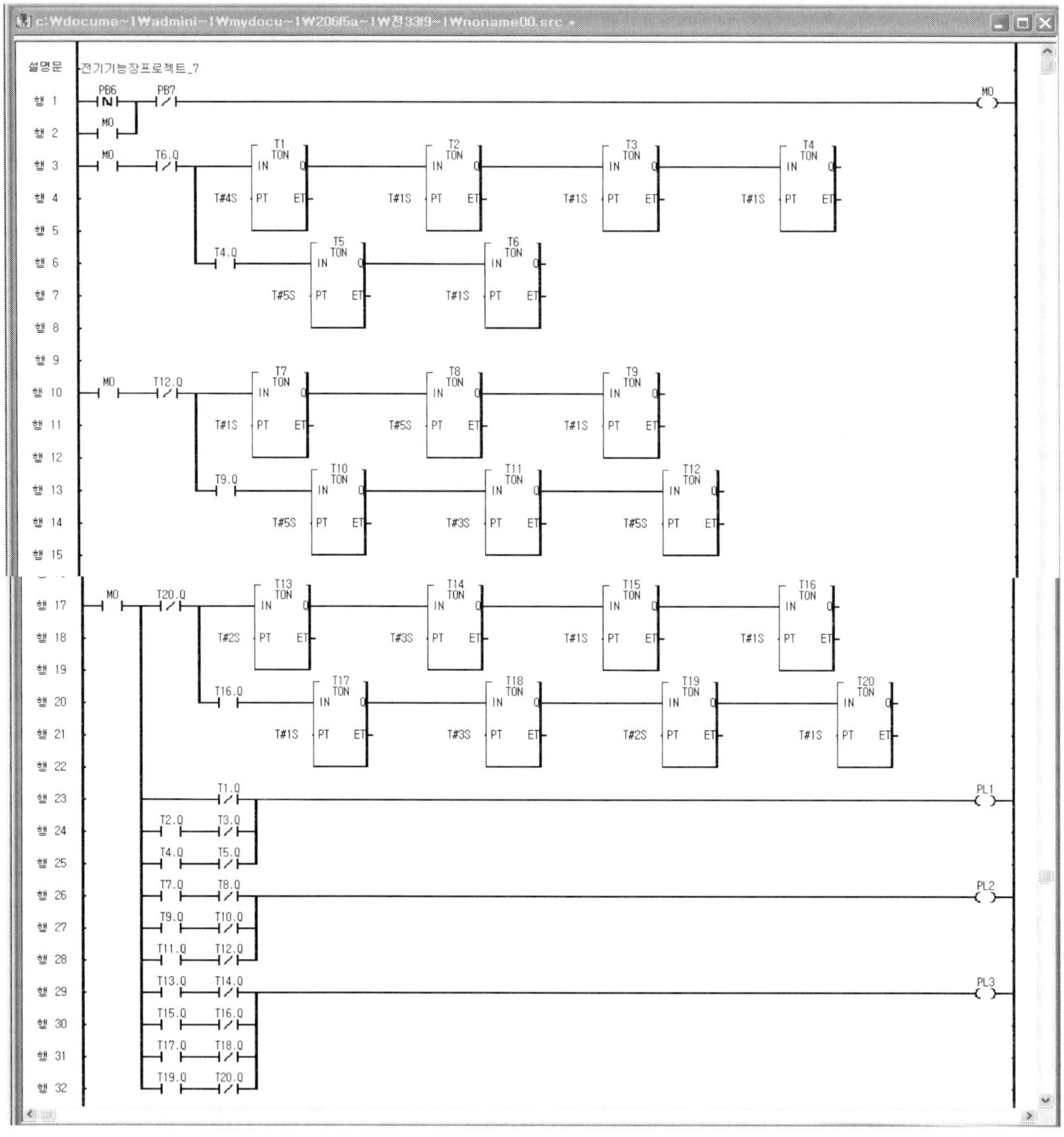

그림 54. EOCR(X4)램프제어(5) PLC 프로그램

메 모

19. 카운터(CTU) 에 의한 램프제어(3)

1) 타임차트 동작설명

(●은동작(점등),○은 정지(소등)이며 원호안의 숫자는 시간 (초)임)

가. PB6을 두 번 누르면, PL2는 주어진 시간 동안 점등과 소등 (❸①❼①을 하고, PL3는 PL2점등된 1초 후 점등과 소등(❸①❶①❶①❶①❶을 하고 PL1은 PL3가 점등된 1초 후 점등과 소등(❸①❶①❶①❶을 한다.

나. PB7의 입력이 들어오기 전까지 위 사항을 계속 반복 동작 하게 되며, PB7을 누르면 동작 중이던 PL1, PL2, PL3는 모두 소등된다.

다. 제어 회로의 X4(EOCR)가 동작되면, YL점등과 소등 (❸②을 반복 하고,BZ은 YL점등 1초 후 동작과 정지 (❶①❷①를 반복한다. X4(EOCR)가 복귀되면 YL과 BZ는 동작을 멈춘다.

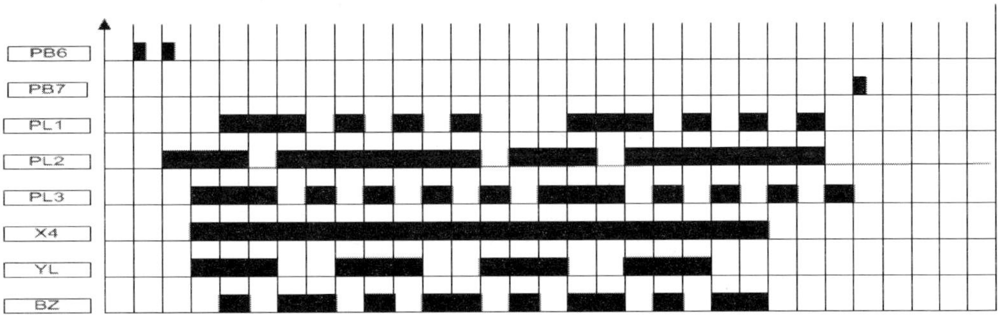

그림 55. 카운터(CTU) 에 의한 램프제어(3) 타임차트

2) 카운터(CTU)에 의한 램프제어(3) PLC 입출력 결선도

PLC 입력은 PB6, PB7, X4, PLC 출력은 PL1, PL2, PL3, YL, BZ 로 설정 한다.

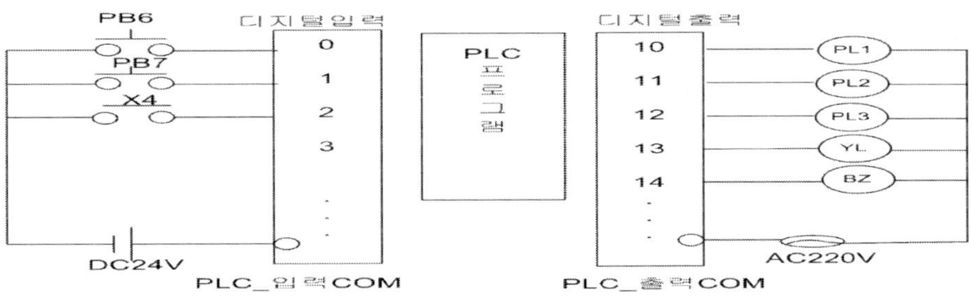

그림 56. 카운터(CTU) 에 의한 램프제어(3) PLC 입출력 결선도

3) 카운터(CTU)에 의한 램프제어(3) PLC 프로그램

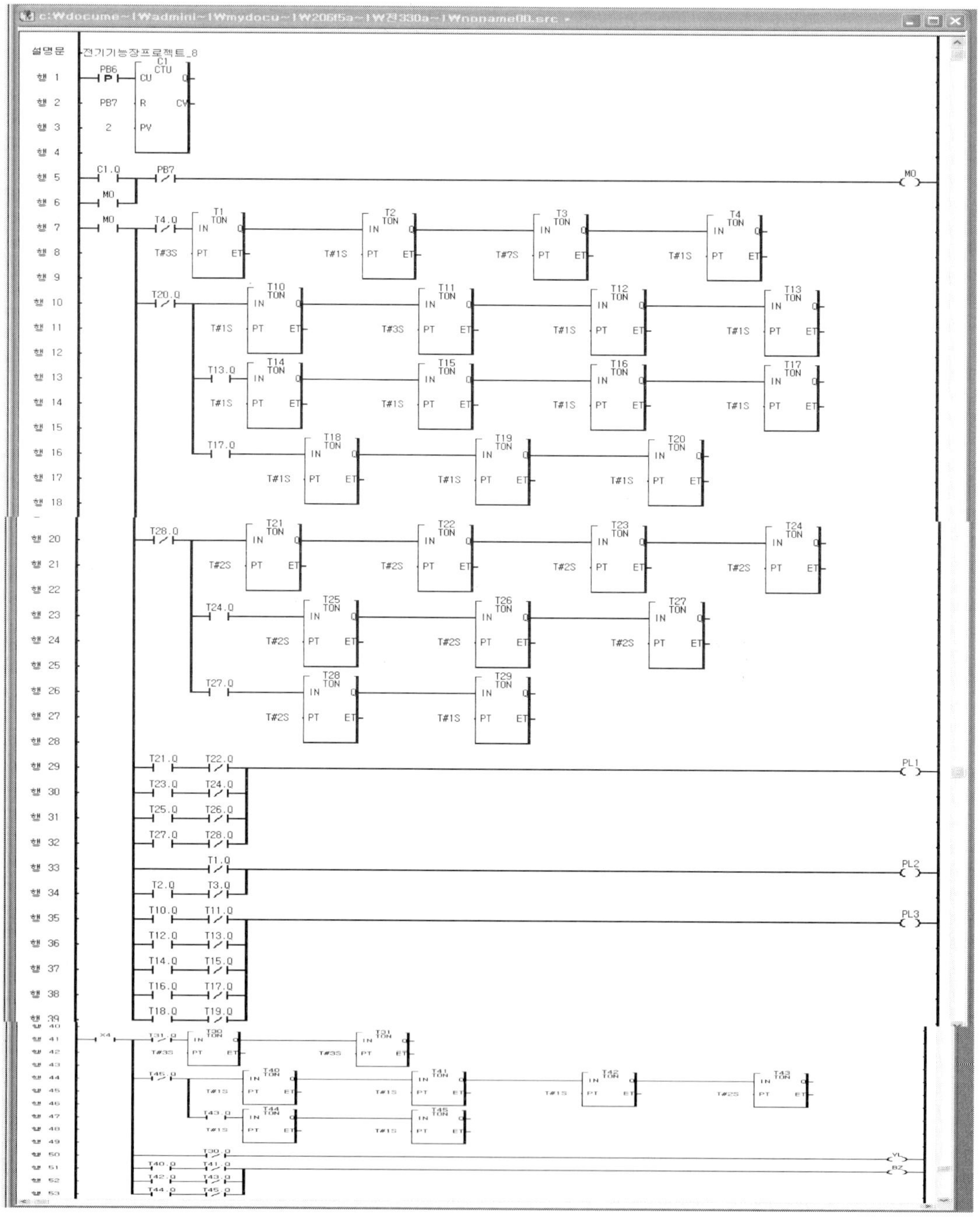

그림 57. 카운터(CTU)에 의한 램프제어(3) PLC 프로그램

20. 카운터(CTU)에 의한 램프제어(4)

1) 타임차트 동작설명

(●은동작(점등), ○은정지(소등)이며 원호안의숫자는 시간(초)임)

가. PB6을 두 번 누르면, PL3는 주어진 시간동안 점등과 소등 (❸① ❷①❷①을 하고,PL1는 PL3점등된 1초후 점등과 소등(❸①❷① ❷①을 하고 PL2는 PL1이 점등된 1초 후 점등과 소등(❸①❺①을 한다.

나. PB7의 입력이 들어오기 전까지 위 사항을 계속 반복 동작 하게 되며, PB7을 누르면 동작 중이던 PL1, PL2, PL3는 모두 소등된다.

다. 제어 회로의 X4(EOCR)가 동작되면, BZ은 동작과 소등 (❶②❷①을 반복하고, YL은 BZ동작 1초 후 점등과 소등 (❸①❶①를 반복한다. X4(EOCR)가 복귀되면 YL과 BZ는 동작을 멈춘다.

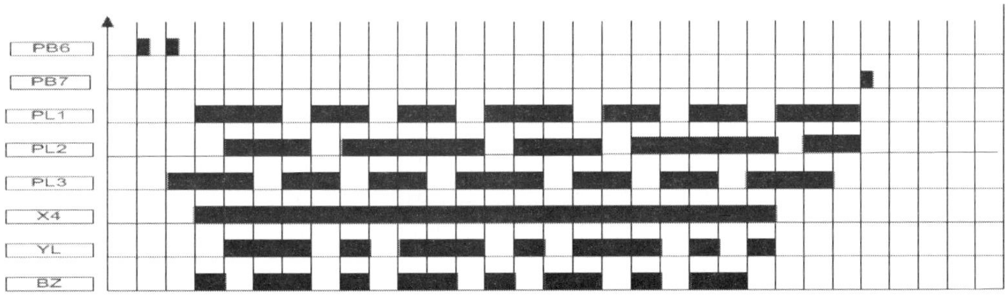

그림 58. 카운터(CTU)에 의한 램프제어(4)

2) 카운터(CTU)에 의한 램프제어(4) PLC 입출력 결선도

PLC 입력은 PB6, PB7, X4, PLC 출력은 PL1, PL2, PL3, YL, BZ 로 설정 한다.

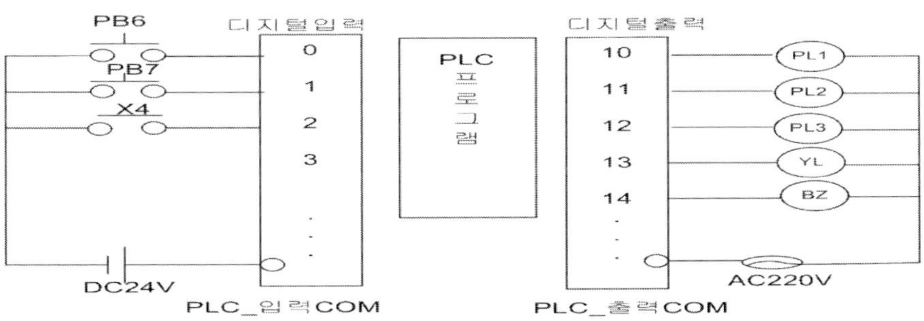

그림 59. 카운터(CTU)에 의한 램프제어(4) PLC 입출력 결선도

3) 카운터(CTU)에 의한 램프제어(4) PLC 프로그램

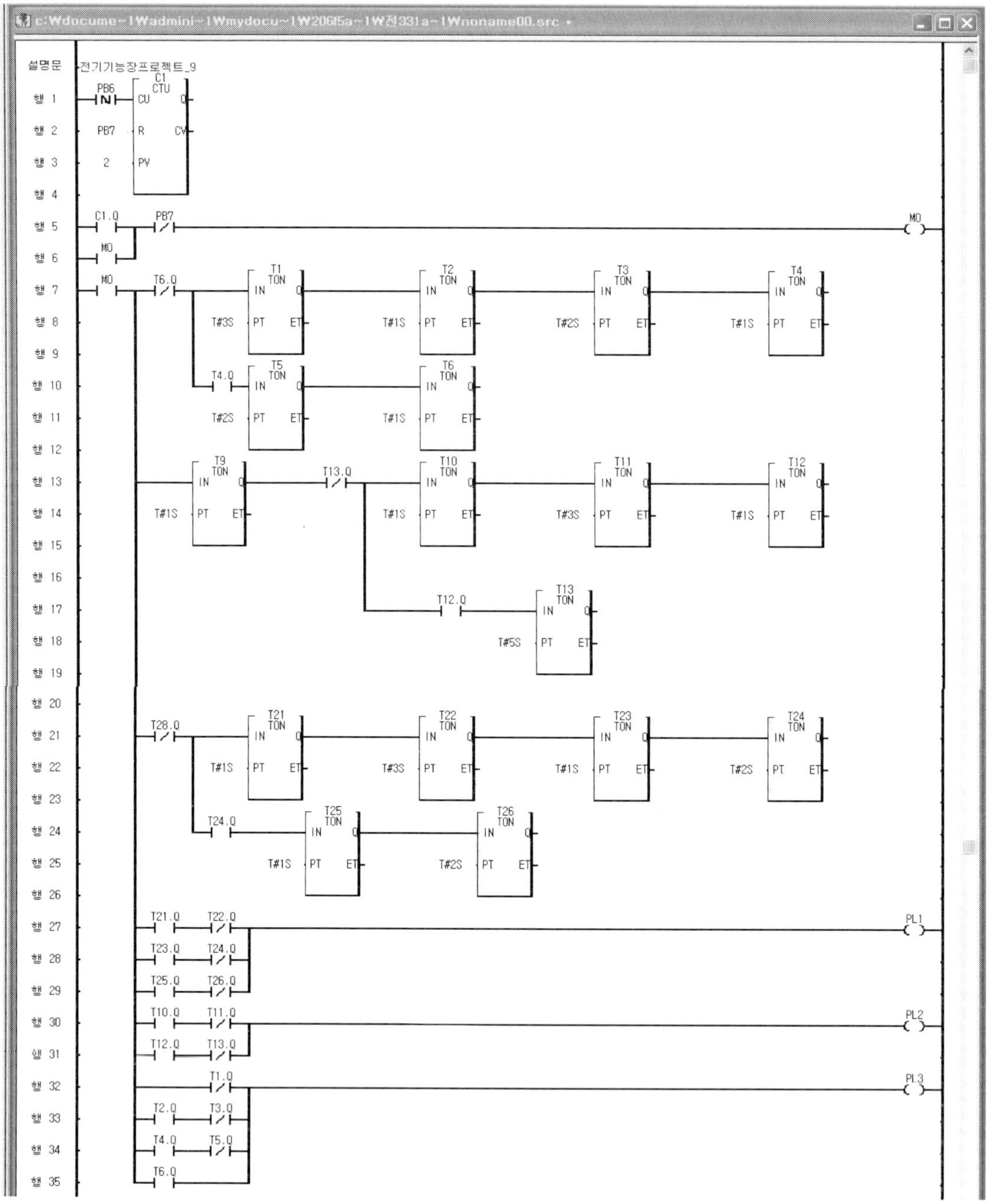

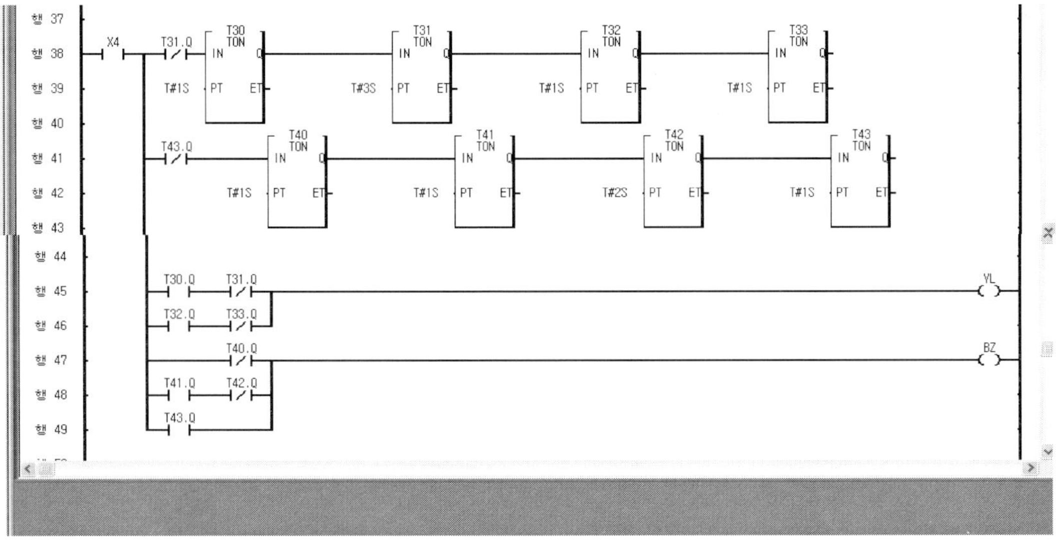

그림 60. 카운터(CTU)에 의한 램프제어(4)PLC 프로그램

메 모

21. 카운터(CTU)에 의한 램프제어(5)

1) 타임차트동작설명

(●동작(점등),○정지(소등)이며 원호안의 숫자는 시간 (초)임)

가. PB3을 3번 누르면, PL1은 점등과 소등(❶⑤❼①을
PL2는 점등과 소등(❸③❶①❺❶을 PL3은 점등과 소등(❺①❶③❸①
PL4는점등과 소등(❼⑤❶①을 반복 동작 한다.

나. PB4의 입력이 들어오기 전까지 위 동작사항을 계속 반복하여 동작 하게 되며 PB4를 누르면 동작 중이던 PL1, PL2, PL3, PL4 는 모두 소등된다.

다. 제어 회로의 X0가 동작되면, YL은 동작과 정지 (❷①❶①을 반복 하고, BZ은 (❷①❷①를 반복한다. X0가 복귀되면 YL과 BZ는 동작을 멈춘다.

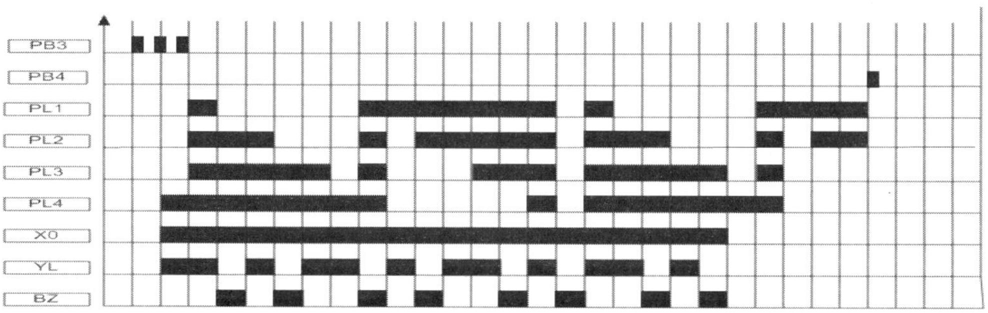

그림 61. 카운터(CTU)에 의한 램프제어(5)

2) 카운터(CTU)에 의한 램프제어(5) PLC 입출력 결선도

PLC 입력은 PB3, PB4, X4, PLC 출력은 PL1, PL2, PL3, YL, BZ 로 설정 한다.

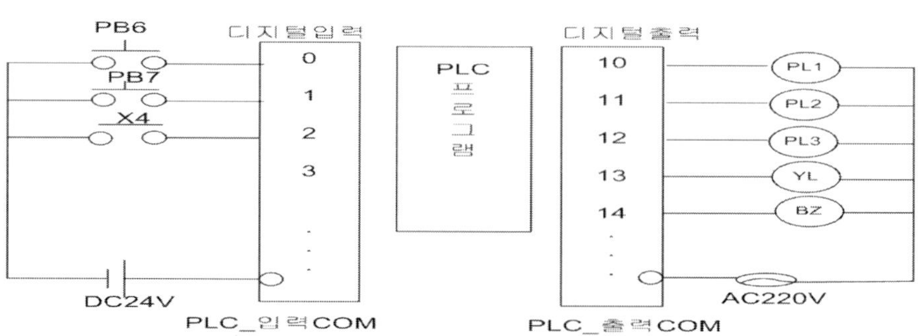

그림 62. 카운터(CTU)에 의한 램프제어(5) PLC 입출력 결선도

3) 카운터(CTU)에 의한 램프제어(5) PLC 프로그램

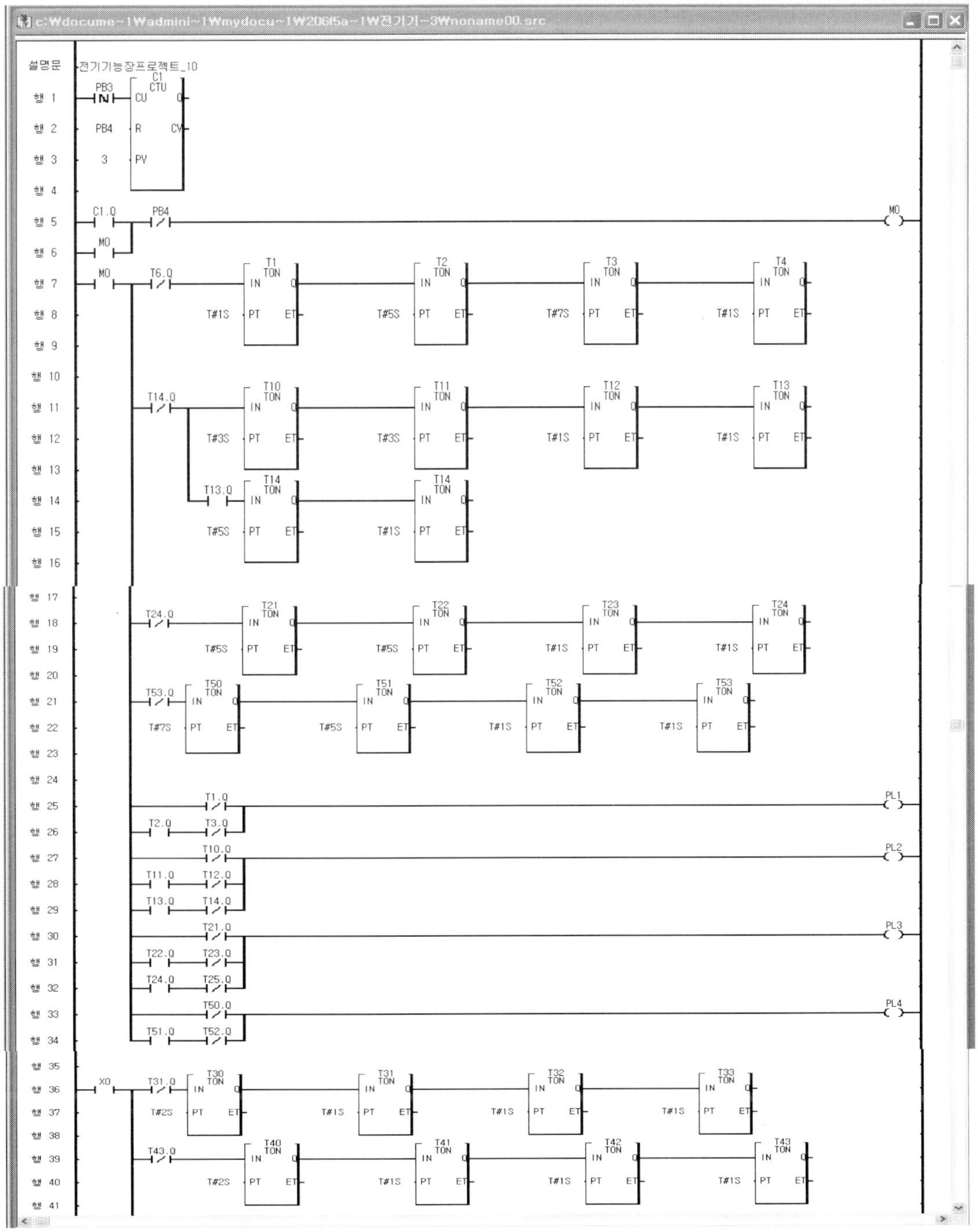

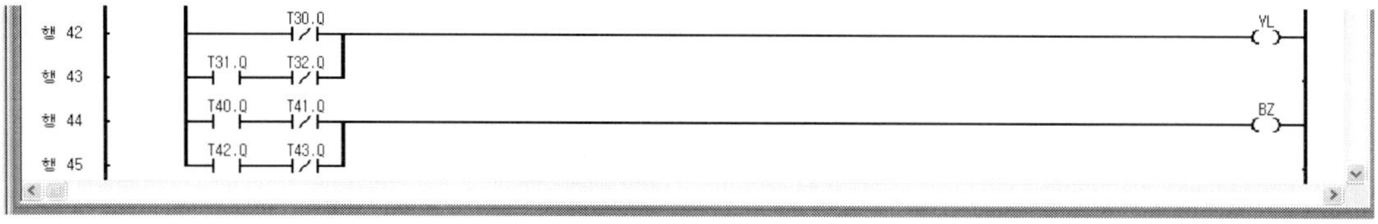

그림 63. 카운터(CTU)에 의한 램프제어(5) PLC 프로그램

메 모

22. 카운터(CTU)에 의한 램프제어(6)

1) 타임차트 동작설명

(●은동작(점등), ○은 정지(소등)이며 원호안의 숫자는 시간(초)임)

가. PB3을 1번 눌렀다 놓으면, PL1은 점등과 소등(❺①❶①❶①을
PL2는 PL1점등 1초 후부터 점등과 소등(❶①❶①❺①을
PL3은 PL2점등 1초 후부터 점등과 소등(❶①❶①을 반복하여 동작 한다.
PB3을 3번 눌렀다 놓으면, PL4는 점등과 소등(❸①❺을 1회만 동작 한다.

나. PB4를 누르면 동작 중이던 PL1, PL2, PL3 PL4는 모두 소등 된다.

다. 제어 회로의 X0가 동작되면, YL은 (❶①❷①을, BZ은(①❶①❶를 반복 하여 동작한다. X0가 복귀되면 YL과 BZ는 동작을 멈춘다.

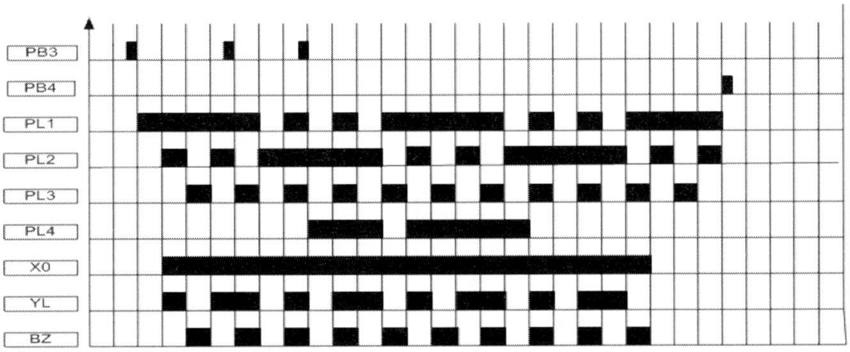

그림 64. 램프제어 타임차트(22)

2) 카운터(CTU)에 의한 램프제어(6) PLC 입출력 결선도

PLC 입력은 PB6, PB7, X4, PLC 출력은 PL1, PL2, PL3, YL, BZ 로 설정한다.

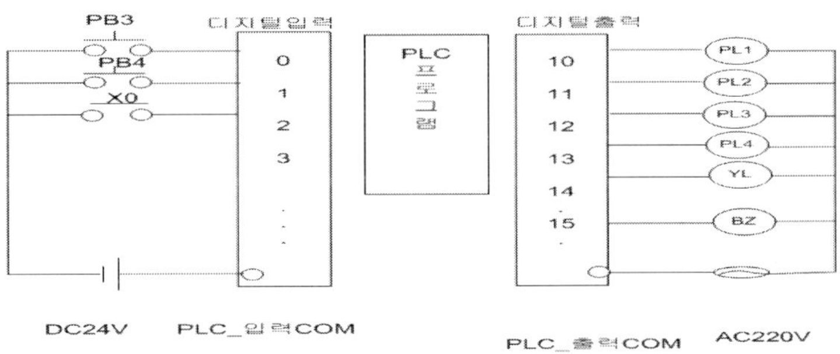

그림 65. 카운터(CTU)에 의한 램프제어(6) PLC 입출력 결선도

3) 카운터(CTU)에 의한 램프제어(6) PLC 프로그램

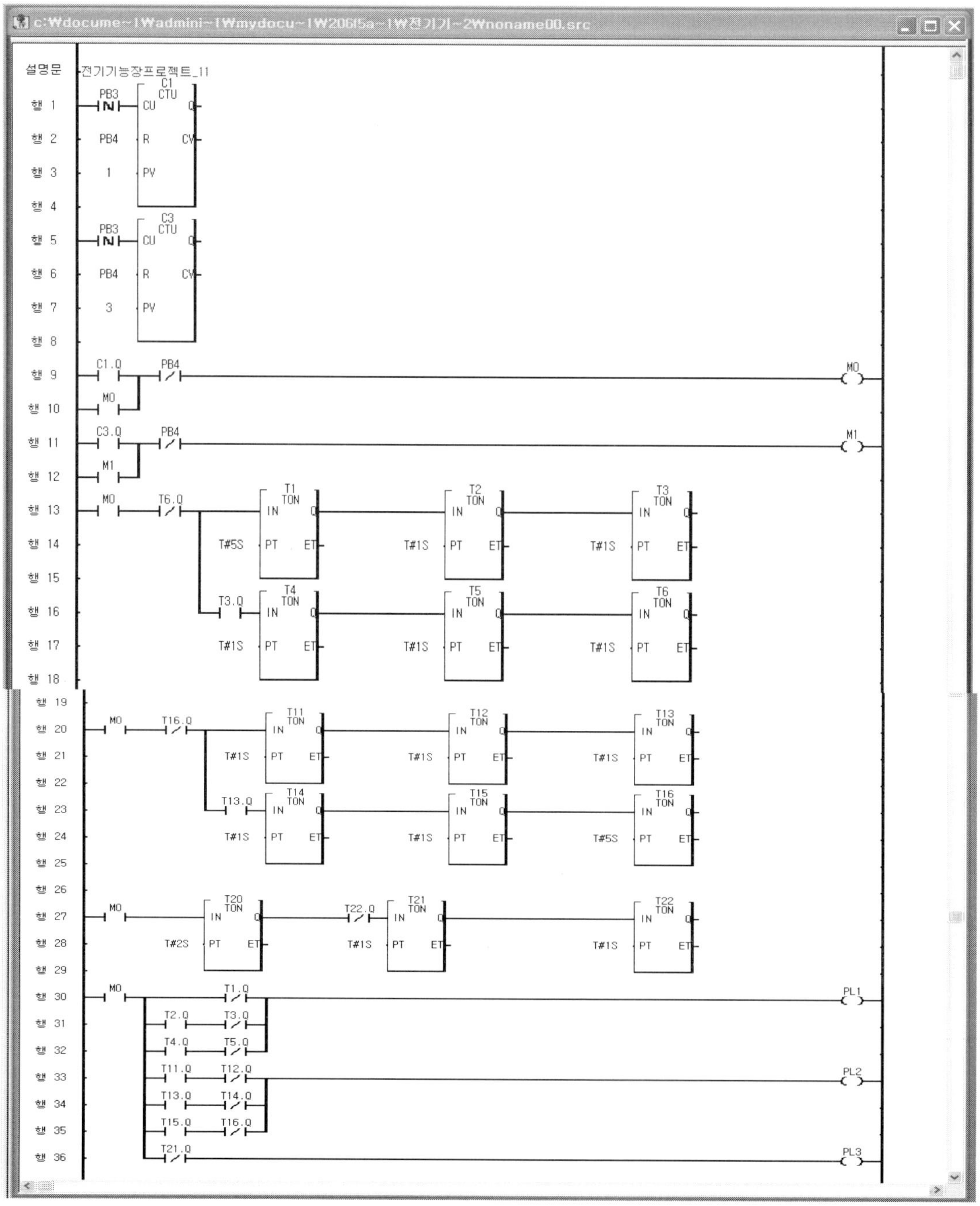

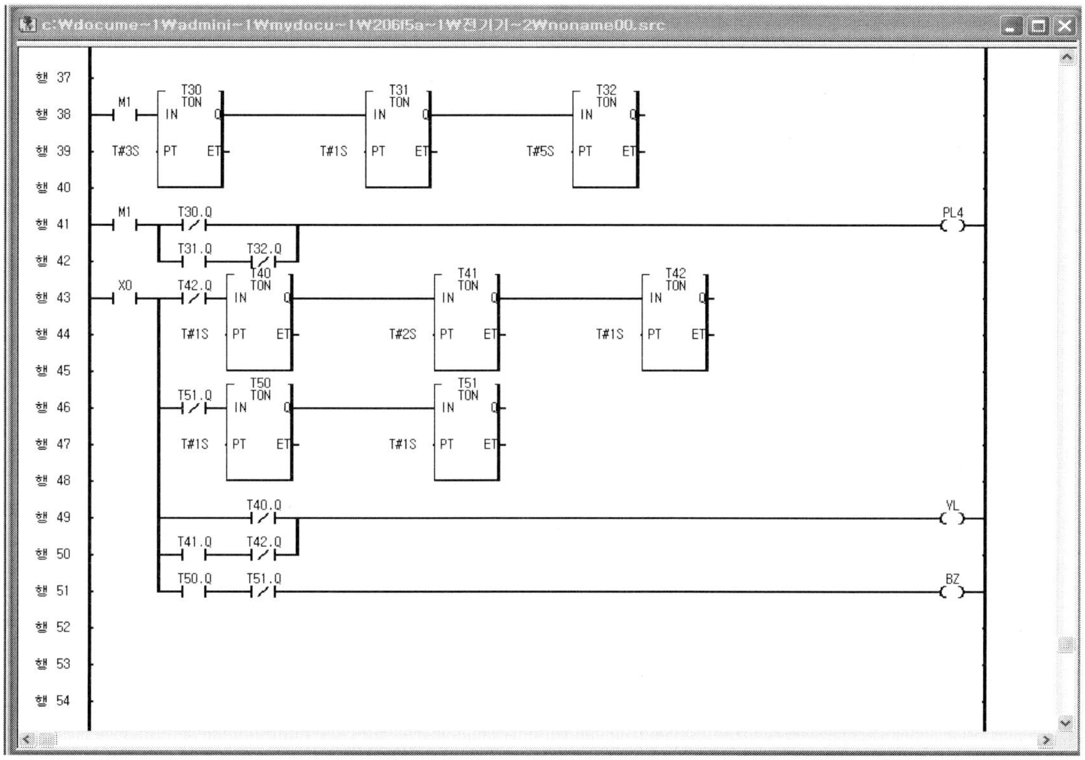

그림 66. 카운터(CTU)에 의한 램프제어(6) PLC 프로그램

메 모

23. 카운터(CTU)에 의한 램프제어(7)

1) 타임차트 동작설명

(●은동작(점등), ○은 정지(소등)이며 원호안의 숫자는 시간(초)임)

가. PB3을 1번 눌렀다 놓으면, PL1은 점등과 소등(❸①❷①❷①을
 2번 눌렀다 놓으면,PL2는 점등과 소등(❺①❶①)을
 3번 눌렀다 놓으면,PL3은 점등과 소등(❶①❷①❸①을
 4번 눌렀다 놓으면,PL4는 점등과 소등(❷①❷①을 반복하여 동작 한다.
 5번 눌렀다 놓으면, PL1, PL2, PL3, PL4는 모두소등 된다.

나. 또한, PB4를 누르면 동작 중이던 PL1, PL2, PL3 PL4는 모두 소등된다.

다. 제어 회로의 X0가 동작되면, YL은 (❷①❶①을 BZ은(❶②❶②를 반복하여 동작한다. XO가 복귀되면 YL과 BZ는 동작을 멈춘다.

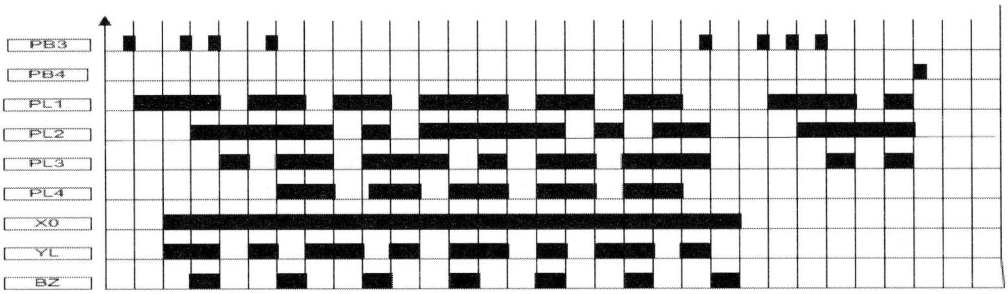

그림 67. 카운터(CTU)에 의한 램프제어(7) 타임차트

2) 램프제어 타임차트(23) PLC 입출력 결선도

PLC 입력은 PB3, PB4, X0, PLC 출력은 PL1, PL2, PL3,PL4, YL, BZ 로 설정 한다.

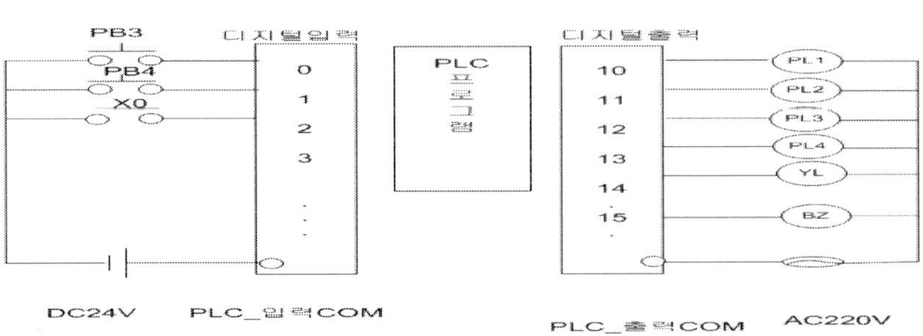

그림 68. 카운터(CTU)에 의한 램프제어(7) PLC 입출력 결선도

3) 카운터(CTU)에 의한 램프제어(7) PLC 프로그램

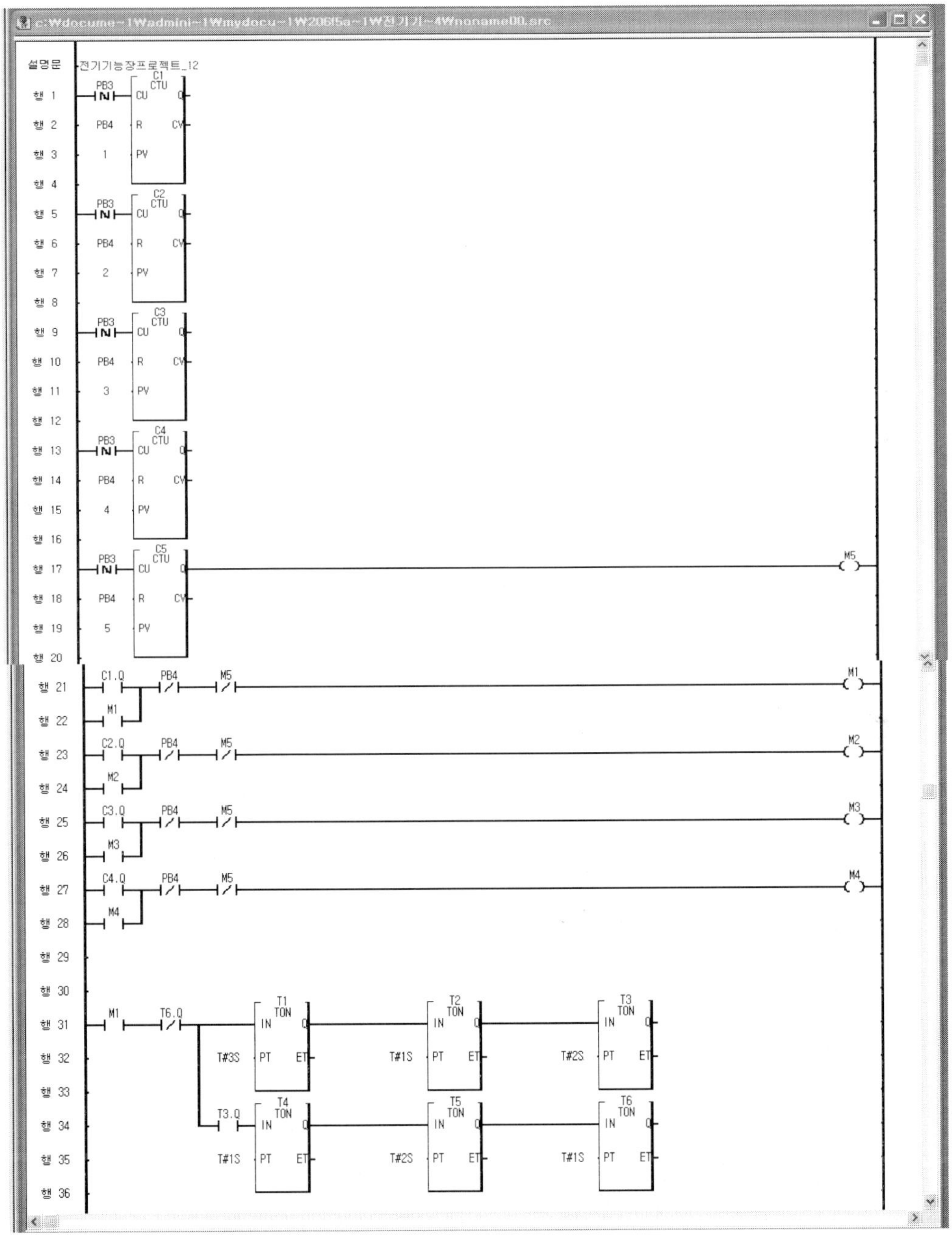

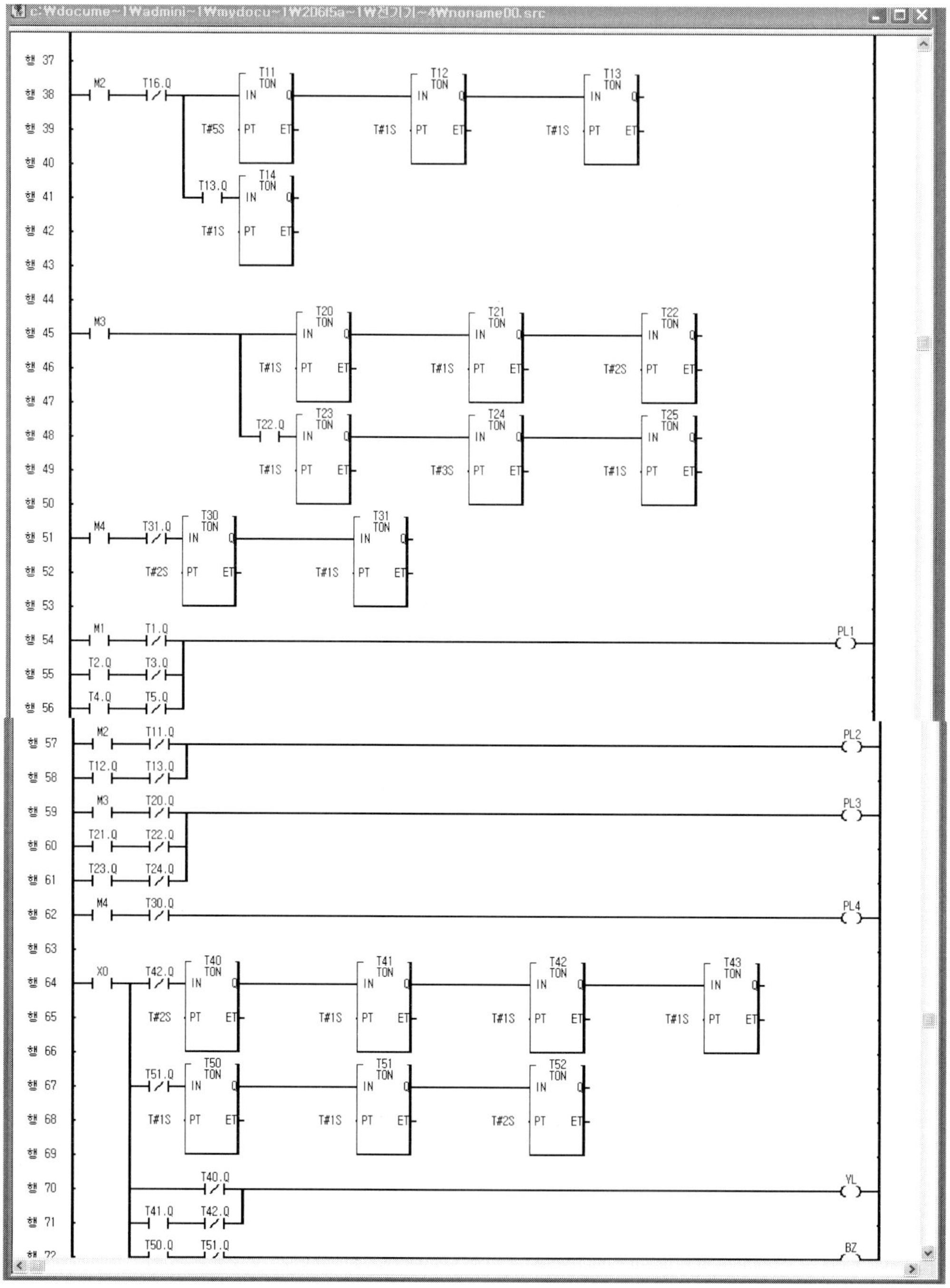

그림 69. 카운터(CTU)에 의한 램프제어(7) PLC 프로그램

24. 카운터(CTU)에 의한 램프제어(8)

1) 타임차트 동작설명

(●은동작(점등), ○은정지(소등)이며 원호안의 숫자는 시간(초)임)

가. PB3을 1번 누르면, PL1은 점등과 소등(❺③❶③을 PL2는 PL1이 점등 된 1초 후 점등과 소등(❸③❸③을 PL3은 PL2가 점등된 1초 후 점등과 소등(❶③❺③을 반복 동작 한다. PB3를 5번 누르면 동작 중이던 PL1, PL2, PL3은 모두 소등 된다.

나. PB4를 1번 룰렀다 놓으면, PL4는 점등과 소등(❸①❷①❶을 1회동작 한다.

다. 제어 회로의 X0가 동작되면, BZ 동작과 정지 (❸①❷①을 반복하고, BZ은 YL점등 1초 후 동작과 정지 (❶②❶②를 반복한다. YL과 BZ는 동작을 멈춘다.

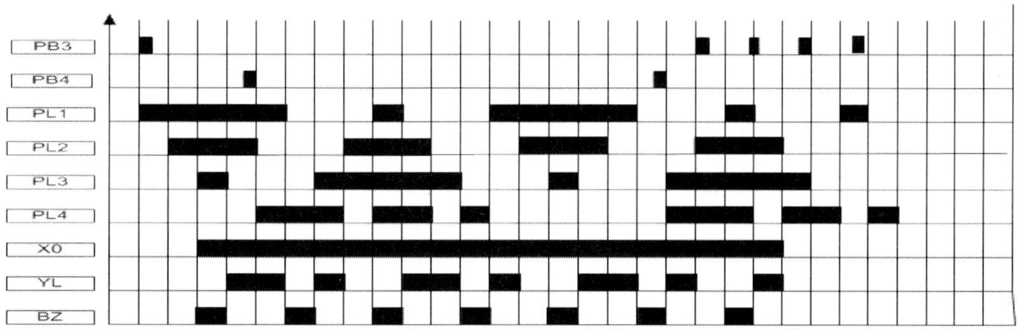

그림 70. 카운터(CTU)에 의한 램프제어(8) PLC 프로그램

2) 카운터(CTU)에 의한 램프제어(8) PLC 입출력 결선도

PLC 입력은 PB3, PB4, X0, PLC 출력은 PL1, PL2, PL3,PL4, YL, BZ 로 설정 한다.

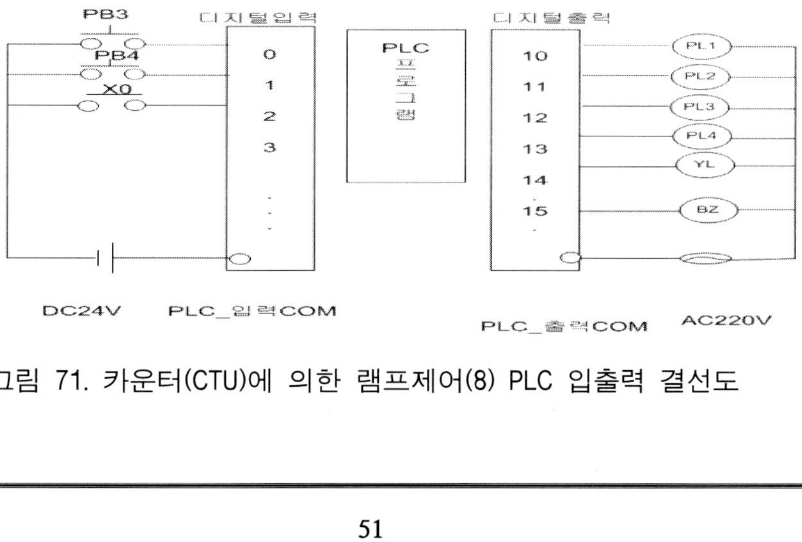

그림 71. 카운터(CTU)에 의한 램프제어(8) PLC 입출력 결선도

3) 카운터(CTU)에 의한 램프제어(8) PLC 프로그램

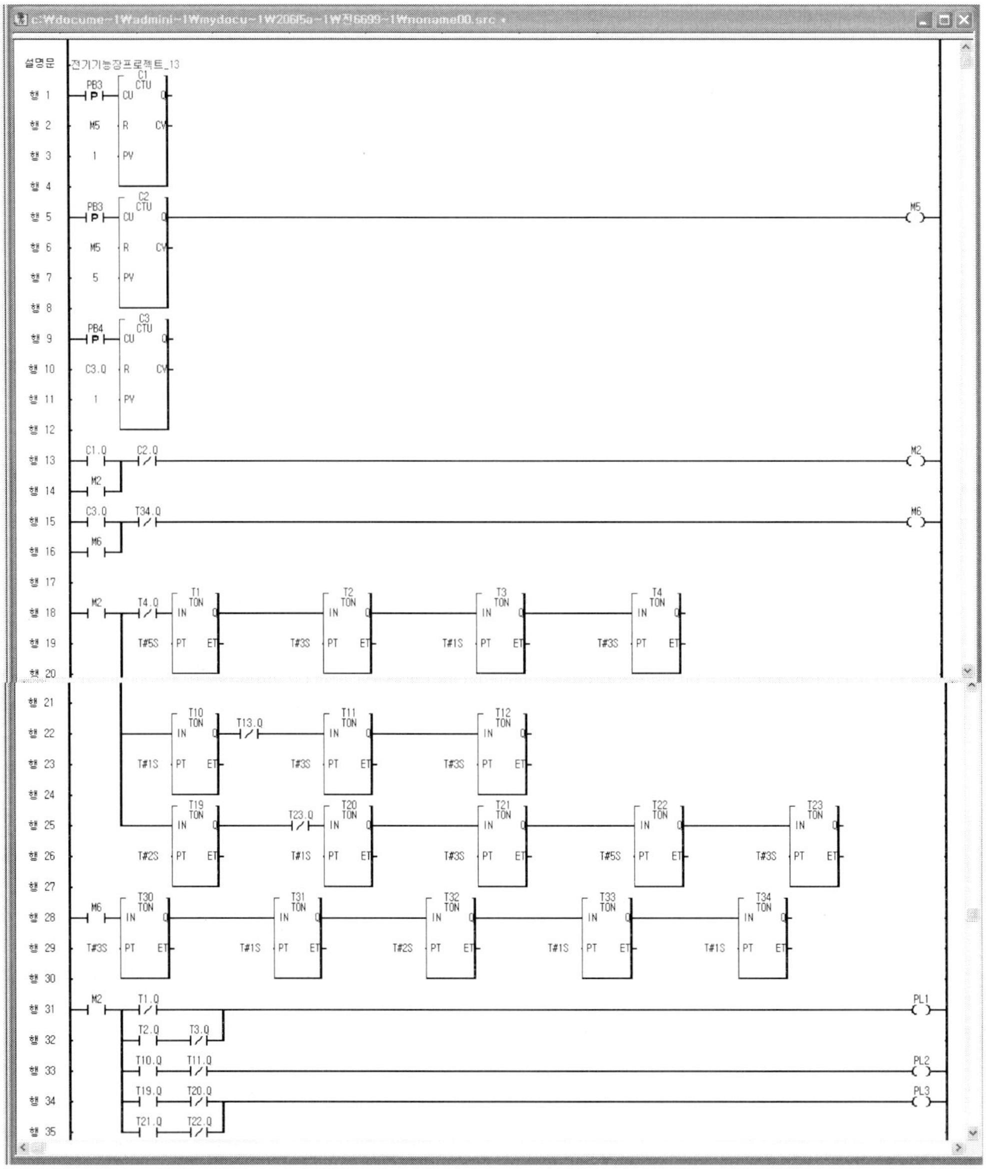

메 모

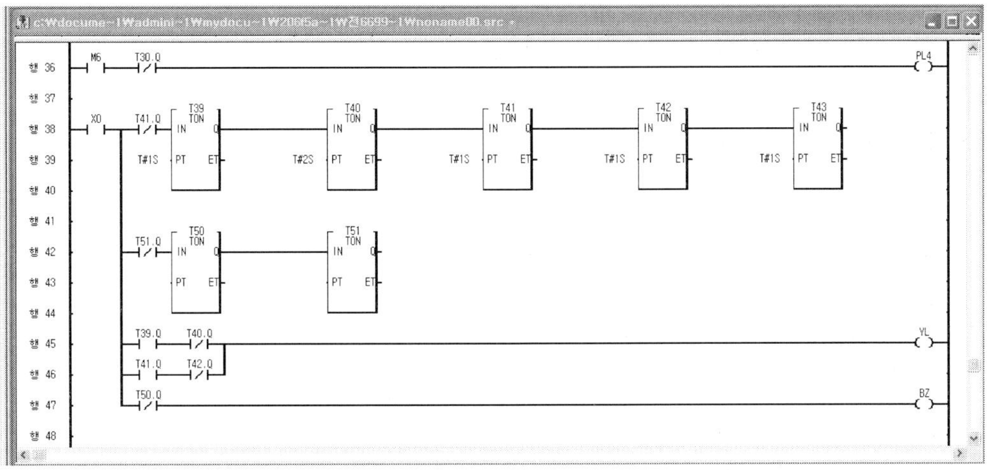

그림 72. 카운터(CTU)에 의한 램프제어(8) PLC 프로그램

메 모

25. 카운터(CTU)에 의한 램프제어(9)

1) 타임차트 동작설명

가. PB3 스위치

PB3를 2번 눌렀다 떼면 PL1(ON 7초), PL2(ON_1초 OFF_1초 ON_5초) PL3(ON_1초 OFF_2초 ON_4초) PL4(ON_1초 OFF_3초 ON_3초)는 타임차트와 같이 동작 한다. 또한 PB3 카운터 값은 RESET 된다.

나. PB4스위치 PL1~ PL4가 동작 중 일 때, PB4를 2번 누르면 가)의 동작이 모두 정지 되며, PB4 카운터 값이 RESET 된다.

다. YL의 동작 조건 EOCR에 의해서 YR2가 동작 되면 YL(ON_2초 OFF_1초)이 반복 동작 하고, RY2가 소자되면, YL이 소등 된다.

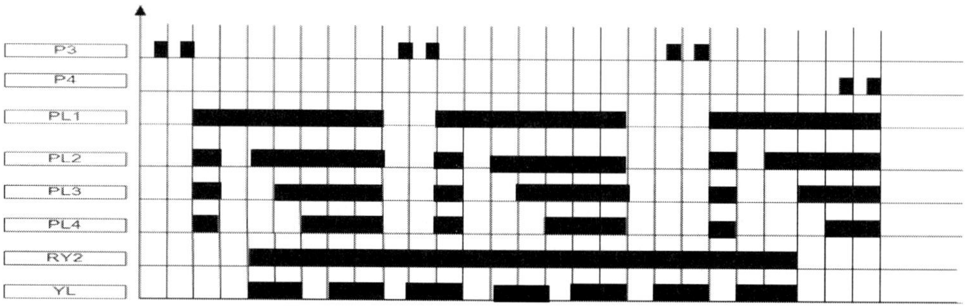

그림 73. 카운터(CTU)에 의한 램프제어(9) 타임차트

2) 카운터(CTU)에 의한 램프제어(8) PLC 입출력 결선도

PLC 입력은 PB3, PB4, RY2, PLC 출력은 PL1, PL2, PL3,PL4, YL, 로 설정 한다.

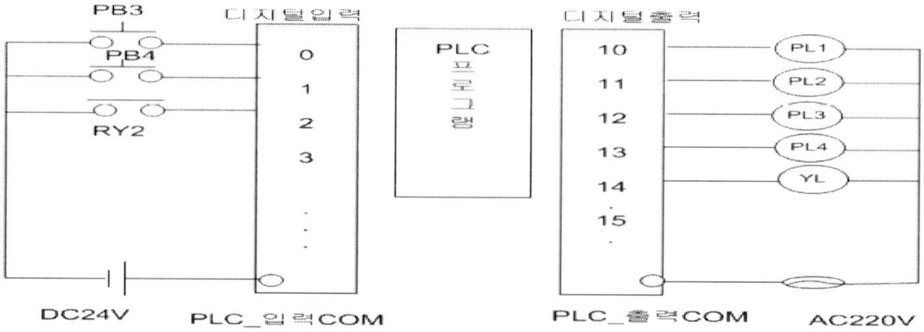

그림 74. 카운터(CTU)에 의한 램프제어(9) PLC 입출력 결선도

3) 카운터(CTU)에 의한 램프제어(9) PLC 프로그램

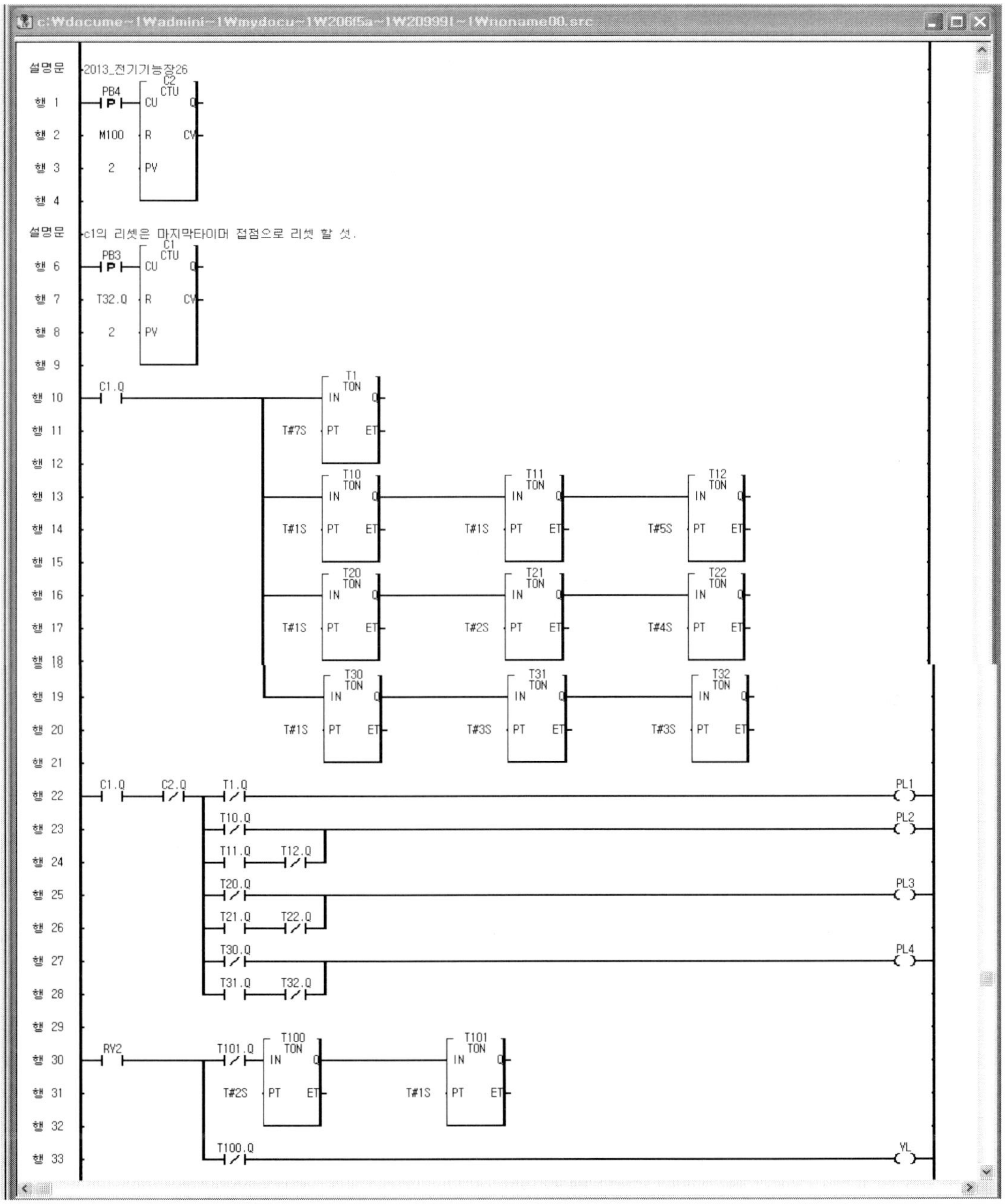

그림 75. 카운터(CTU)에 의한 램프제어(9) PLC 프로그램

26. 카운터(CTU)에 의한 램프제어(10)

1) 타임차트 동작설명

가. PB3 스위치

PB3를 1번 누르면 PL1이 점등 되고, PB3를 4번 눌렀다 떼면 PB3 카운터 값이 RESET 되고 PL1이 소등 된다.

나. PB4스위치

PB4를 1번 누르면 PL2, PL3, PL4가 타임차트처럼 동작되고, 두 번째 눌렀다 떼면 PB4카운터 값이 RESET 되고 PL2,PL3,PL4의 동작이 일시에 정지 된다.

다. YL의 동작 조건

EOCR에 의해서 YR2가 동작 되면 YL(ON_2초 OFF_1초)이 반복 동작 하고, RY2가 소자되면, YL이 소등 된다.

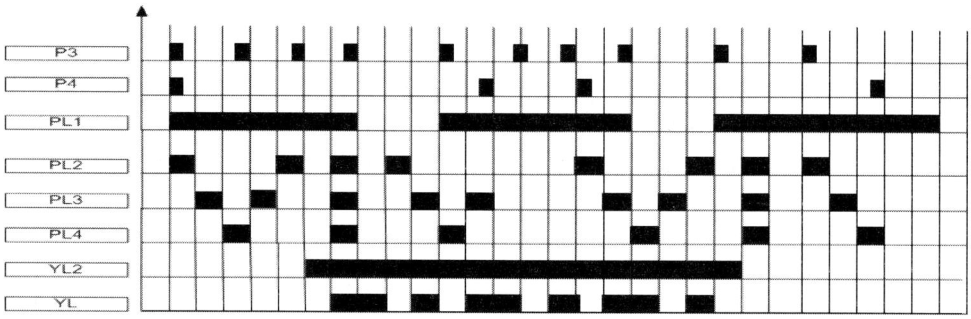

그림 76. 카운터(CTU)에 의한 램프제어(10) 타임차트

2) 카운터(CTU)에 의한 램프제어(10) PLC 입출력 결선도

PLC 입력은 PB3, PB4, RY2, PLC 출력은 PL1, PL2, PL3,PL4, YL, 로 설정 한다.

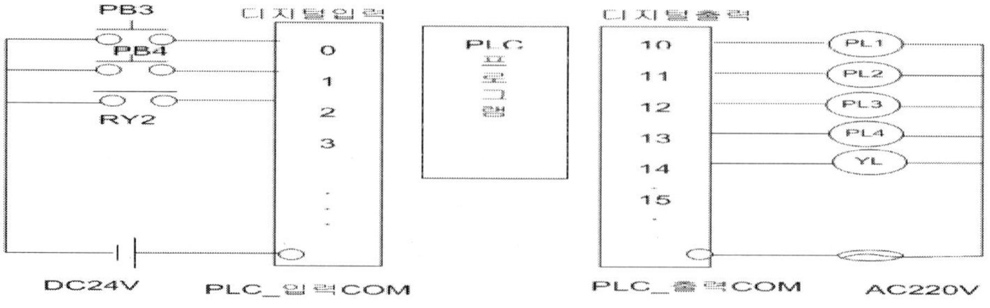

그림 77. 카운터(CTU)에 의한 램프제어(10)PLC 입출력 결선도

3) 카운터(CTU)에 의한 램프제어(10) PLC 프로그램

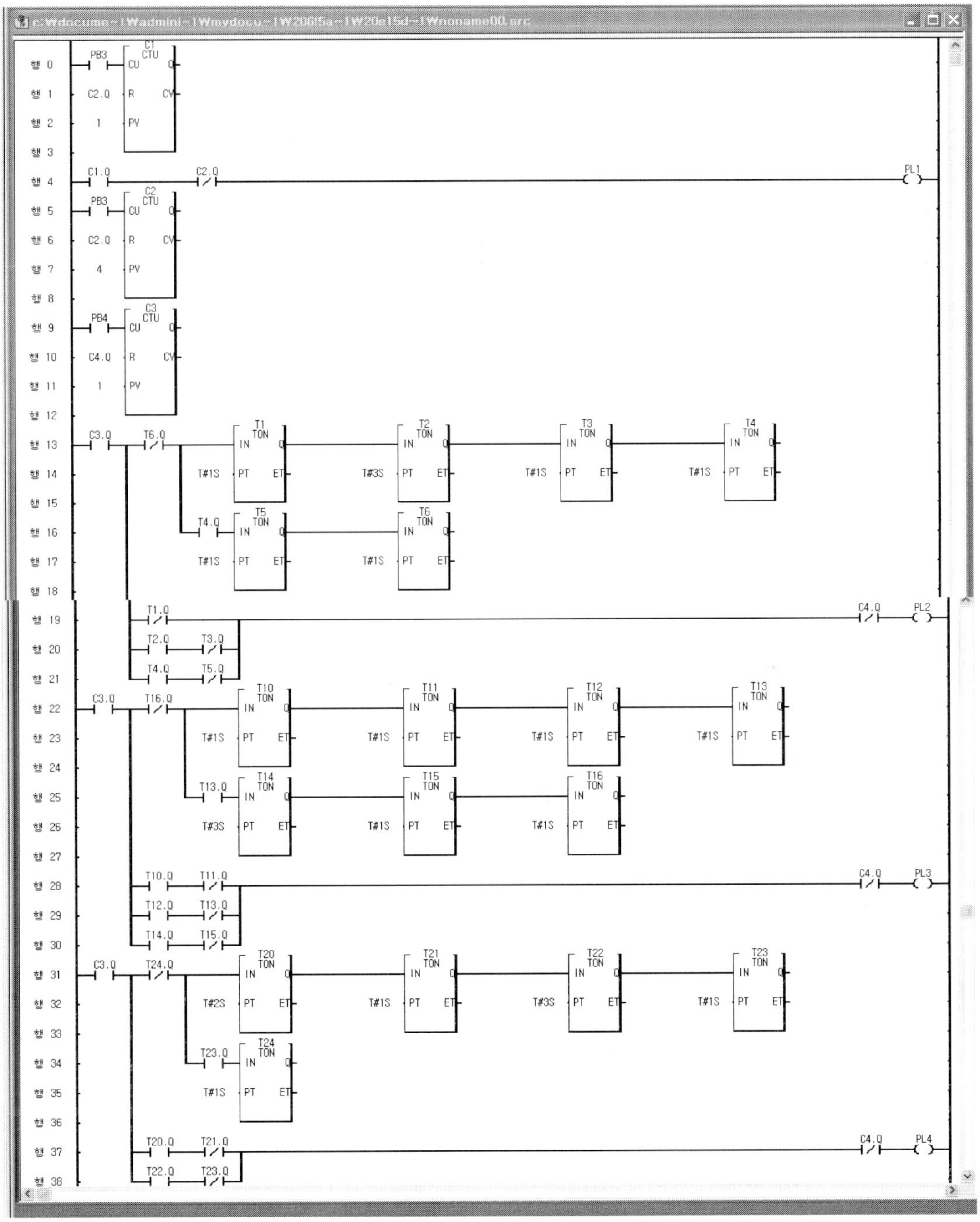

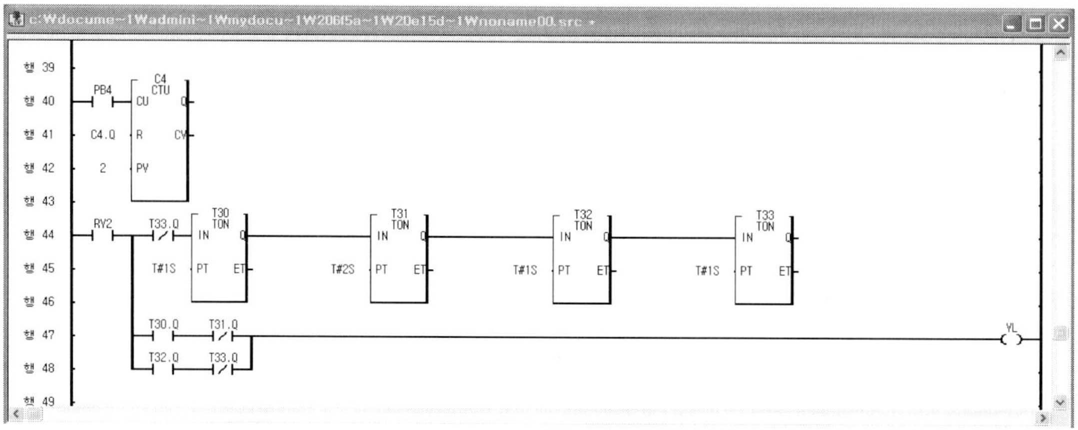

그림 78. 카운터(CTU)에 의한 램프제어(10) PLC 프로그램

메 모

27. 카운터(CTU)에 의한 램프제어(11)

1) 타임차트 동작설명

가. PB3 스위치

PB3를 2번 누르면(PB3 카운터 값 RESET) 2초 지연 후 PL1이 동작 되며, 3초 후 PL2가 동작 되며, 4초 후 PL3가 동작 되며, 5초 후 PL4가(ON_1초 OFF_1초)의 동작을 반복 한다.

나. PB4스위치

PB4를 2번 눌렀다 떼면(PB4 카운터 값 RESET) PL4동작이 정지되며, 1초 후 PL3동작이 정지되며, 2초 후 PL2동작이 정지되며, 3초 후 PL1동작이 정지 된다.

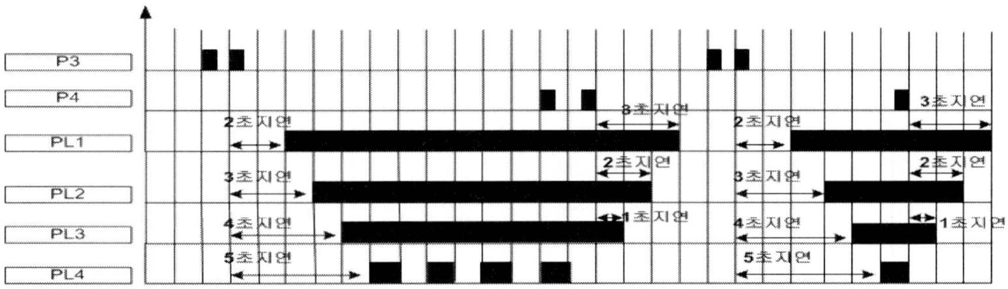

그림 79. 카운터(CTU)에 의한 램프제어(11) 타임차트

2) 카운터(CTU)에 의한 램프제어(11) PLC 입출력 결선도

PLC 입력은 PB3, PB4, PLC 출력은 PL1, PL2, PL3,PL4, 로 설정 한다.

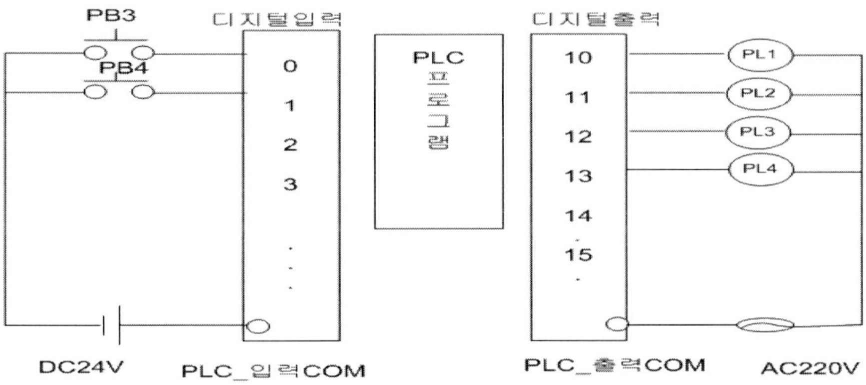

그림 80. 카운터(CTU)에 의한 램프제어(11) PLC 입출력 결선도

3) 카운터(CTU)에 의한 램프제어(11) PLC 프로그램

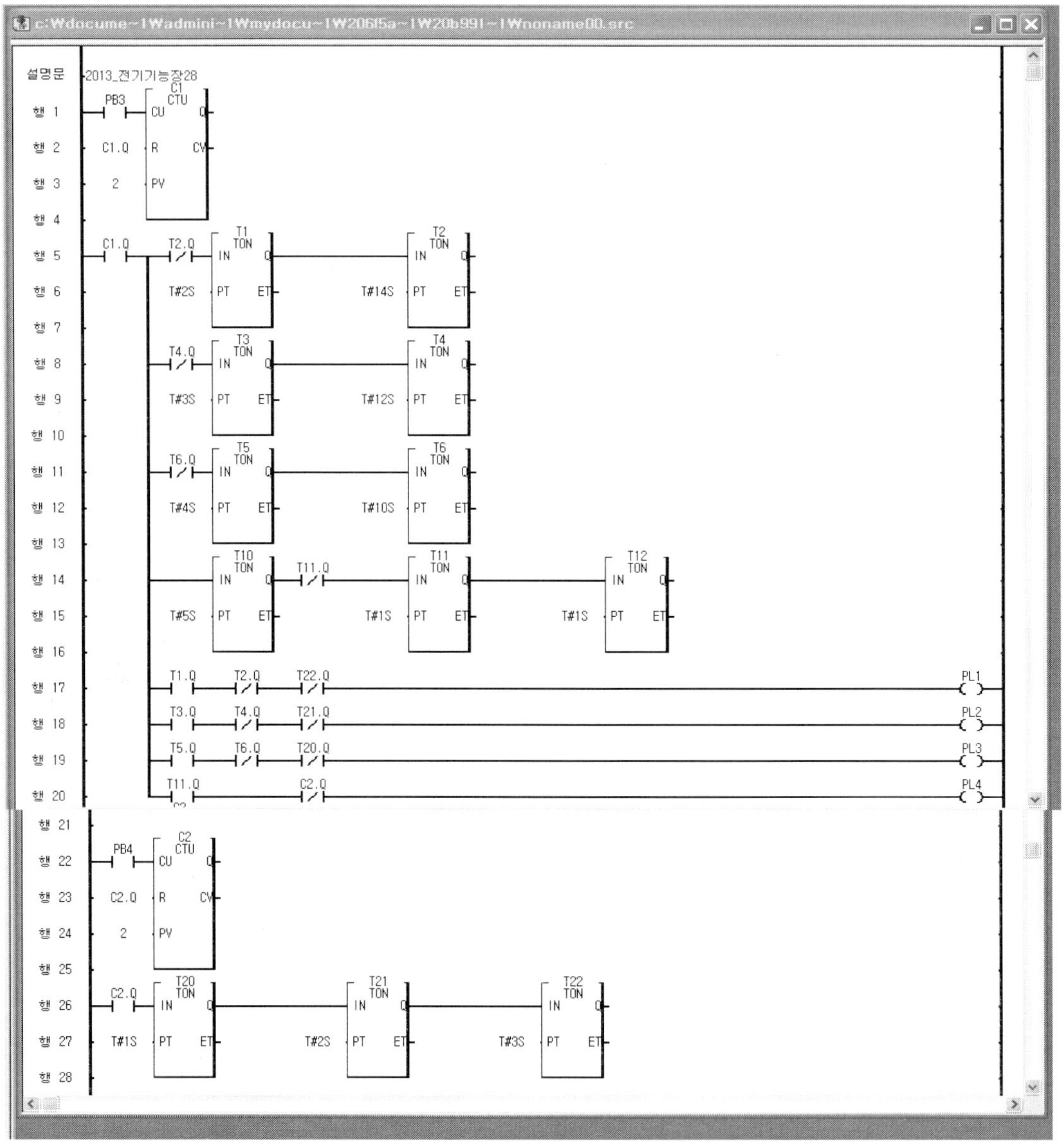

그림 81. 카운터(CTU)에 의한 램프제어(11) PLC 프로그램

메 모

28. 카운터(CTU)에 의한 램프제어(12)

1) 타임차트 동작설명

가. PB3 스위치

PB3를 1번 눌렀다 떼면-PL1, 2번 눌렀다 떼면-PL2, 3번 눌렀다 떼면-PL3, 4번 눌렀다 떼면-PL4가(ON(1초)-OFF(1초))동작을 반복 한다.PB3를 5번 눌렀다 떼면 (PB3카운터값 RESET)PL1~PL4가 동시에 소등된다.

나. PB4스위치

PB4를 2번 누르면 가.동작이 모두 정지되며, PB3카운터 값과 PB4카운터값이 모두 RESET 된다.

다. YL의 동작 조건

EOCR에 의해서 YR2가 동작 되면 YL(ON_2초 OFF_1초 ON(1초)-OFF(1초))이 반복 동작 하고, RY2가 소자되면, YL이 소등 된다.

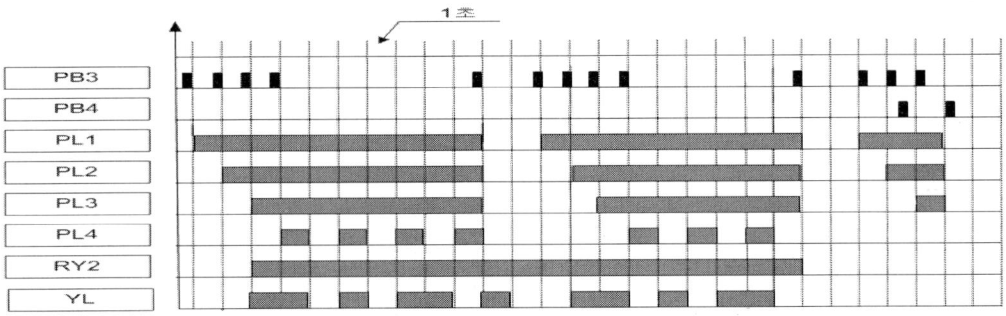

그림 82. 카운터(CTU)에 의한 램프제어(12)

2) P카운터(CTU)에 의한 램프제어(12) LC 입출력 결선도

PLC 입력은 PB3, PB4, RY2, PLC 출력은 PL1, PL2, PL3,PL4, YL,로 설정 한다.

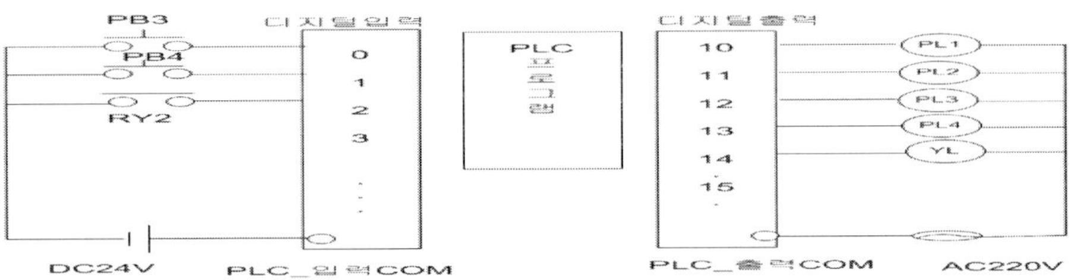

그림 83. 카운터(CTU)에 의한 램프제어(12)PLC 입출력 결선도

3) 카운터(CTU)에 의한 램프제어(12) PLC 프로그램

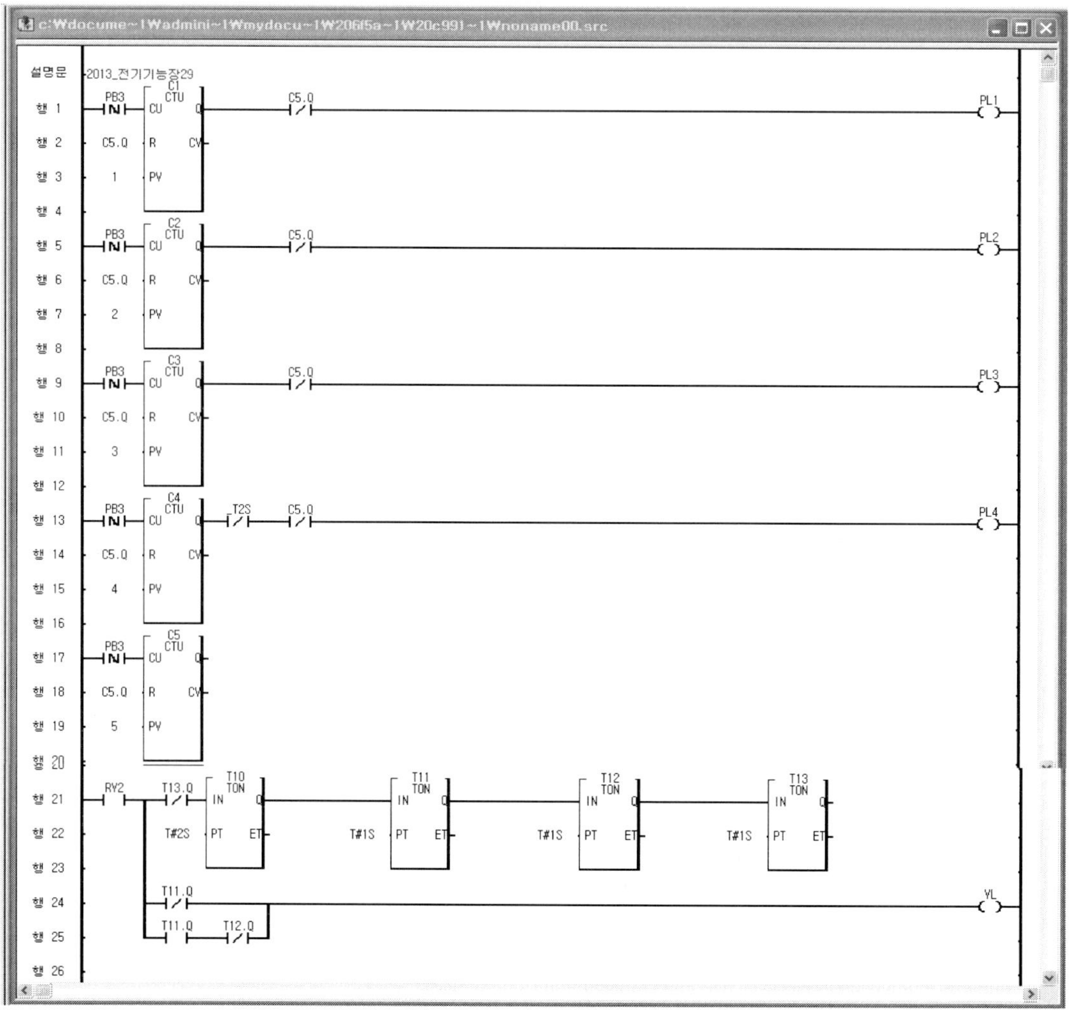

그림 84. 카운터(CTU)에 의한 램프제어(12)PLC 프로그램

메 모

29. 카운터(CTU)에 의한 램프제어(13)

■ 타임차트와 동작설명을 참조하여 PLC프로그램을 완성 하시오.

1) 타임차트 동작설명

가. PB3 스위치를 2번째 누르면 PL1~PL4는 다음과 같이 반복 동작 한다.

① PL1 : ON(11초)-OFF(1CH)

② PL2 : OFF(1초)-ON(1초)- OFF(1초)-ON(5초)- OFF(1초)-ON(1초) OFF(2초)

③ PL3 : OFF(1초)-ON(1초)- OFF(2초)-ON(3초)- OFF(1초)-ON(1초) OFF(3초)

④ PL4 : PL2와 PL3가 동시에 점등될 때만 동작된다.

* ①~④의 동작이 1주기 동작임.

나. PB3스위치를 6번째 눌렀다 떼면 동작중인 PL1~PL4 는 즉시 소등되며 PB3 스위치의 카운터 값은 복귀(RESET)된다.

다. PB4스위치를 누르면 나) 항 동작과 같다.

EOCR에 의해서 YR2가 동작 되면 YL(ON_2초 OFF_1초 ON_1초 OFF_2초) 이 반복 동작 하고,RY3가 소자되면, YL이 소등 된다.

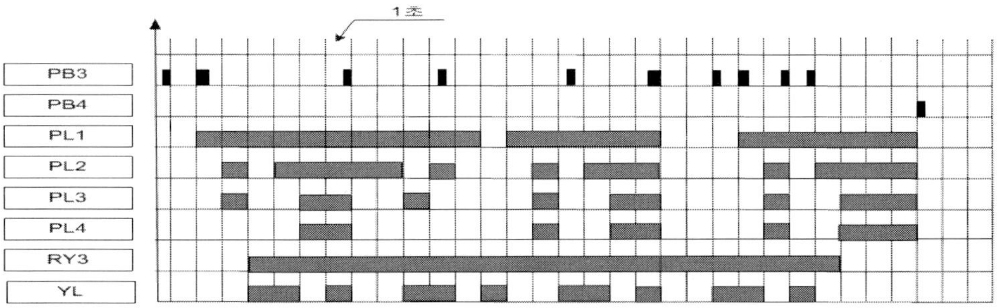

그림 85. 카운터(CTU)에 의한 램프제어(13)

2) PLC 입출력 결선도(PLC기종에 맞게 입. 출력 회로를 결선 하시오)

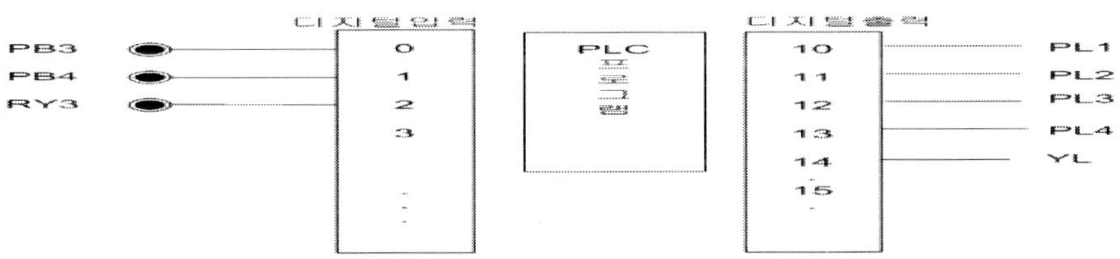

그림 86. 카운터(CTU)에 의한 램프제어(13) PLC 프로그램

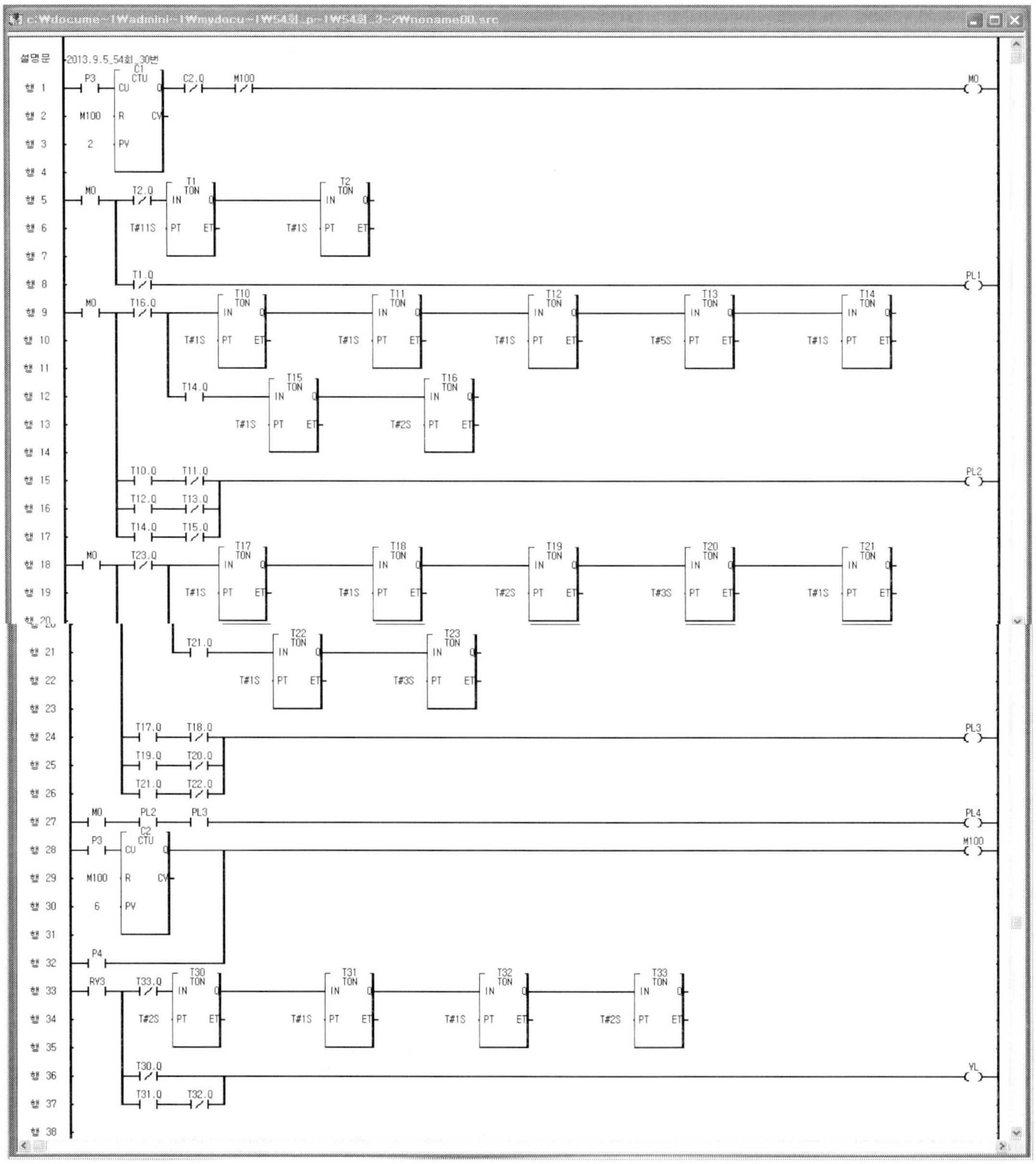

그림 87. 카운터(CTU)에 의한 램프제어(13) PLC 프로그램

30. 카운터(CTU)에 의한 램프제어(14)

■ 타임차트와 동작설명을 참조하여 PLC프로그램을 완성 하시오.

1) 타임차트 동작설명

가. PB3 스위치를 2번눌렀다 떼면, PL1,PL2,PL3가 타임차트처럼 1주기를 2회 반복 동작 한다. 두 번 반복이 끝나면 PB3 카운터 값이 복귀(RESET)된다.
(2주기를 동작하는 중에는 PB3를 눌러도 아무런 변화가 없다).

나. PB4스위치를 누르면 PL4가 3초 후에 점등되며, 다시 눌렀다 떼면.4초 후에 소등 된다. 다만, 다시 눌렀다 떼는 시간이 3초 미만이면 PL4가 4초만 점등 된다.

다. PB4스위치를 누르면 나) 항 동작과 같다. EOCR에 의해서 YR3가 동작 되면 YL은 ON(2초) OFF_(1초) 를 반복동작 하고 RY3가 소자되면, YL은 동작을 멈춘다.

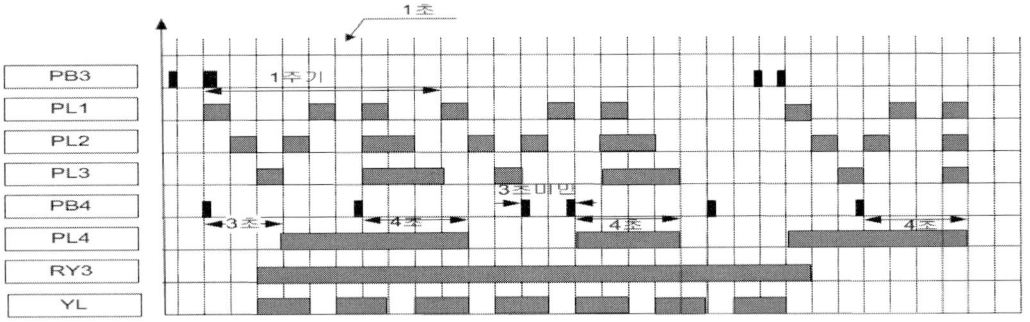

그림 88. 카운터(CTU)에 의한 램프제어(14) 타임차트

2) 카운터(CTU)에 의한 램프제어(14) PLC 입출력 결선도(PLC기종에 맞게 입. 출력 회로를 결선 하시오)

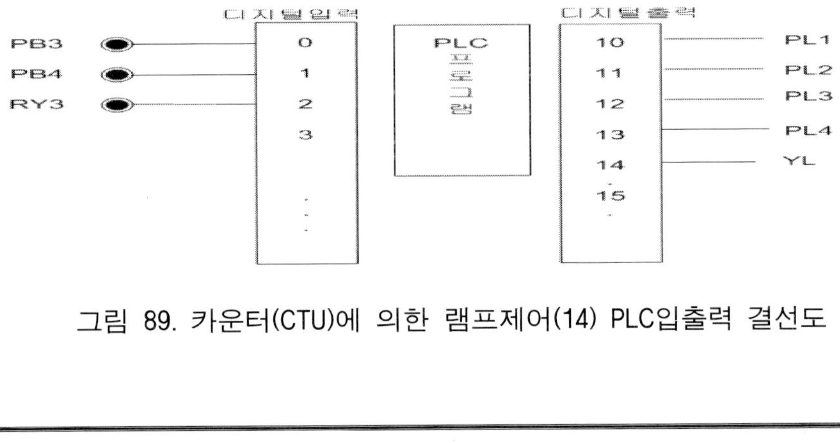

그림 89. 카운터(CTU)에 의한 램프제어(14) PLC입출력 결선도

3) 카운터(CTU)에 의한 램프제어(14)

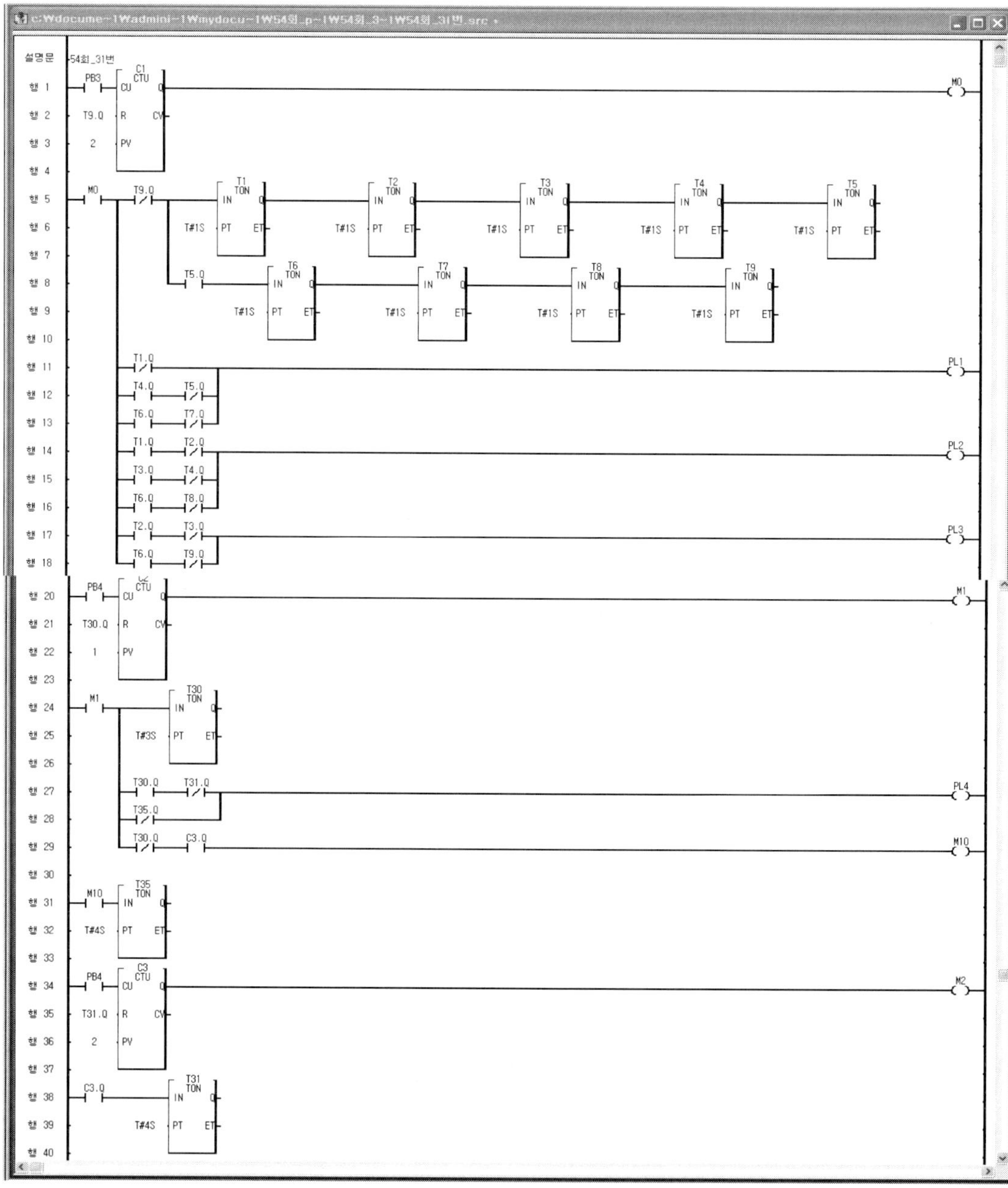

그림 90. 카운터(CTU)에 의한 램프제어(14) PLC 프로그램

31. 카운터(CTU)에 의한 램프제어(15)

■ 타임차트와 동작설명을 참조하여 PLC프로그램을 완성 하시오.

1) 타임차트 동작설명

가. PB3 스위치를 첫 번째 누르면

PL1,PL2,PL3,PL4까지 계속해서 순차점멸(순방향)한다.

(PL1[1초]→PL2[1초]→PL3[1초]→PL4[1초]순으로 반복 동작) PB3 스위치를 두 번째 누르면 점등되어 있는 램프는 즉시 꺼지고, 바로 역방향으로 계속해서 순차 점멸한다.(PL4[1초]→PL3[1초]→PL2[1초]→PL1[1초]순으로 반복동작)

* PB3입력신호가 홀수 번째인 경우 순방향, 짝수 번째인 경우 역방향으로 순차 점멸 한다).

나. PB4스위치를 누르면 PL1~PL4까지 동작중인 램프는 즉시 동작을 멈춘다.

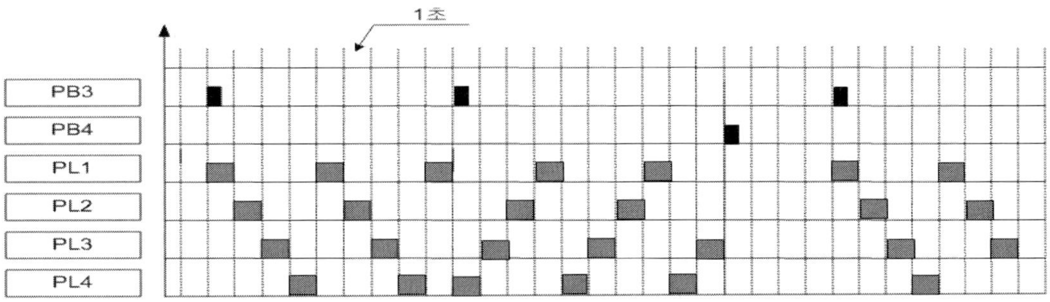

그림 91. 카운터(CTU)에 의한 램프제어(15) 타임차트

2) 카운터(CTU)에 의한 램프제어(15) PLC 입출력 결선도

PLC 입출력 결선도(PLC기종에 맞게 입. 출력 회로를 결선 하시오)

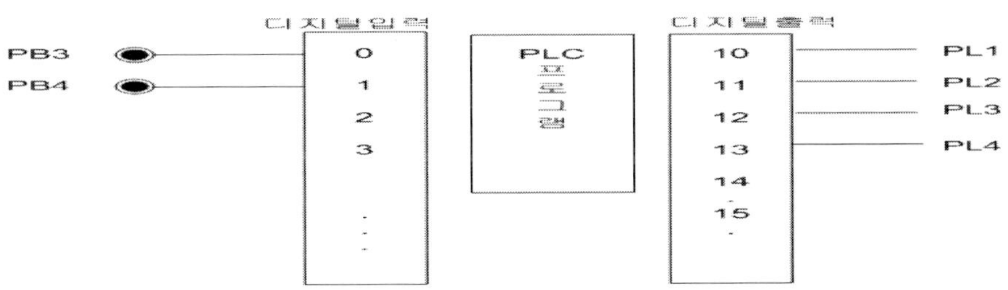

그림 92. 카운터(CTU)에 의한 램프제어(15) PLC 프로그램

3) 카운터(CTU)에 의한 램프제어(15) PLC프로그램

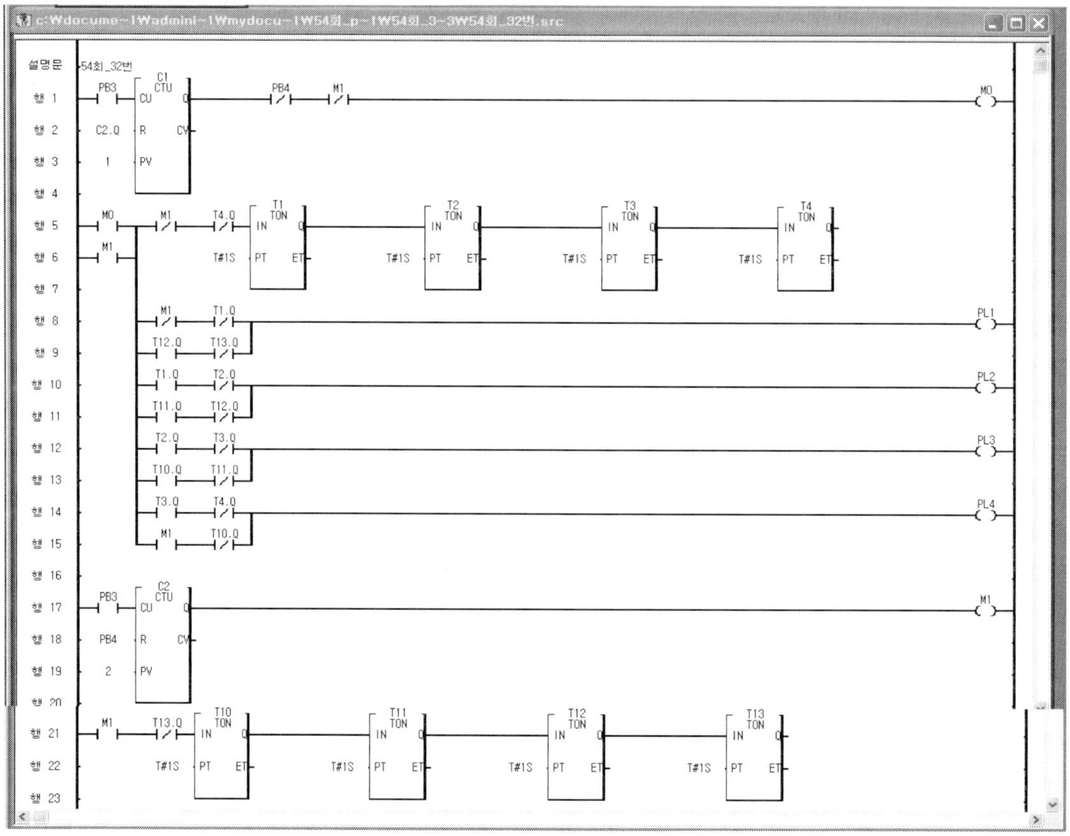

그림 93. 카운터(CTU)에 의한 램프제어(15) PLC 프로그램

메 모

32. 카운터(CTU)에 의한 램프제어(16)

■ 타임차트와 동작설명을 참조하여 PLC프로그램을 완성 하시오.

1) 동작설명

가. PB3를 한번 누르면 PL2가 점등되고, PL3는 OFF[1초]-ON[1초] 동작을 반복하 며
PL4는 OFF[2초]-ON[2초] 동작을 반복 한다.
다시 PB3를 누르면 위 동작이 모두 정지 한다.

나. PB4를 한번 눌렀다 떼면 PL1이 점등되고, 다시 눌렀다 떼면 PL1이 소등 된다.

다. RY3가 동작
FD2(화재감지스위치)에 의해서 RY가 여자 되면, RL2가 타임차트처럼 동작이 진행한다. PB0를 눌러서 RY3가 소자되면 RL2가 동작이 멈춘다.

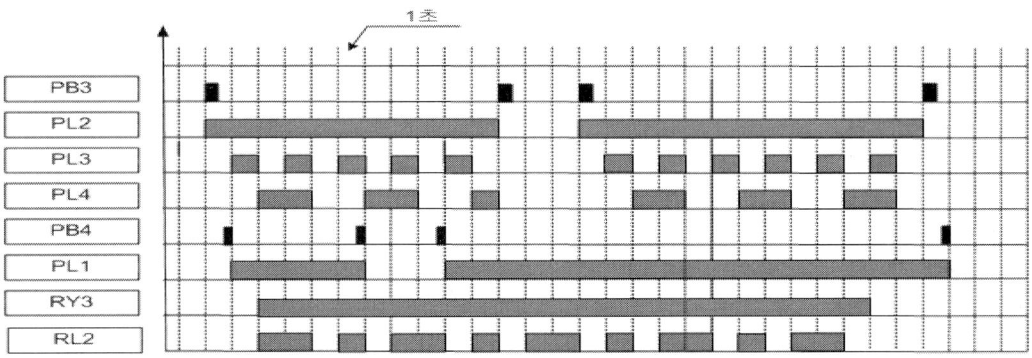

그림 94. 카운터(CTU)에 의한 램프제어(16) 타임차트

2) 카운터(CTU)에 의한 램프제어(16) 타임차트
PLC 입출력 결선도(PLC기종에 맞게 입. 출력 회로를 결선 하시오)

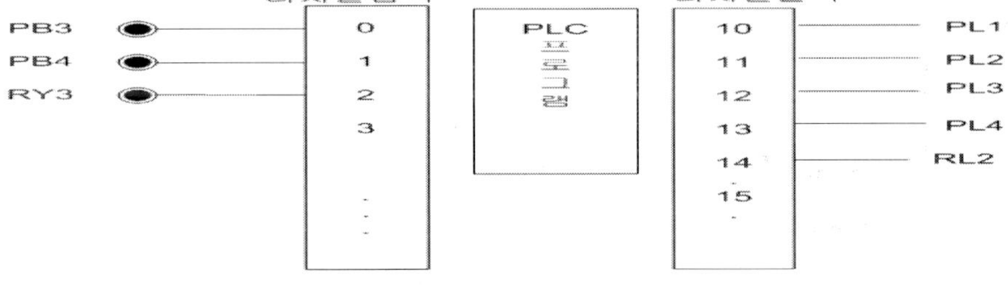

그림 95. 카운터(CTU)에 의한 램프제어(16) PLC 프로그램

3) PLC프로그램32

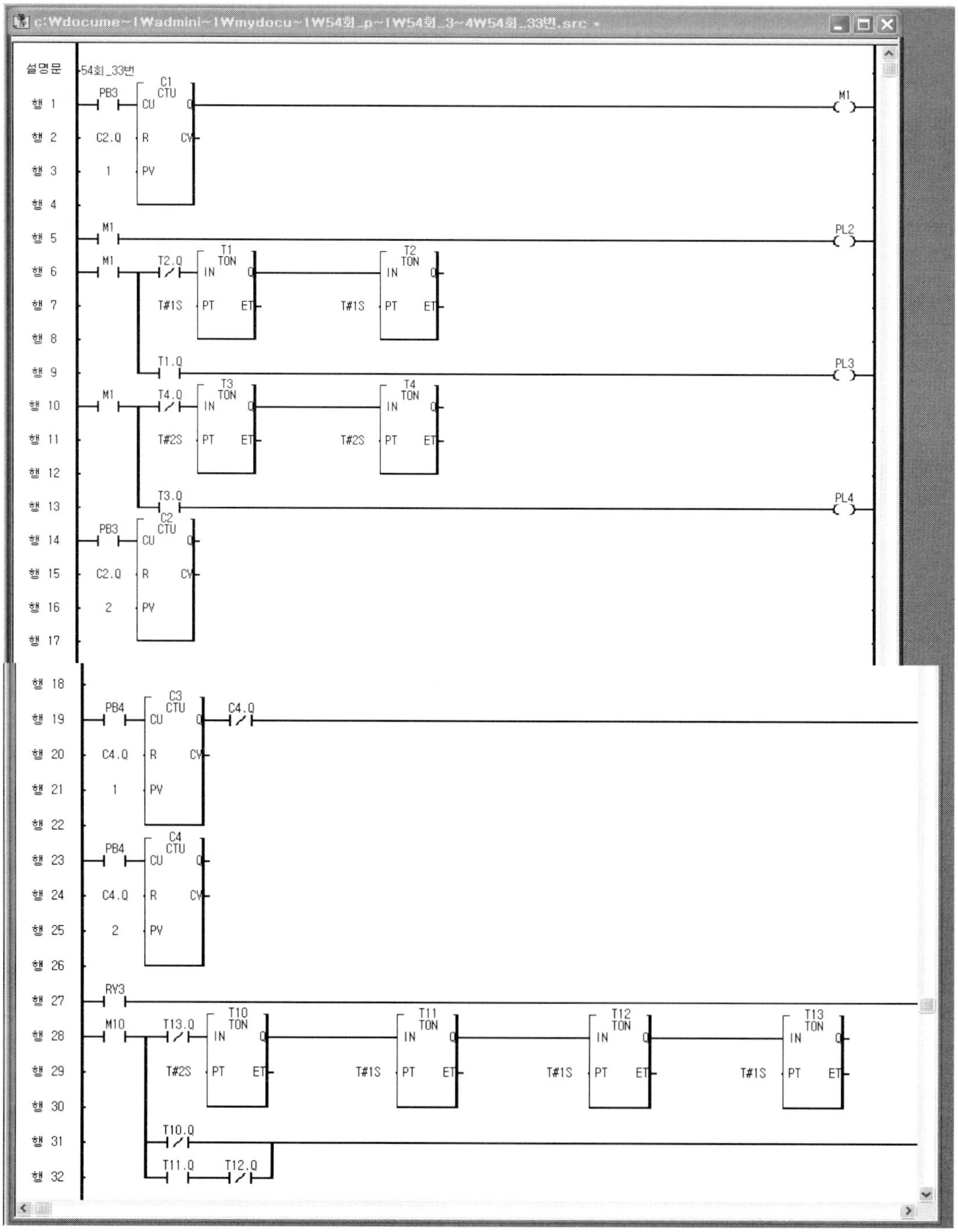

그림 96. 램프제어 타임차트(28) PLC 프로그램

부 록

1. MELSEC_PLC프로그램

타임차트_1

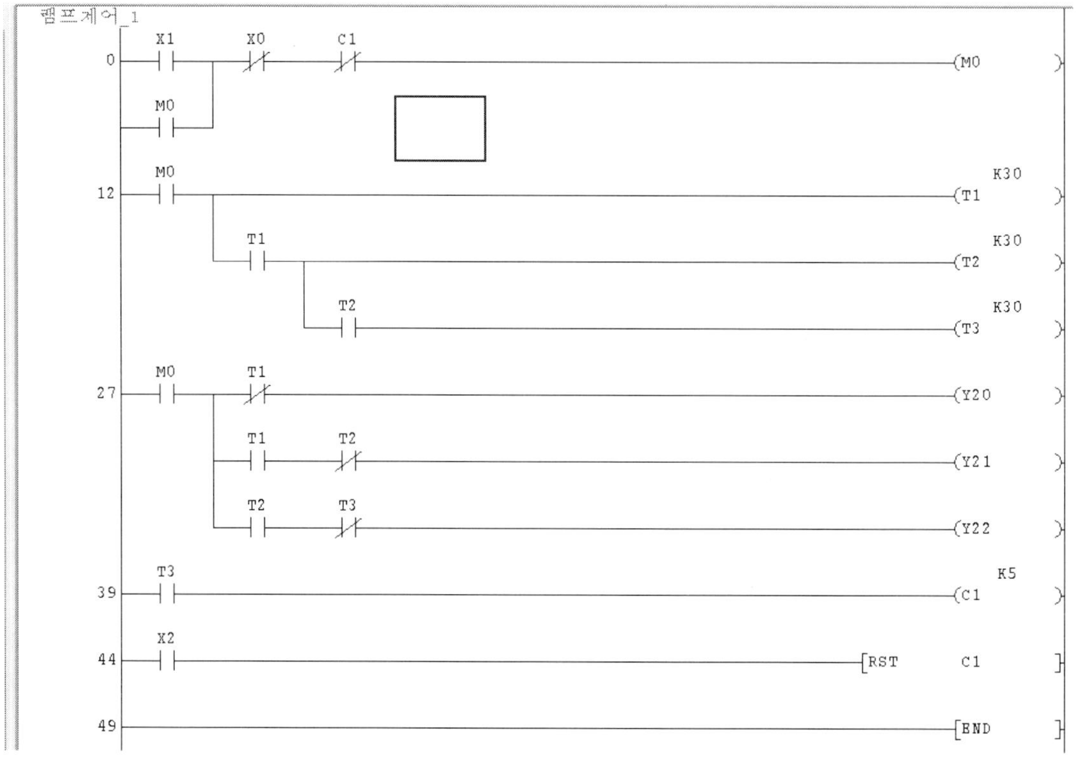
램프제어_1
X1 X0 C1
0 M0
M0
M0 K30
12 T1
T1 K30
T2
T2 K30
T3
M0 T1
27 Y20
T1 T2
Y21
T2 T3
Y22
T3 K5
39 C1
X2
44 RST C1
49 END

메 모

타임차트_2

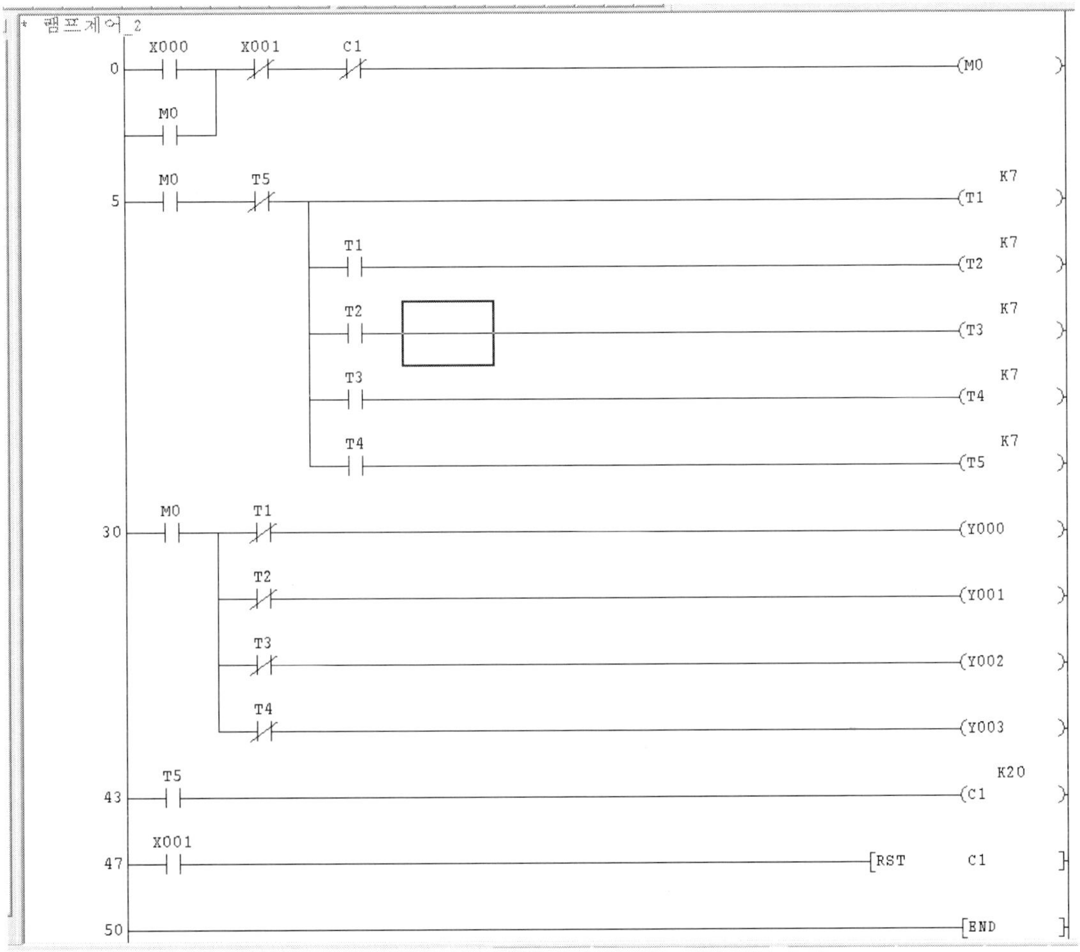

X000
X001
C1
M0
M0
T5
K7
T1
T1
K7
T2
T2
K7
T3
T3
K7
T4
T4
K7
T5
M0
T1
Y000
T2
Y001
T3
Y002
T4
Y003
T5
K20
C1
X001
RST
C1
END
0
5
30
43
47
50

메 모

타임차트_3

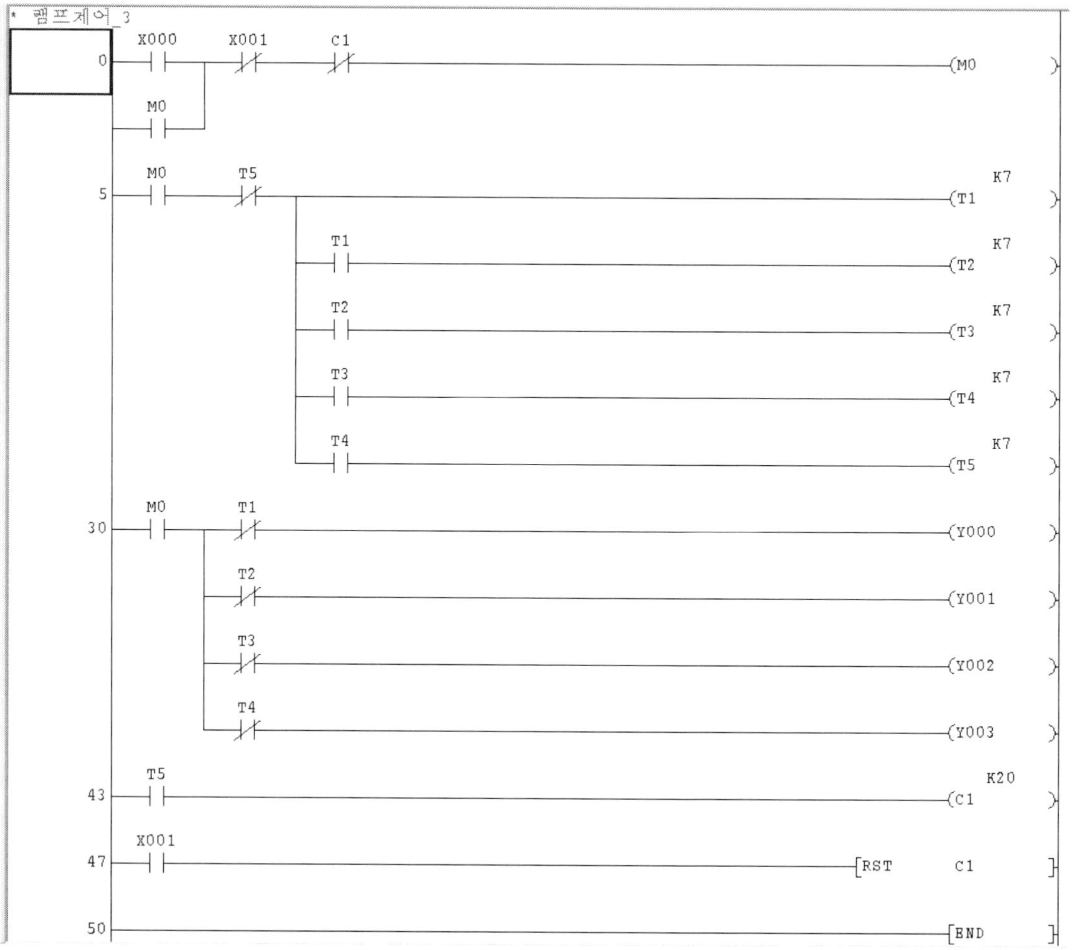

* 램프제어_3
0
X000
X001
C1
M0
M0
5
M0
T5
K7
T1
T1
K7
T2
T2
K7
T3
T3
K7
T4
T4
K7
T5
30
M0
T1
Y000
T2
Y001
T3
Y002
T4
Y003
43
T5
K20
C1
47
X001
RST
C1
50
END

메 모

타임차트_4

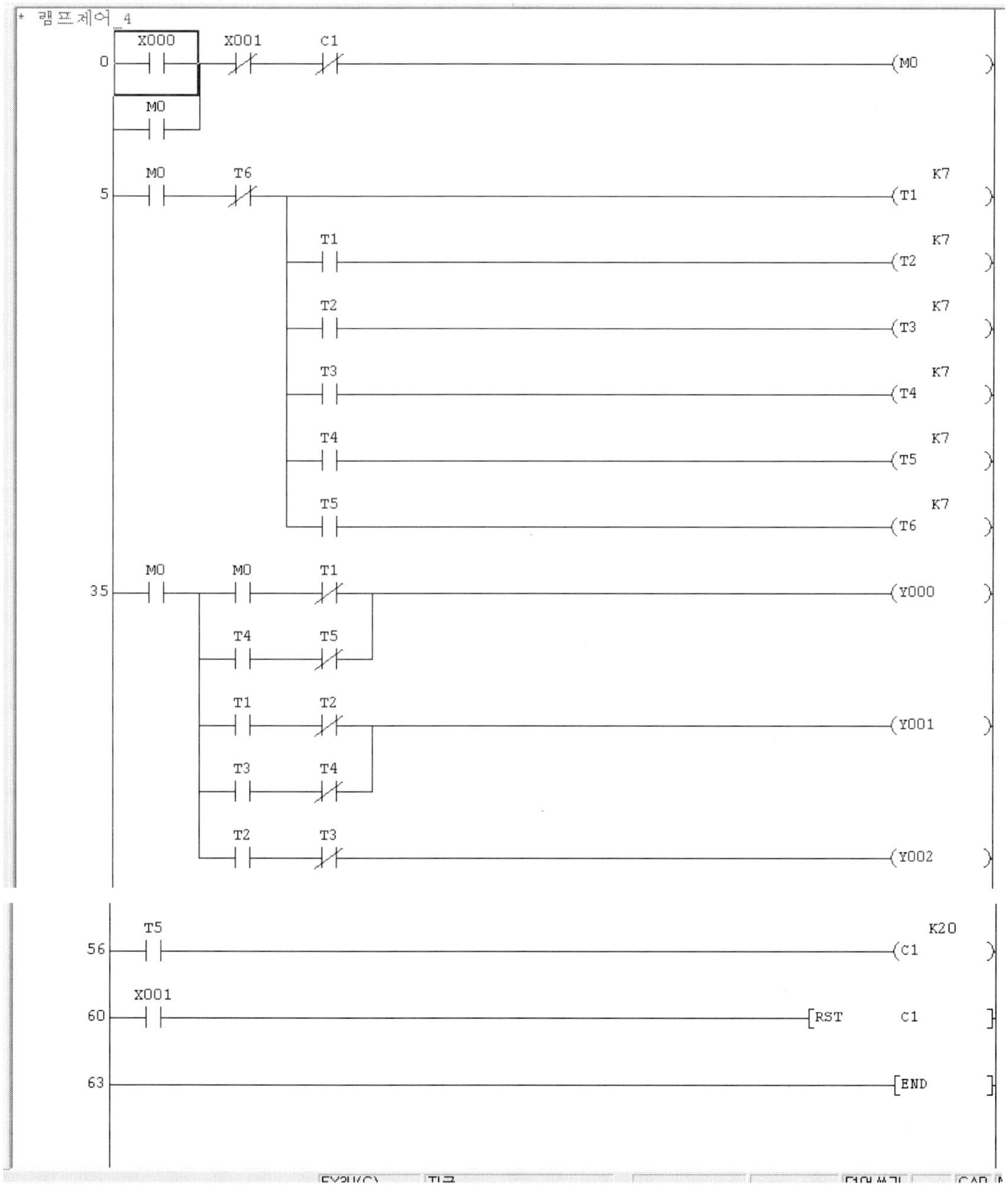
X000
X001
C1
M0
M0
T6
K7
T1
T1
K7
T2
T2
K7
T3
T3
K7
T4
T4
K7
T5
T5
K7
T6
M0
M0
T1
Y000
T4
T5
T1
T2
Y001
T3
T4
T2
T3
Y002
T5
K20
C1
X001
RST
C1
END

타임차트5

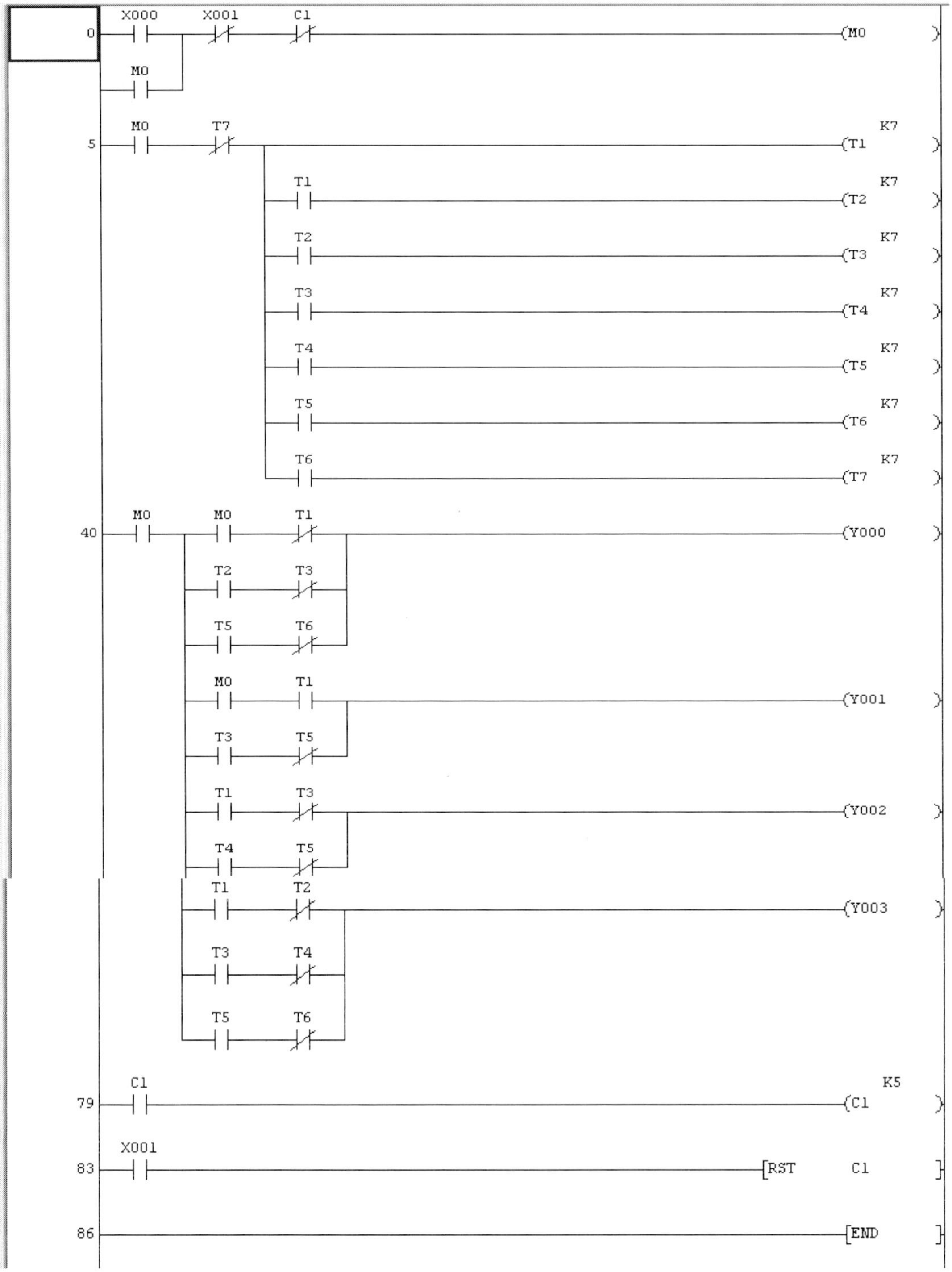
X000 X001 C1 M0
M0
M0 T7 T1 K7
T1 T2 K7
T2 T3 K7
T3 T4 K7
T4 T5 K7
T5 T6 K7
T6 T7 K7
M0 M0 T1 Y000
T2 T3
T5 T6
M0 T1 Y001
T3 T5
T1 T3 Y002
T4 T5
T1 T2 Y003
T3 T4
T5 T6
C1 C1 K5
X001 RST C1
END

타임차트_6

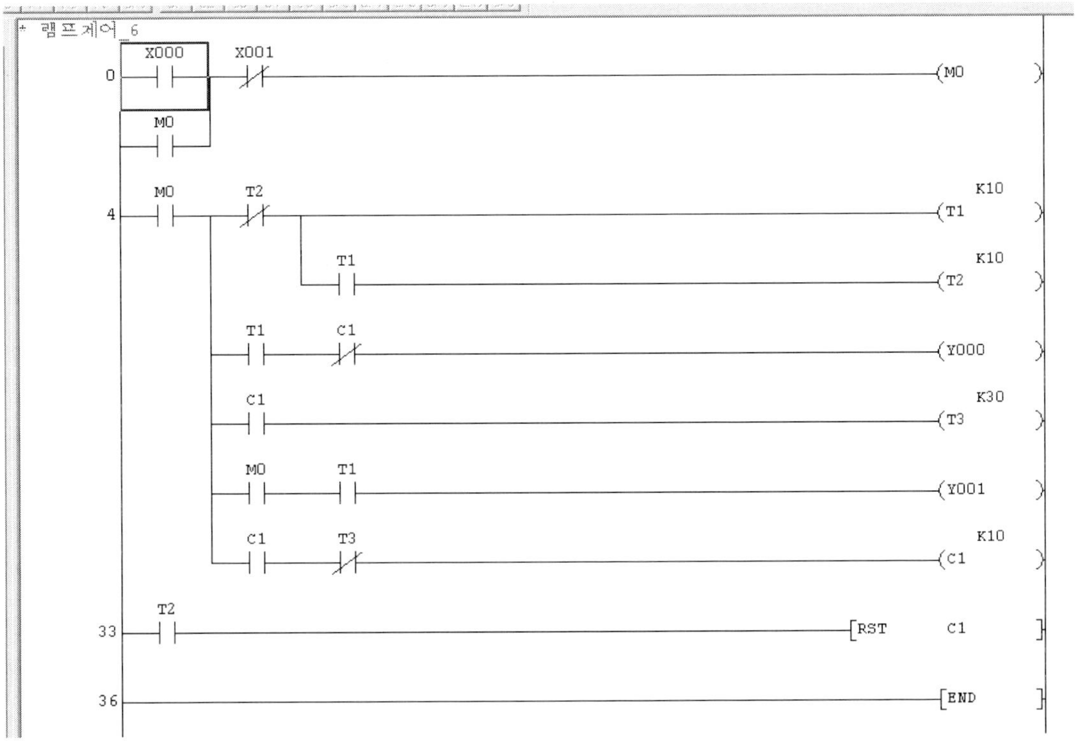
램프제어_6
X000
X001
M0
M0
M0
T2
K10
T1
T1
K10
T2
T1
C1
Y000
C1
K30
T3
M0
T1
Y001
C1
T3
K10
C1
T2
RST
C1
END
0
4
33
36

메 모

타임차트_7

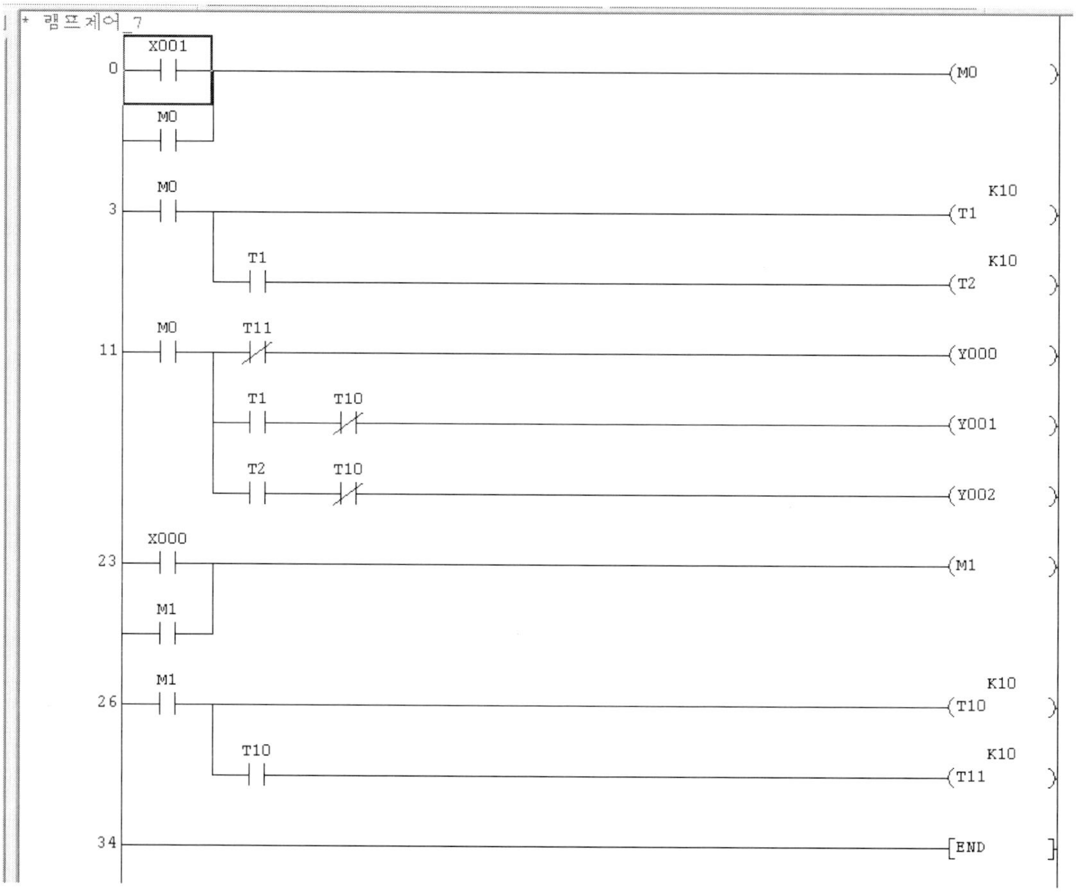
램프제어_7
0 X001 M0 (M0)
3 M0 K10 (T1)
T1 K10 (T2)
11 M0 T11 (Y000)
T1 T10 (Y001)
T2 T10 (Y002)
23 X000 M1 (M1)
26 M1 K10 (T10)
T10 K10 (T11)
34 [END]

메모

타임차트_8

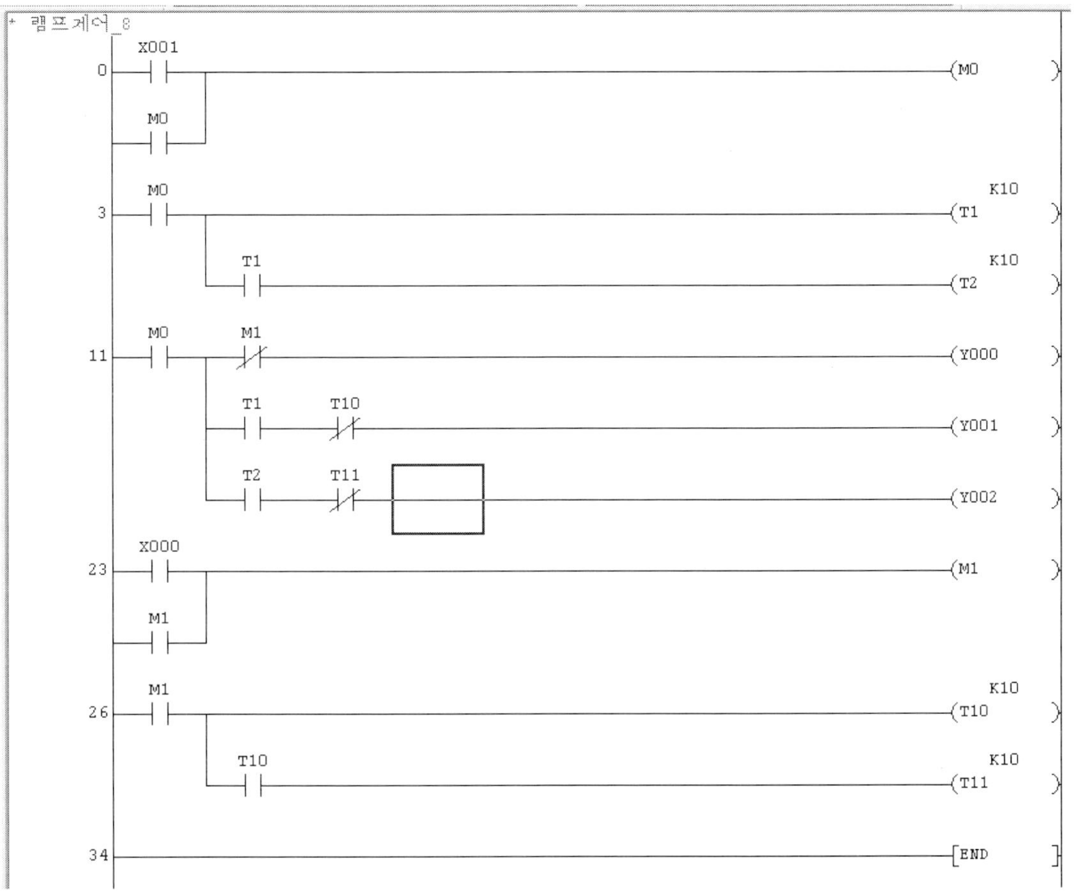

램프제어_8
0
X001
M0
(M0)
3
M0
K10
(T1)
T1
K10
(T2)
11
M0
M1
(Y000)
T1
T10
(Y001)
T2
T11
(Y002)
23
X000
M1
(M1)
26
M1
K10
(T10)
T10
K10
(T11)
34
[END]

메 모

타임차트_9

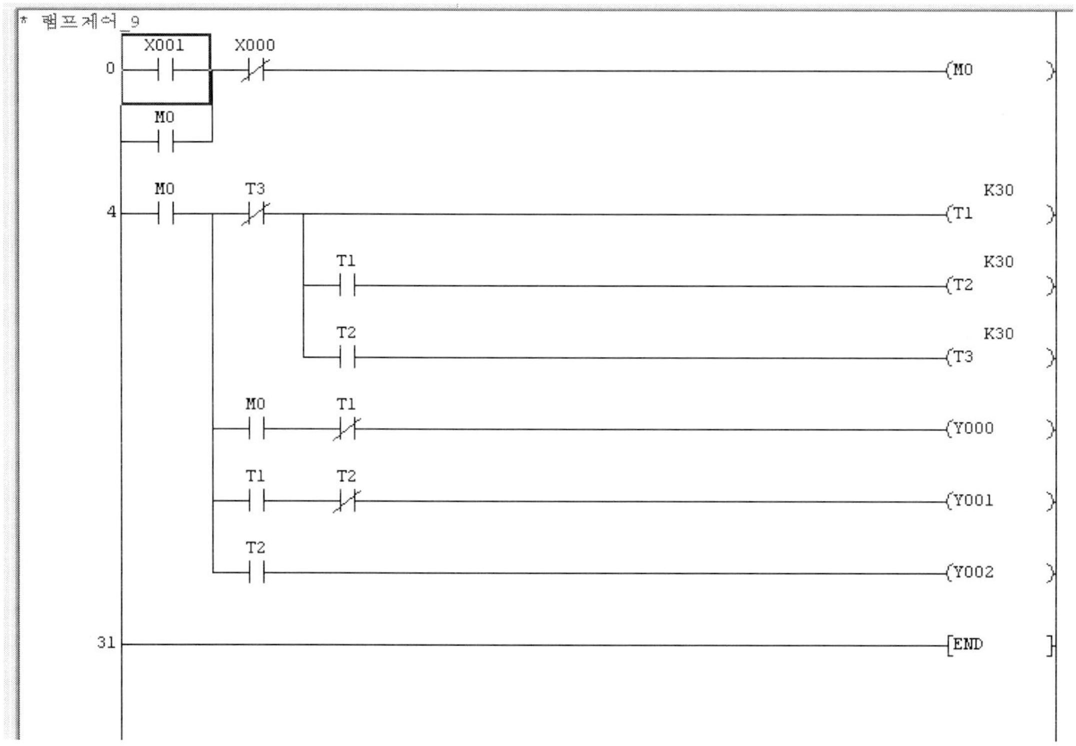
* 램프제어_9
0
X001
X000
M0
M0
4
M0
T3
K30
T1
T1
K30
T2
T2
K30
T3
M0
T1
Y000
T1
T2
Y001
T2
Y002
31
END

메 모

타임차트_10

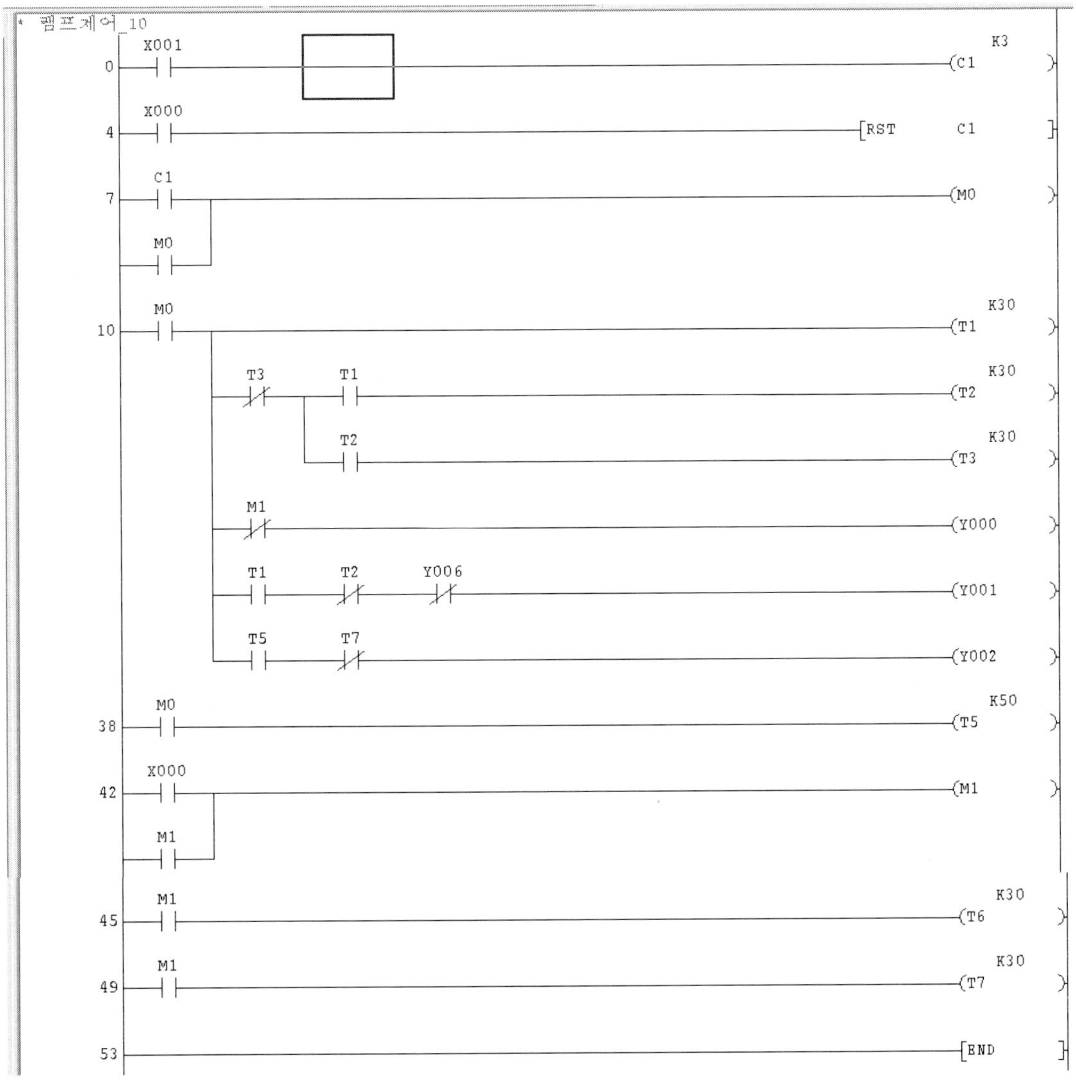

* 램프제어_10
0 X001 K3 C1
4 X000 RST C1
7 C1 M0 M0
10 M0 K30 T1
T3 T1 K30 T2
T2 K30 T3
M1 Y000
T1 T2 Y006 Y001
T5 T7 Y002
38 M0 K50 T5
42 X000 M1 M1
45 M1 K30 T6
49 M1 K30 T7
53 END

메모

타임차트_11

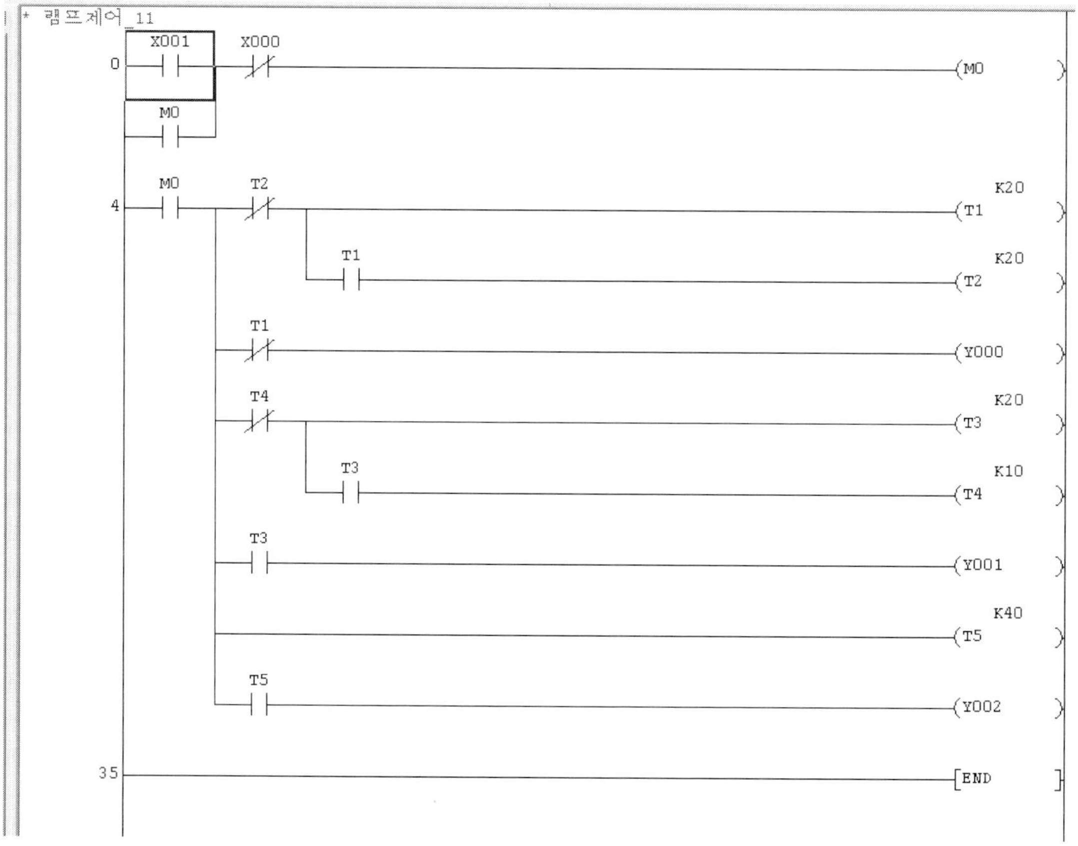
* 램프제어_11
0
X001
X000
M0
M0
4
M0
T2
K20
T1
T1
K20
T2
T1
Y000
T4
K20
T3
T3
K10
T4
T3
Y001
K40
T5
T5
Y002
35
END

메모

타임차트_12

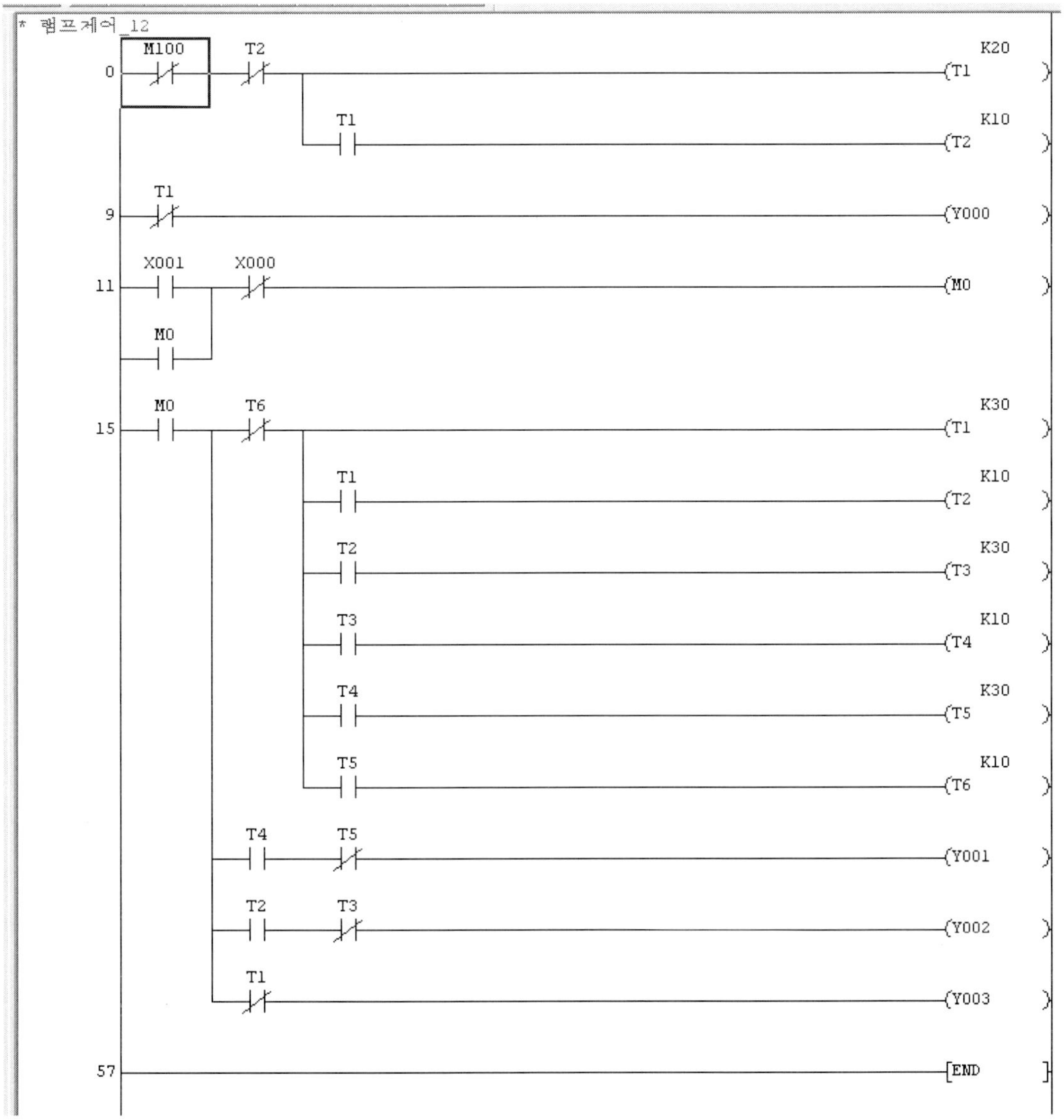

* 램프제어_12
0
M100
T2
K20
T1
T1
K10
T2
9
T1
Y000
11
X001
X000
M0
M0
15
M0
T6
K30
T1
T1
K10
T2
T2
K30
T3
T3
K10
T4
T4
K30
T5
T5
K10
T6
T4
T5
Y001
T2
T3
Y002
T1
Y003
57
END

메 모

타임차트_13

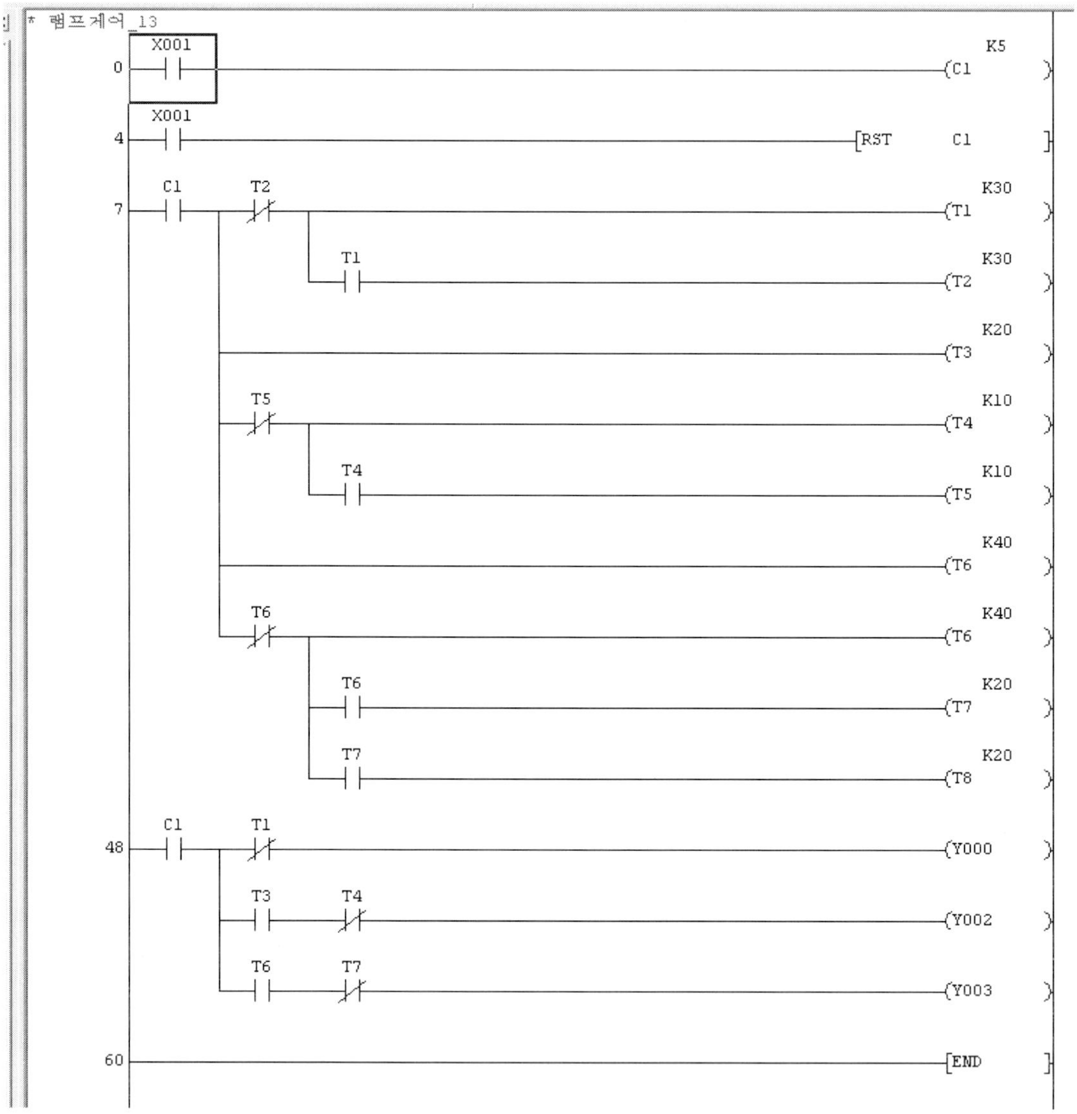

* 램프제어_13
X001
K5
C1
X001
RST C1
C1
T2
K30
T1
T1
K30
T2
K20
T3
T5
K10
T4
T4
K10
T5
K40
T6
T6
K40
T6
T6
K20
T7
T7
K20
T8
C1
T1
Y000
T3
T4
Y002
T6
T7
Y003
END

메 모

타임차트_14

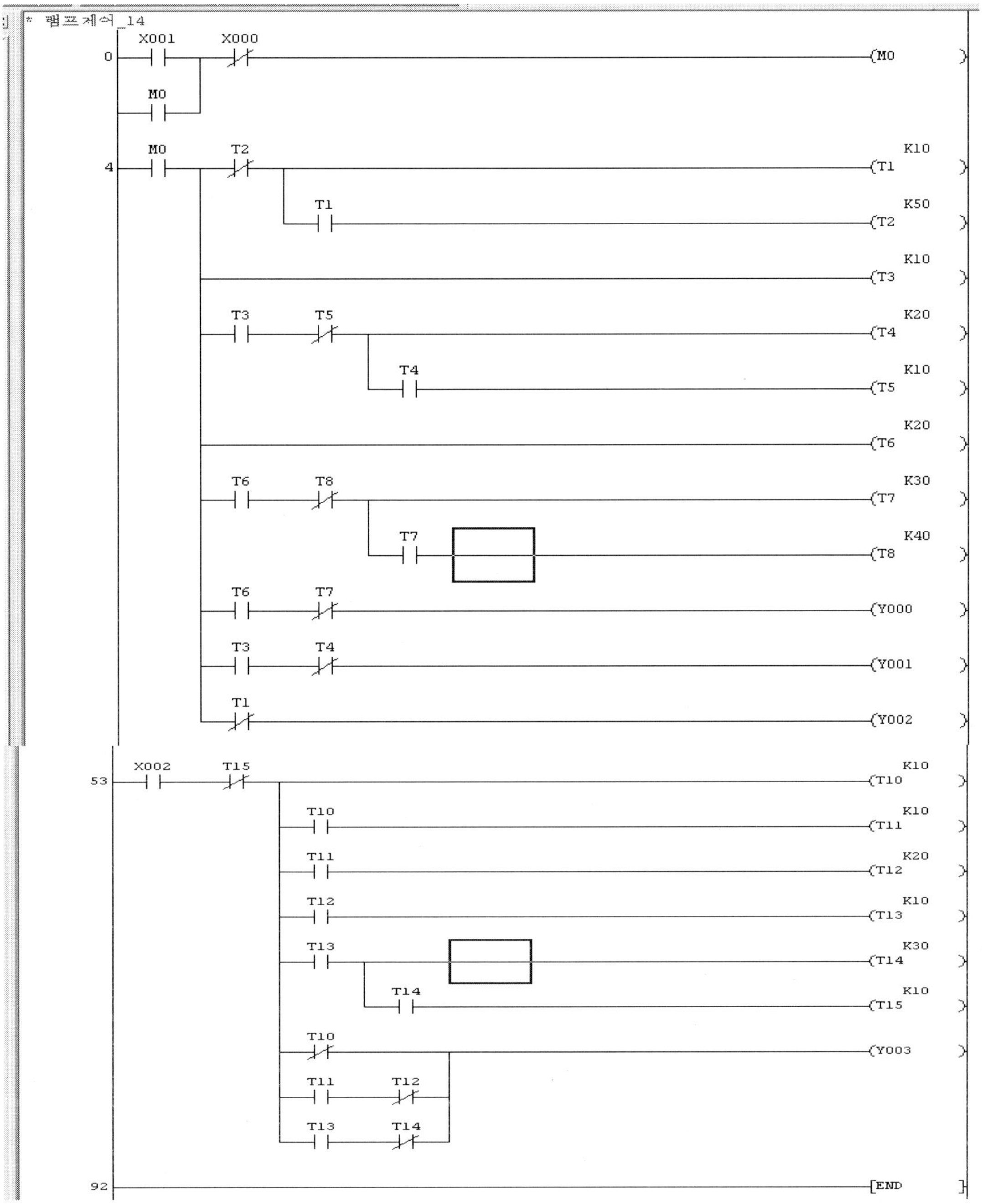

* 램프제어_14
0
X001
X000
M0
M0
4
M0
T2
K10
T1
T1
K50
T2
K10
T3
T3
T5
K20
T4
T4
K10
T5
K20
T6
T6
T8
K30
T7
T7
K40
T8
T6
T7
Y000
T3
T4
Y001
T1
Y002
53
X002
T15
K10
T10
T10
K10
T11
T11
K20
T12
T12
K10
T13
T13
K30
T14
T14
K10
T15
T10
Y003
T11
T12
T13
T14
92
END

타임차트_15

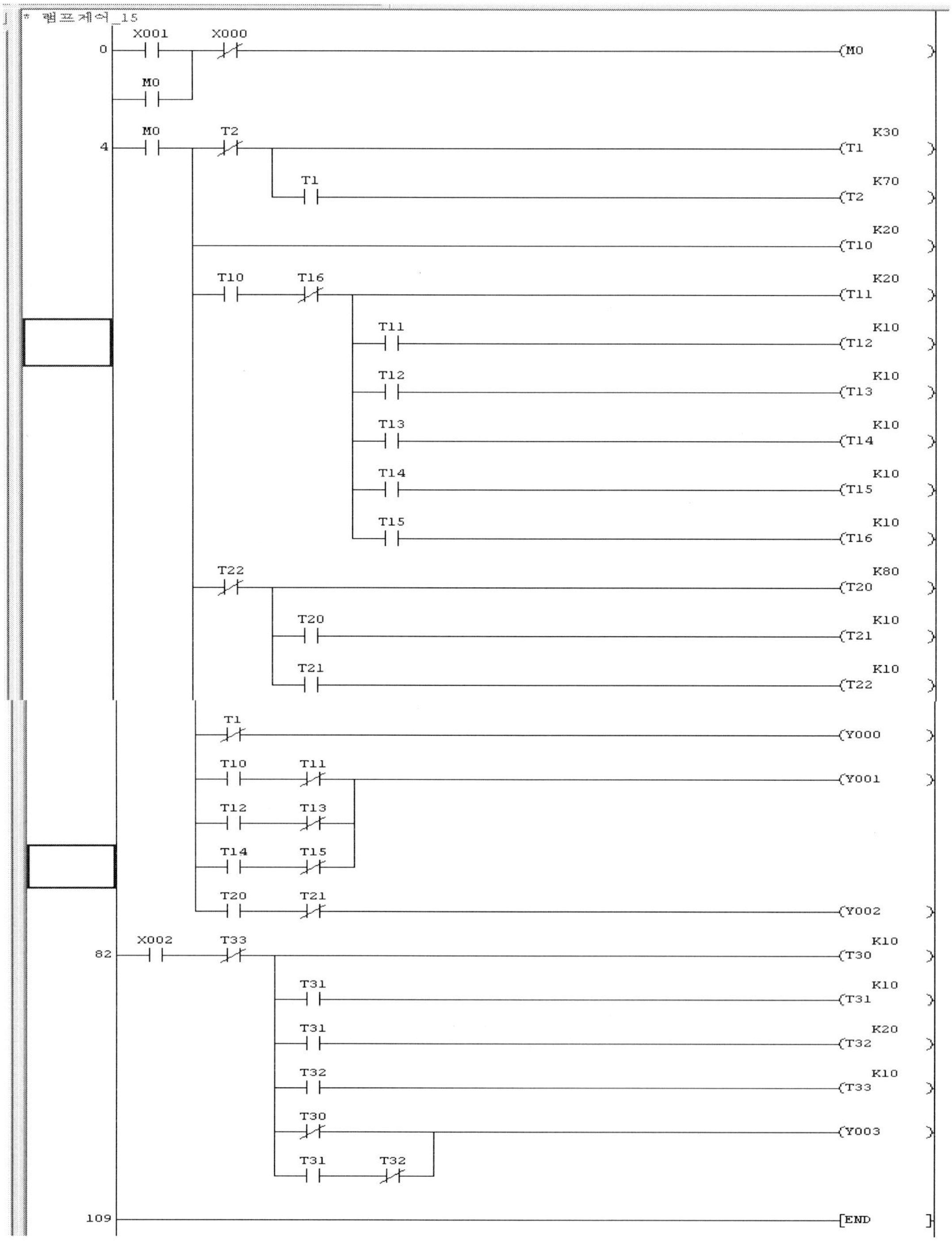
* 램프제어_15
X001
X000
M0
M0
T2
T1
T10
T16
T11
T12
T13
T14
T15
T22
T20
T21
T1
T10
T11
T12
T13
T14
T15
T20
T21
X002
T33
T31
T31
T32
T30
T31
T32
0
4
82
109
M0
K30 T1
K70 T2
K20 T10
K20 T11
K10 T12
K10 T13
K10 T14
K10 T15
K10 T16
K80 T20
K10 T21
K10 T22
Y000
Y001
Y002
K10 T30
K10 T31
K20 T32
K10 T33
Y003
END

타임차트_16

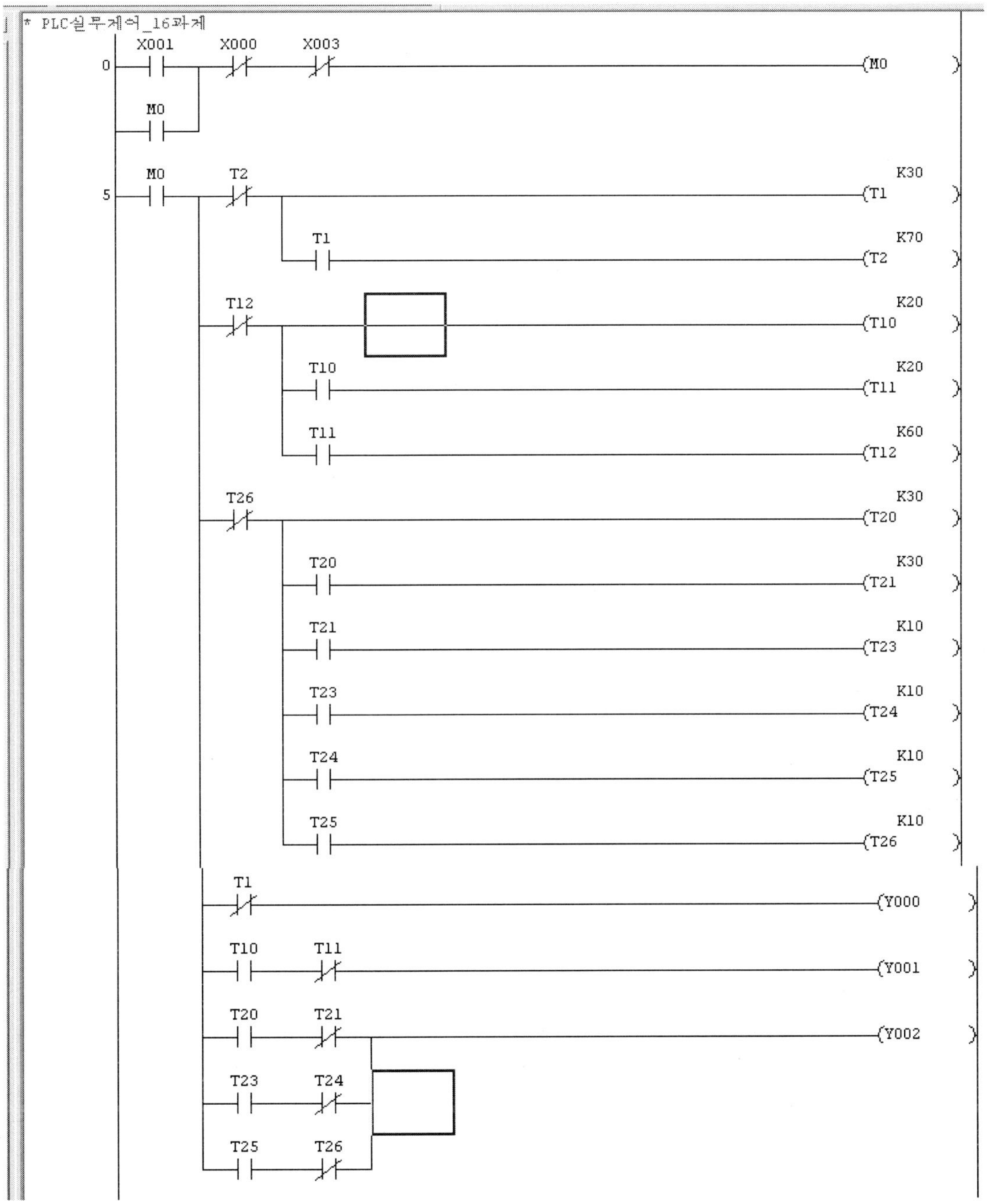
* PLC실무제어_16과제
X001
X000
X003
0
M0
M0
M0
T2
K30
5
T1
T1
K70
T2
T12
K20
T10
T10
K20
T11
T11
K60
T12
T26
K30
T20
T20
K30
T21
T21
K10
T23
T23
K10
T24
T24
K10
T25
T25
K10
T26
T1
Y000
T10
T11
Y001
T20
T21
Y002
T23
T24
T25
T26

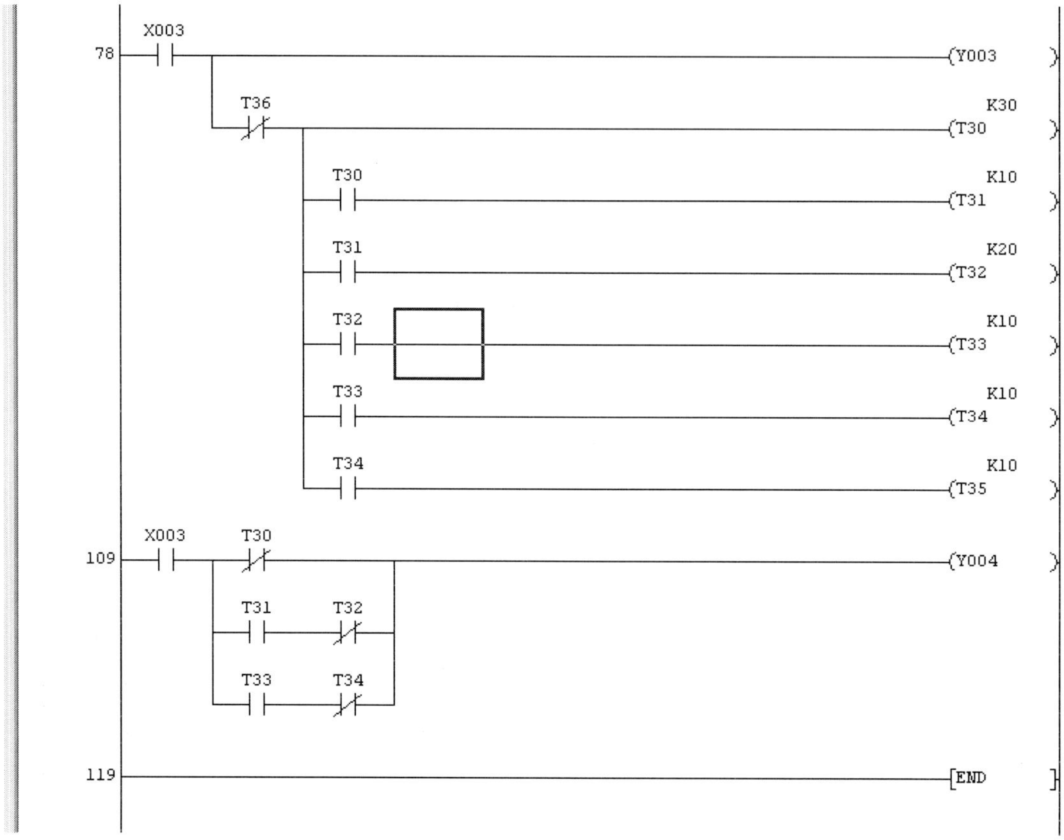
78
X003
Y003
T36
K30
T30
T30
K10
T31
T31
K20
T32
T32
K10
T33
T33
K10
T34
T34
K10
T35
109
X003
T30
Y004
T31
T32
T33
T34
119
END

메 모

타임차트_17

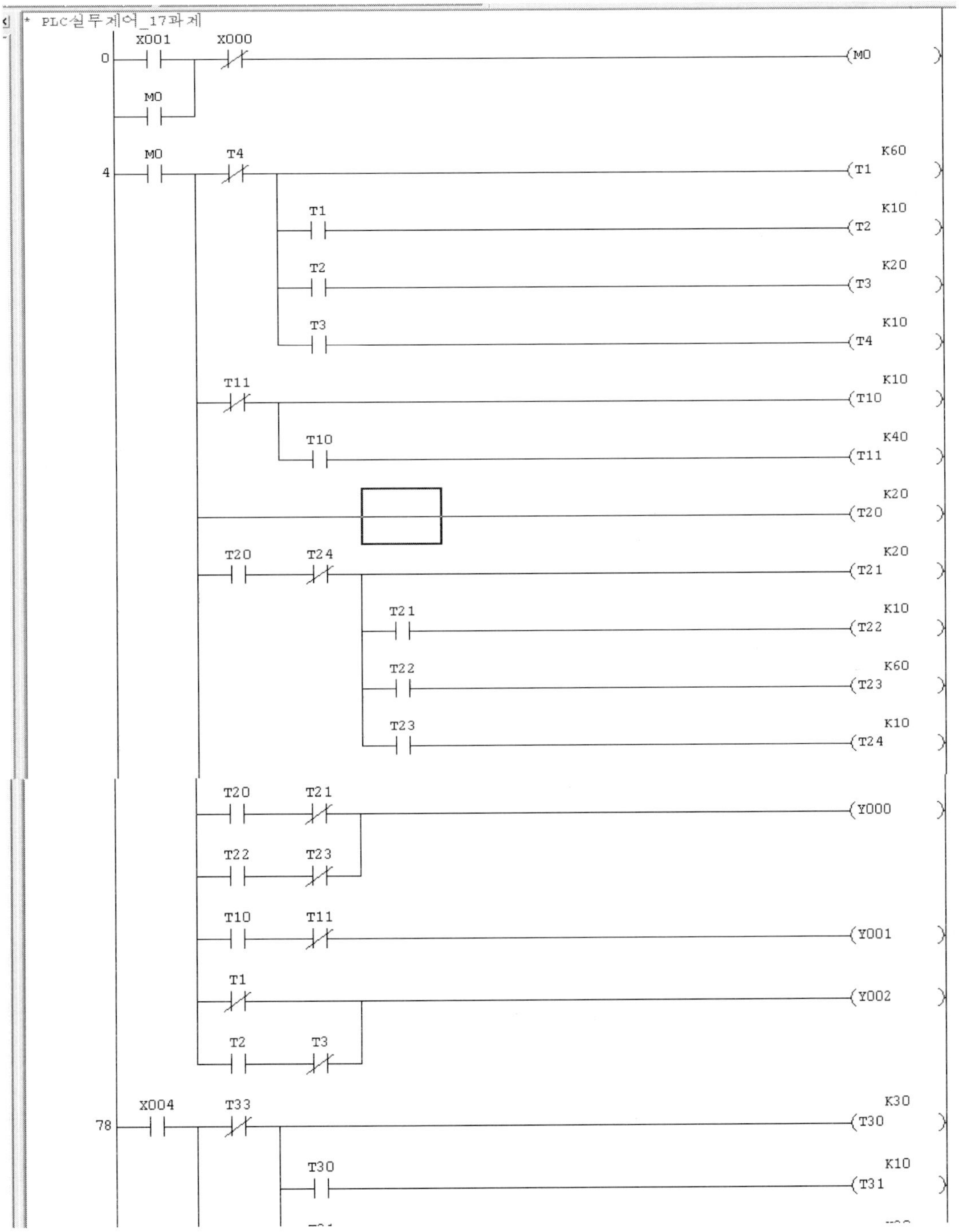
* PLC실무제어_17과제
0 X001 X000 M0
M0
4 M0 T4 K60 T1
T1 K10 T2
T2 K20 T3
T3 K10 T4
T11 K10 T10
T10 K40 T11
K20 T20
T20 T24 K20 T21
T21 K10 T22
T22 K60 T23
T23 K10 T24
T20 T21 Y000
T22 T23
T10 T11 Y001
T1 Y002
T2 T3
78 X004 T33 K30 T30
T30 K10 T31

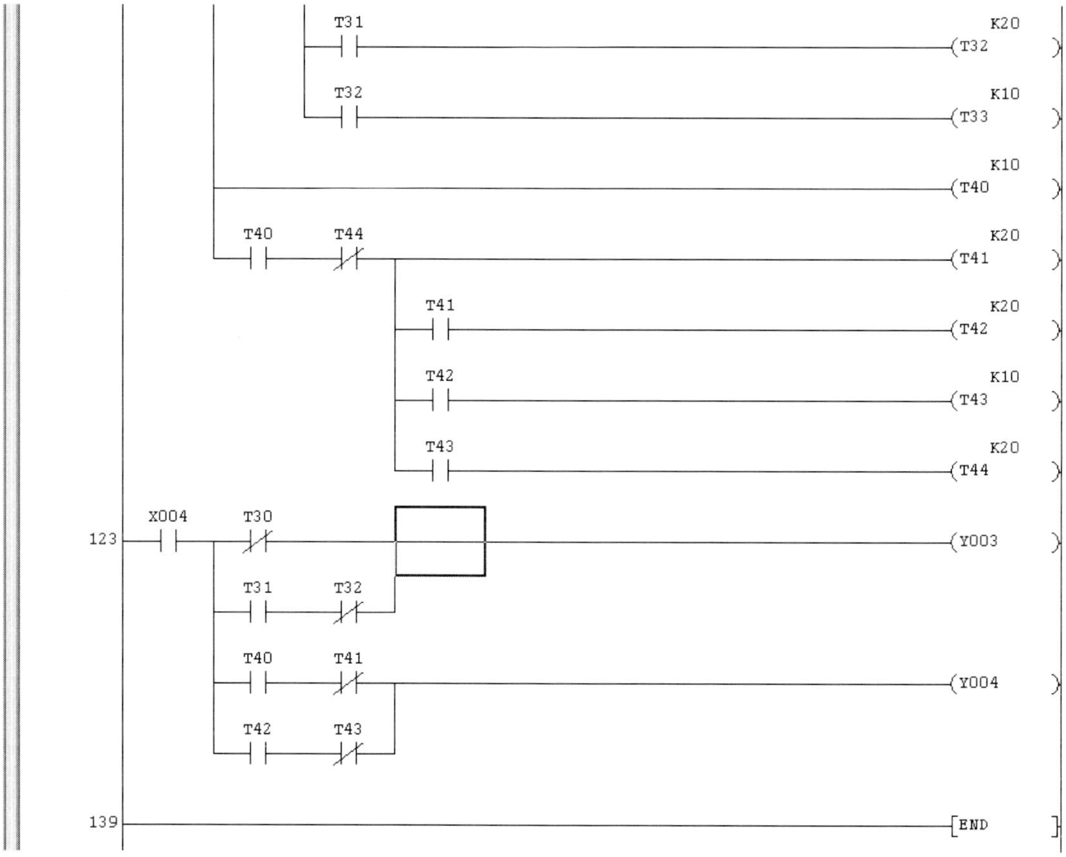
T31
K20
T32
T32
K10
T33
K10
T40
T40
T44
K20
T41
T41
K20
T42
T42
K10
T43
T43
K20
T44
123
X004
T30
Y003
T31
T32
T40
T41
Y004
T42
T43
139
END

메 모

타임차트_18

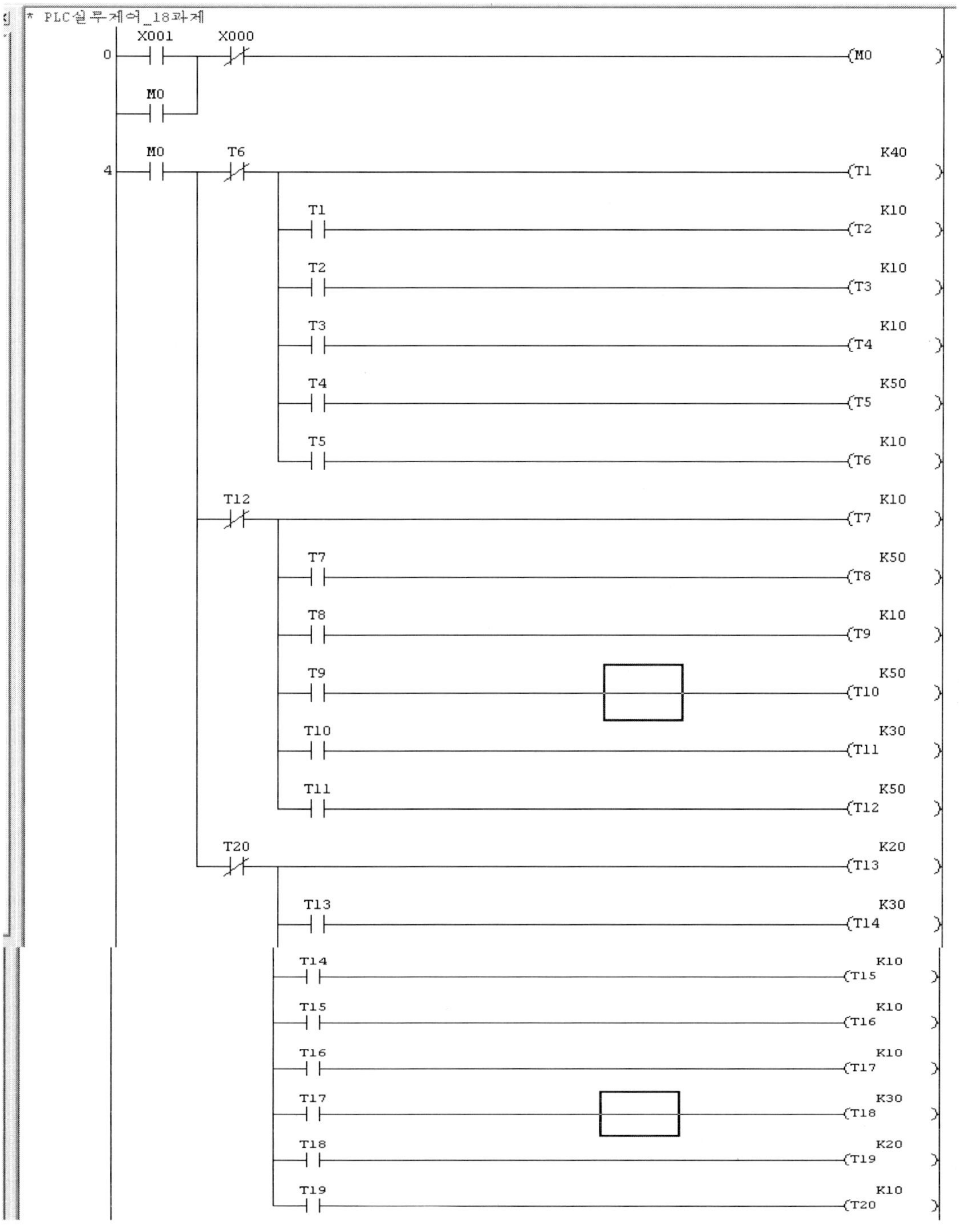
* PLC실무제어_18과제
X001
X000
M0
M0
T6
K40
T1
T1
K10
T2
T2
K10
T3
T3
K10
T4
T4
K50
T5
T5
K10
T6
T12
K10
T7
T7
K50
T8
T8
K10
T9
T9
K50
T10
T10
K30
T11
T11
K50
T12
T20
K20
T13
T13
K30
T14
T14
K10
T15
T15
K10
T16
T16
K10
T17
T17
K30
T18
T18
K20
T19
T19
K10
T20

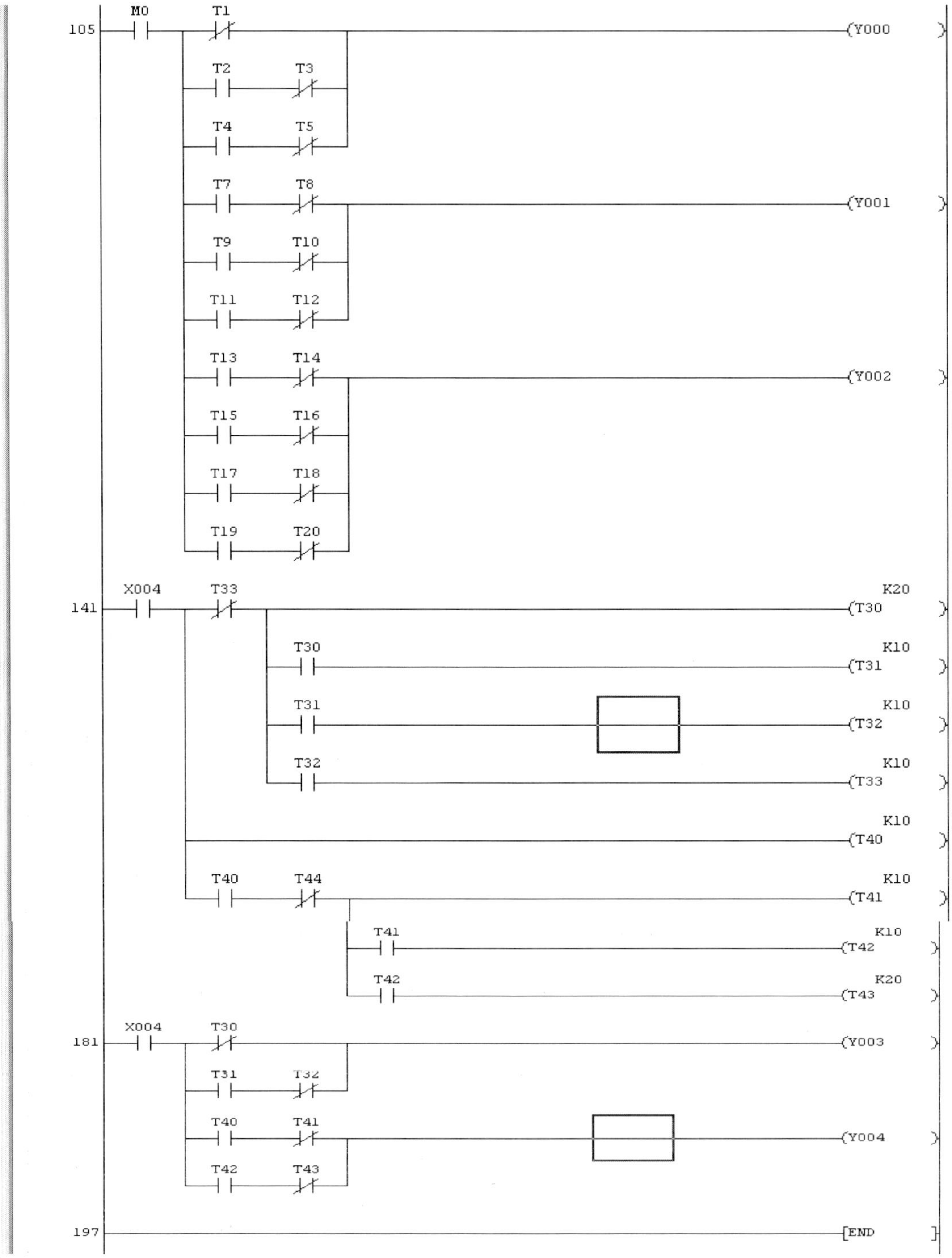
105
M0
T1
Y000
T2
T3
T4
T5
T7
T8
Y001
T9
T10
T11
T12
T13
T14
Y002
T15
T16
T17
T18
T19
T20
141
X004
T33
K20
T30
T30
K10
T31
T31
K10
T32
T32
K10
T33
K10
T40
T40
T44
K10
T41
T41
K10
T42
T42
K20
T43
181
X004
T30
Y003
T31
T32
T40
T41
Y004
T42
T43
197
END

타임차트_19

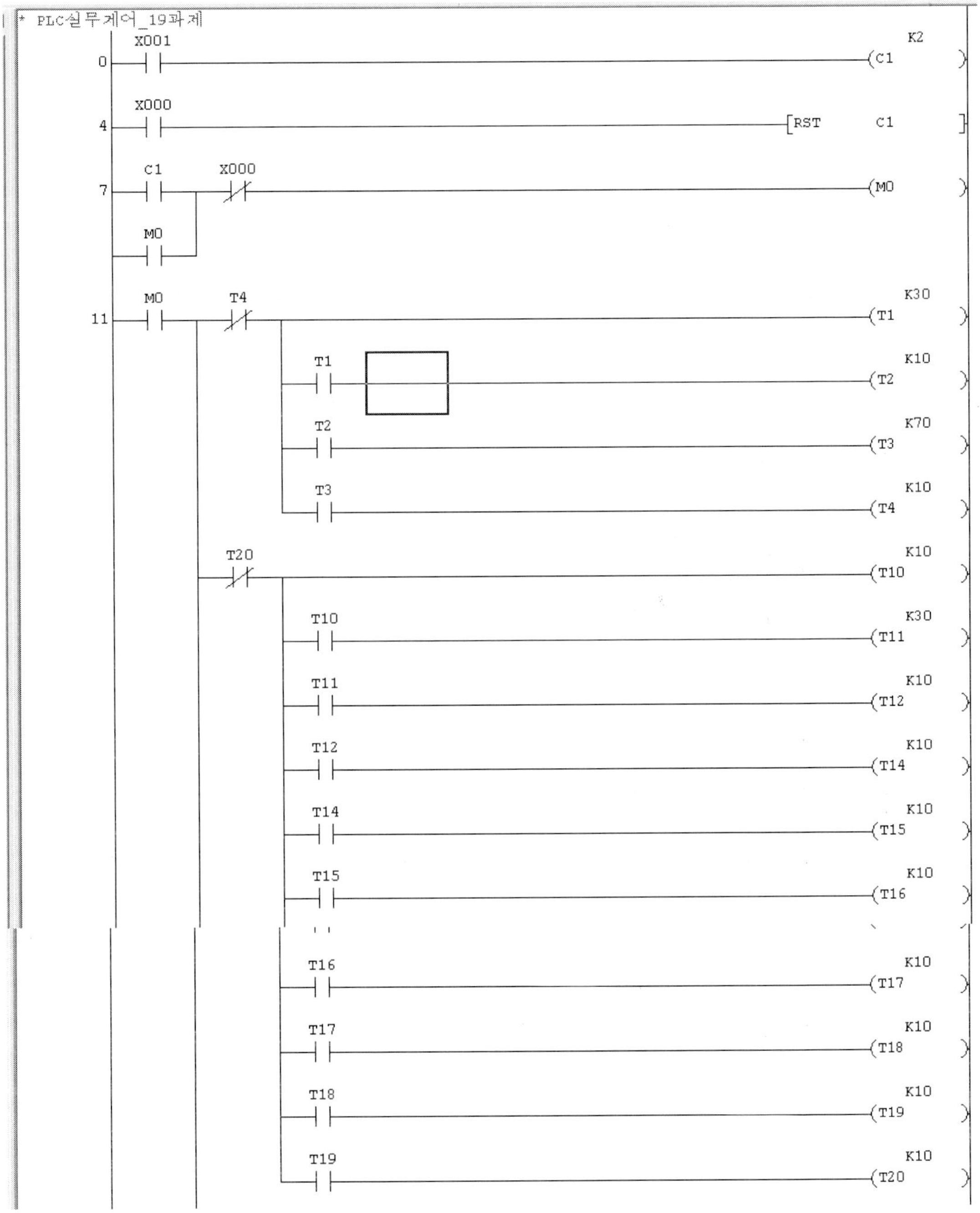
* PLC실무게어_19과제
X001
K2
C1
X000
RST
C1
X000
MO
MO
MO
T4
K30
T1
T1
K10
T2
T2
K70
T3
T3
K10
T4
T20
K10
T10
T10
K30
T11
T11
K10
T12
T12
K10
T14
T14
K10
T15
T15
K10
T16
T16
K10
T17
T17
K10
T18
T18
K10
T19
T19
K10
T20

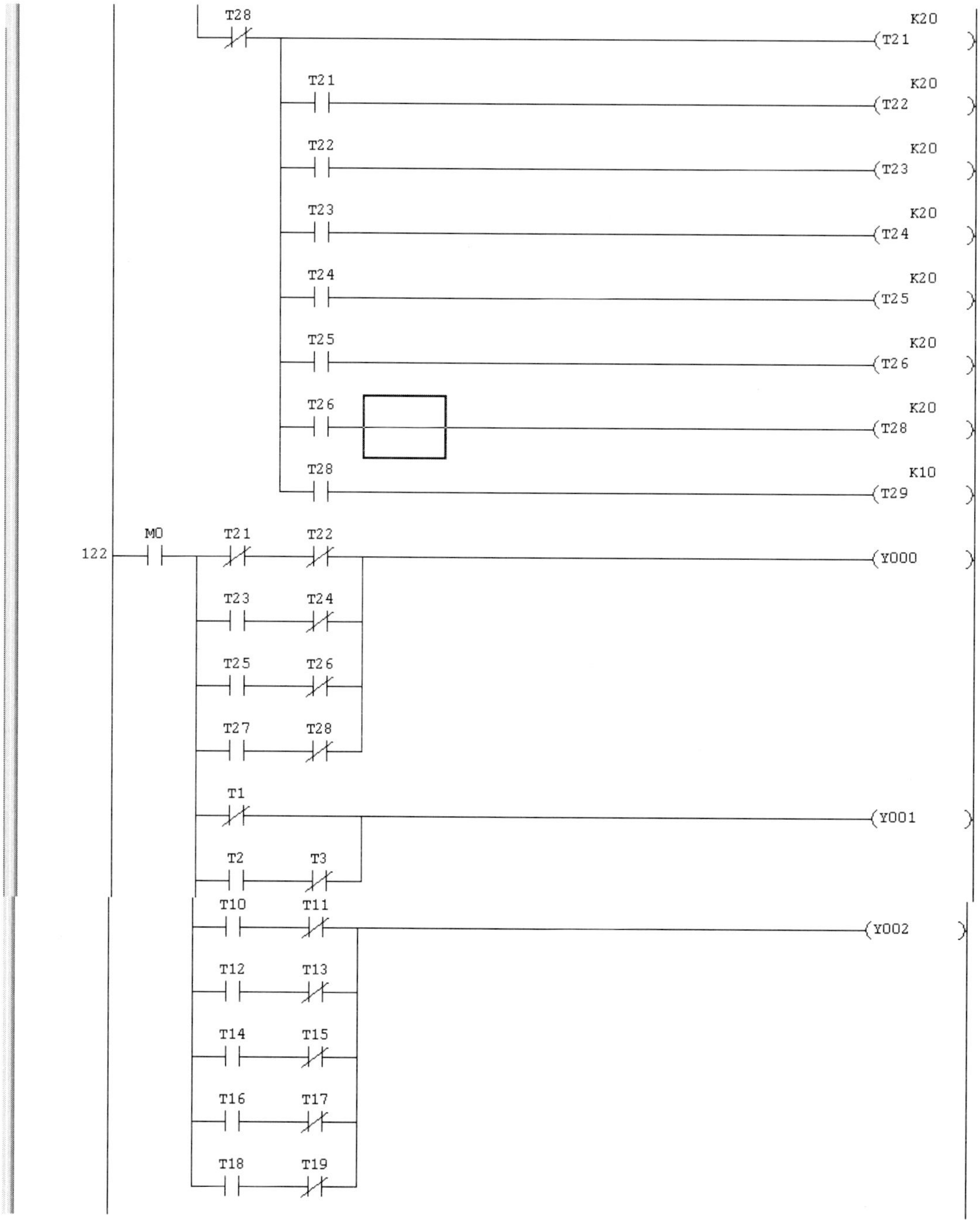
T28
K20
T21
T21
K20
T22
T22
K20
T23
T23
K20
T24
T24
K20
T25
T25
K20
T26
T26
K20
T28
T28
K10
T29
122
M0
T21
T22
Y000
T23
T24
T25
T26
T27
T28
T1
Y001
T2
T3
T10
T11
Y002
T12
T13
T14
T15
T16
T17
T18
T19

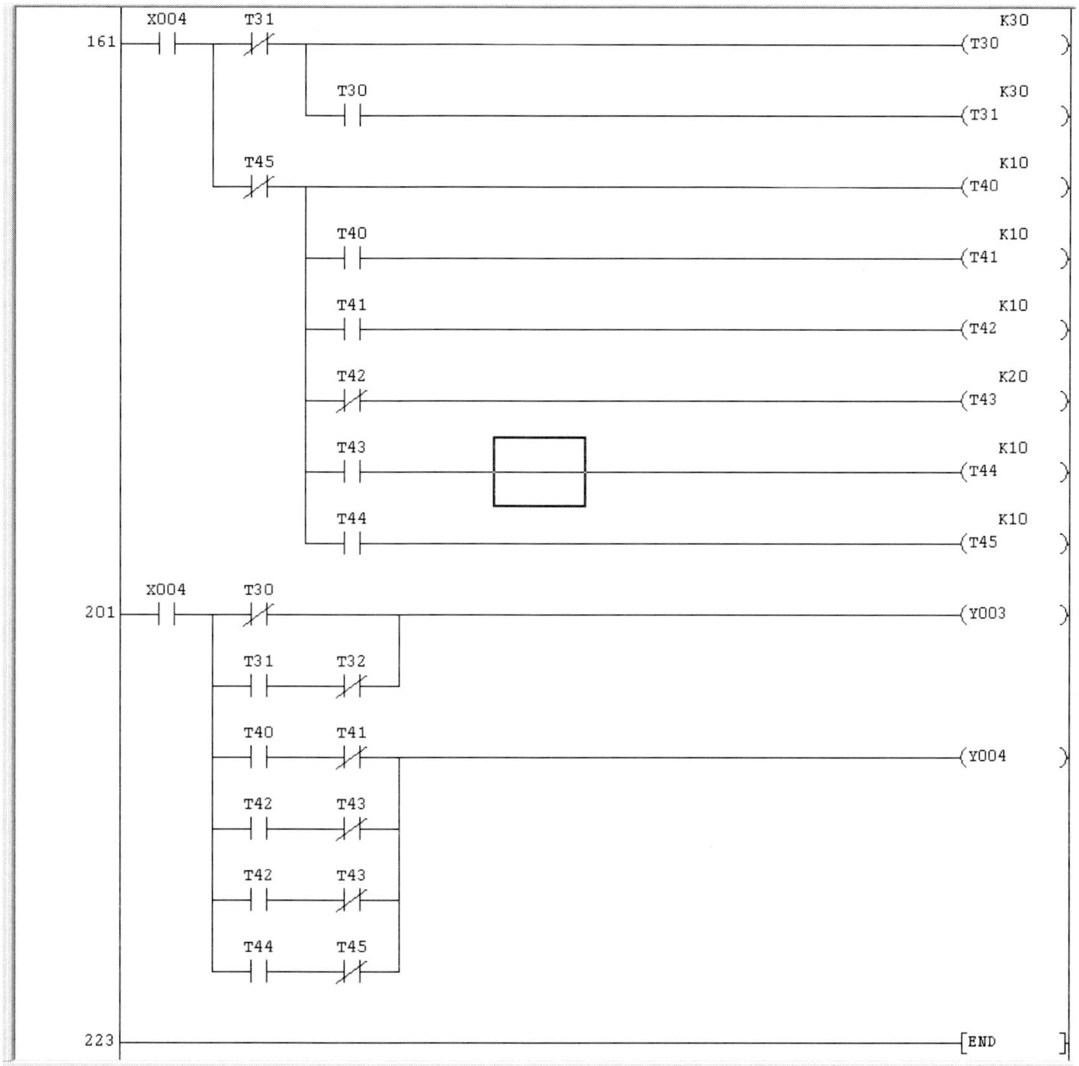
161
X004
T31
K30
T30
T30
K30
T31
T45
K10
T40
T40
K10
T41
T41
K10
T42
T42
K20
T43
T43
K10
T44
T44
K10
T45
201
X004
T30
Y003
T31
T32
T40
T41
Y004
T42
T43
T42
T43
T44
T45
223
END

메 모

타임차트_20

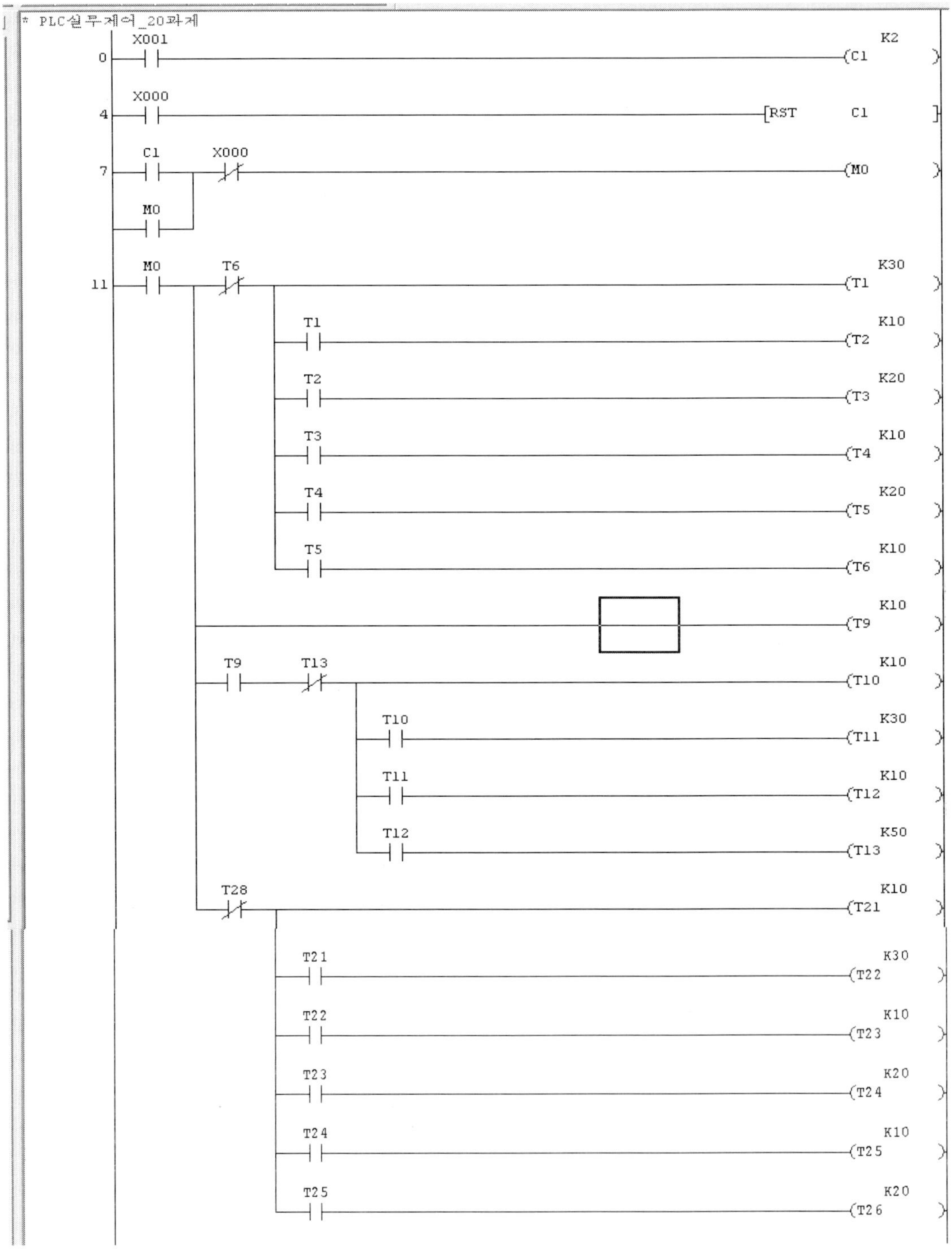
* PLC실무제어_20과제
X001
K2
C1
X000
RST
C1
C1
X000
M0
M0
M0
T6
K30
T1
T1
K10
T2
T2
K20
T3
T3
K10
T4
T4
K20
T5
T5
K10
T6
K10
T9
T9
T13
K10
T10
T10
K30
T11
T11
K10
T12
T12
K50
T13
T28
K10
T21
T21
K30
T22
T22
K10
T23
T23
K20
T24
T24
K10
T25
T25
K20
T26

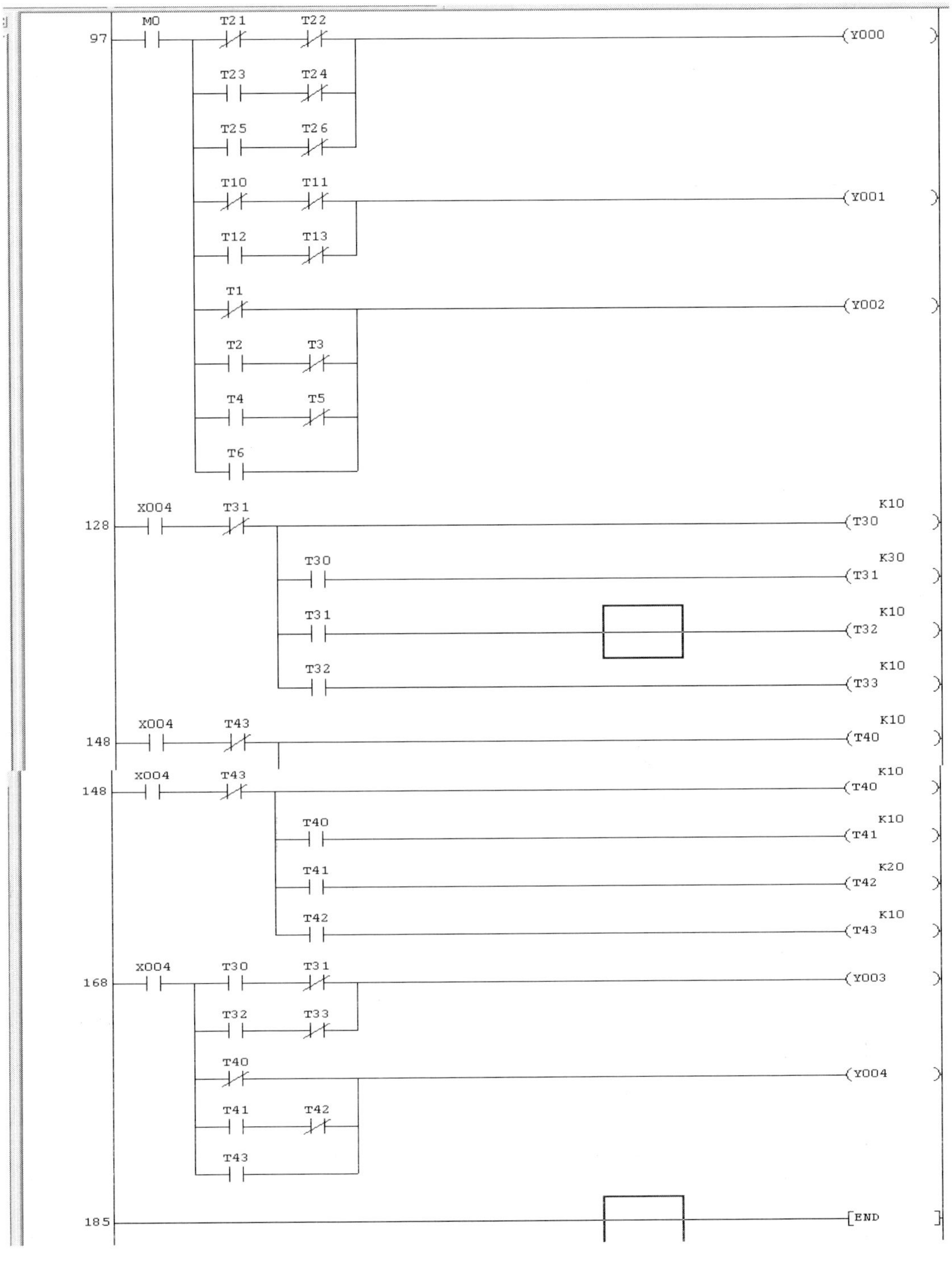
97
M0
T21
T22
Y000
T23
T24
T25
T26
T10
T11
Y001
T12
T13
T1
Y002
T2
T3
T4
T5
T6
128
X004
T31
K10
T30
T30
K30
T31
T31
K10
T32
T32
K10
T33
148
X004
T43
K10
T40
148
X004
T43
K10
T40
T40
K10
T41
T41
K20
T42
T42
K10
T43
168
X004
T30
T31
Y003
T32
T33
T40
Y004
T41
T42
T43
185
END

타임차트_21

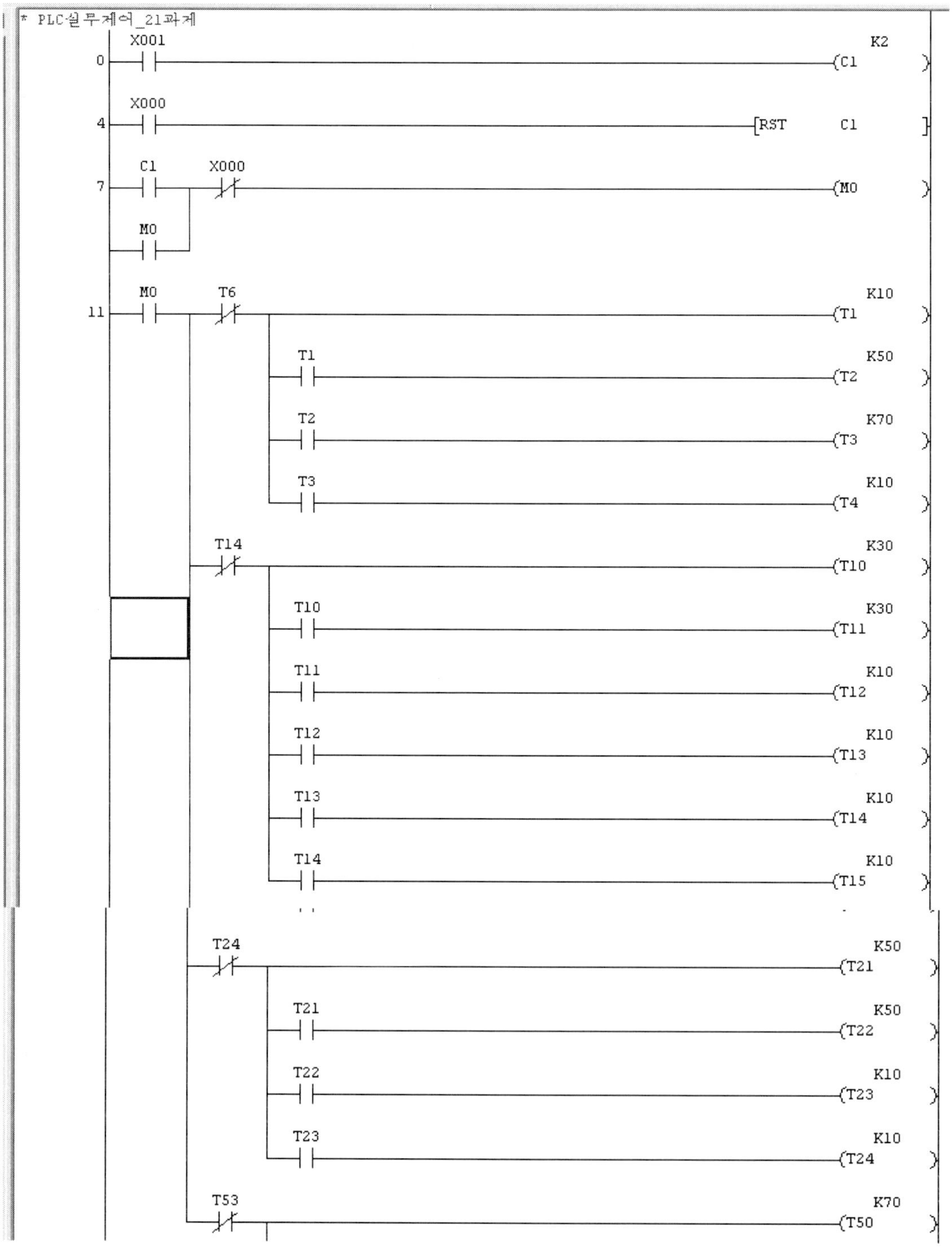
* PLC실무제어_21과제
0 X001 K2 C1
4 X000 RST C1
7 C1 X000 M0
M0
11 M0 T6 K10 T1
T1 K50 T2
T2 K70 T3
T3 K10 T4
T14 K30 T10
T10 K30 T11
T11 K10 T12
T12 K10 T13
T13 K10 T14
T14 K10 T15
T24 K50 T21
T21 K50 T22
T22 K10 T23
T23 K10 T24
T53 K70 T50

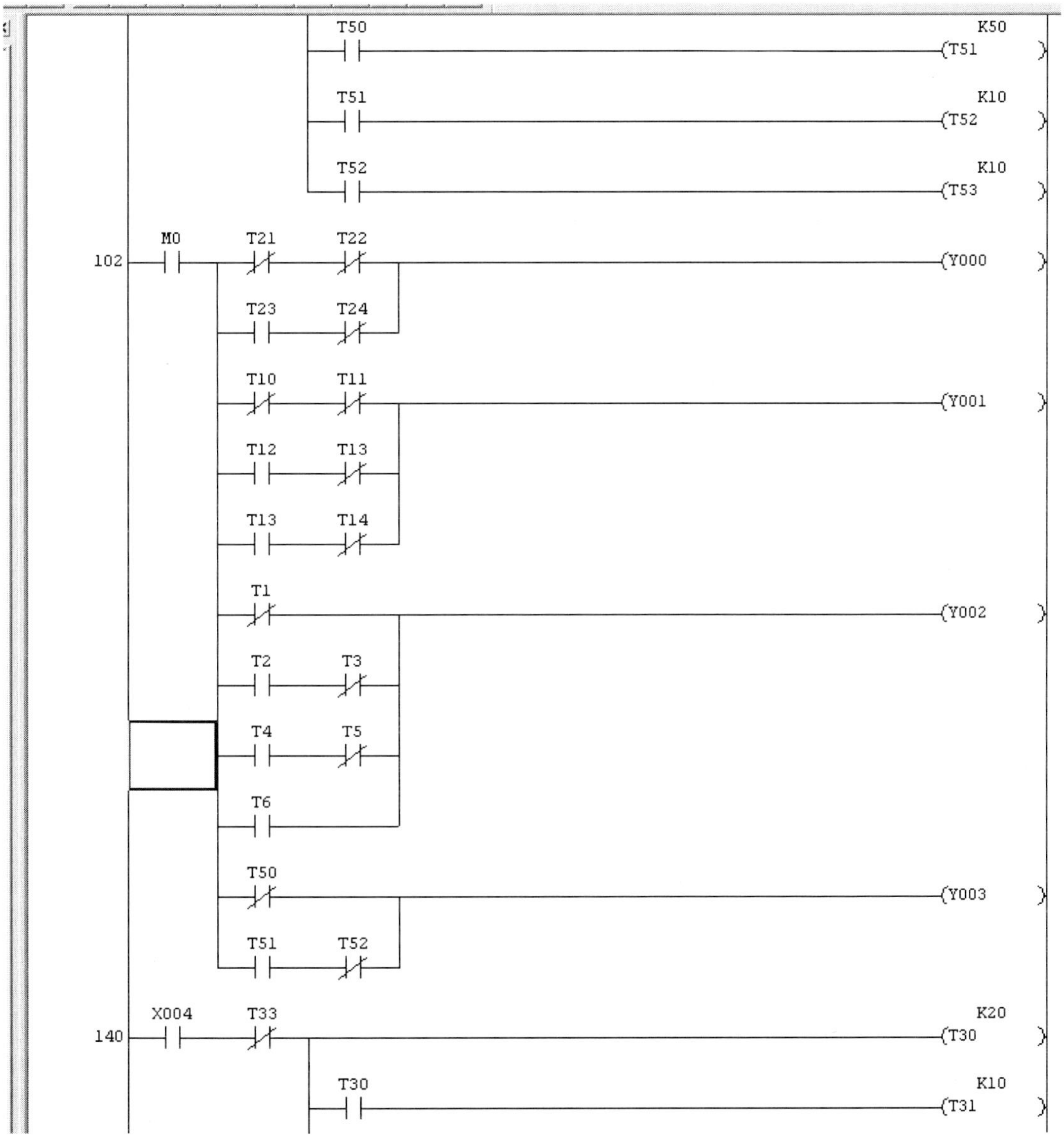
T50
K50
T51
T51
K10
T52
T52
K10
T53
102
M0
T21
T22
Y000
T23
T24
T10
T11
Y001
T12
T13
T13
T14
T1
Y002
T2
T3
T4
T5
T6
T50
Y003
T51
T52
140
X004
T33
K20
T30
T30
K10
T31

메 모

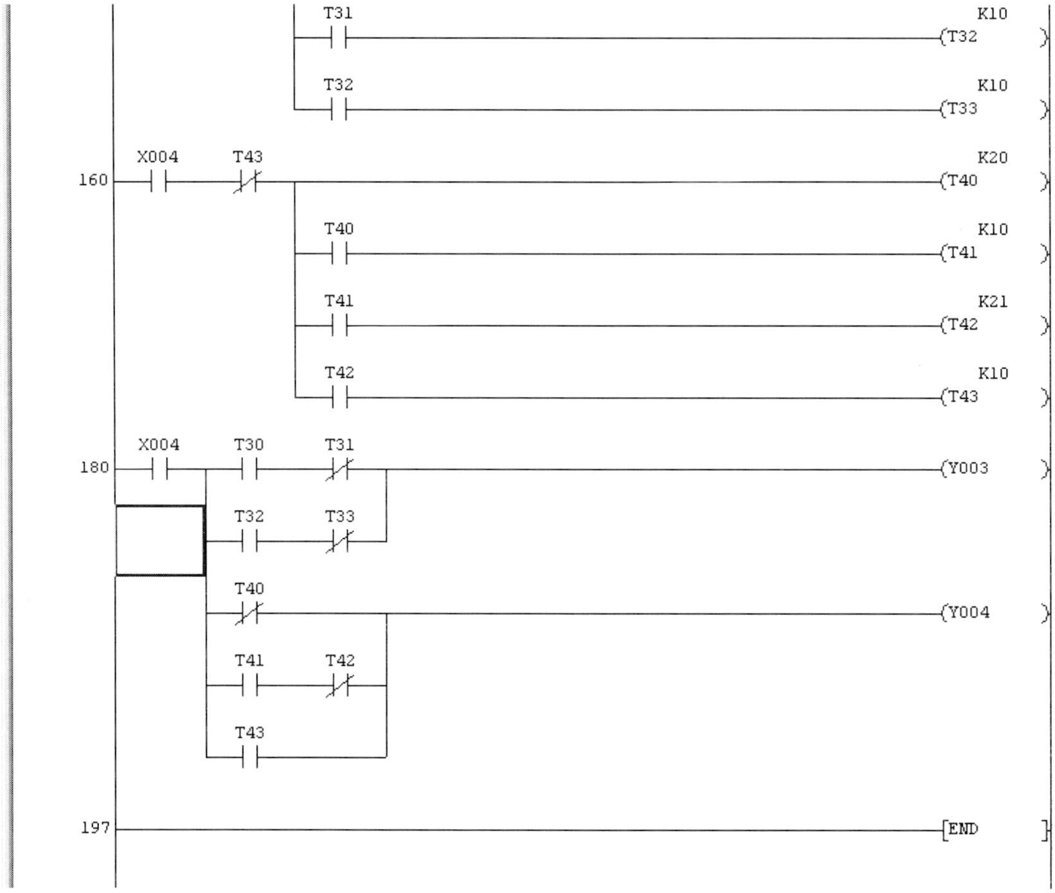
T31
K10
T32
T32
K10
T33
160
X004
T43
K20
T40
T40
K10
T41
T41
K21
T42
T42
K10
T43
180
X004
T30
T31
Y003
T32
T33
T40
Y004
T41
T42
T43
197
END

메 모

타임차트_22

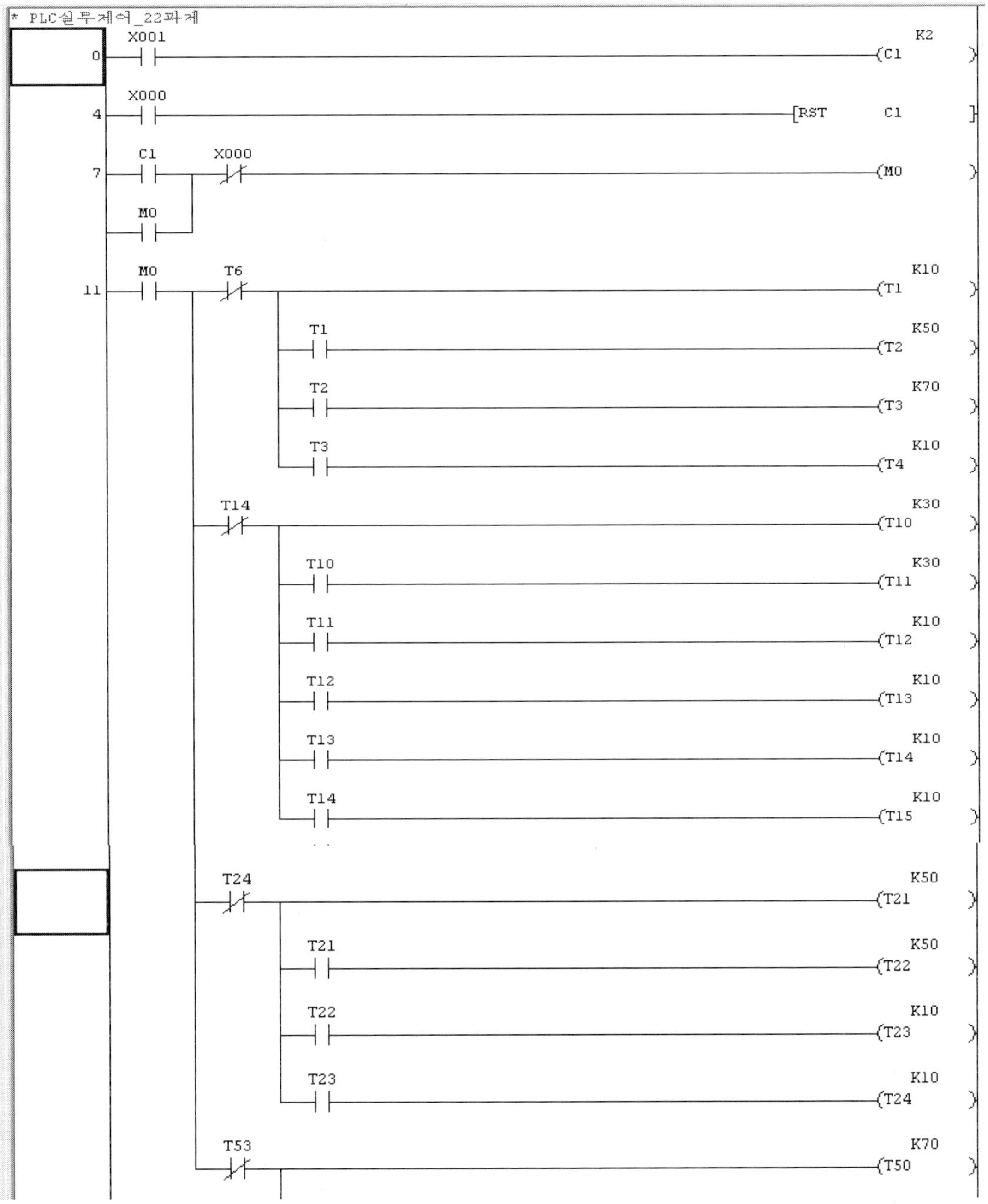
* PLC실무제어_22과제
0 X001 K2 (C1)
4 X000 [RST C1]
7 C1 X000 (M0)
M0
11 M0 T6 K10 (T1)
T1 K50 (T2)
T2 K70 (T3)
T3 K10 (T4)
T14 K30 (T10)
T10 K30 (T11)
T11 K10 (T12)
T12 K10 (T13)
T13 K10 (T14)
T14 K10 (T15)
T24 K50 (T21)
T21 K50 (T22)
T22 K10 (T23)
T23 K10 (T24)
T53 K70 (T50)

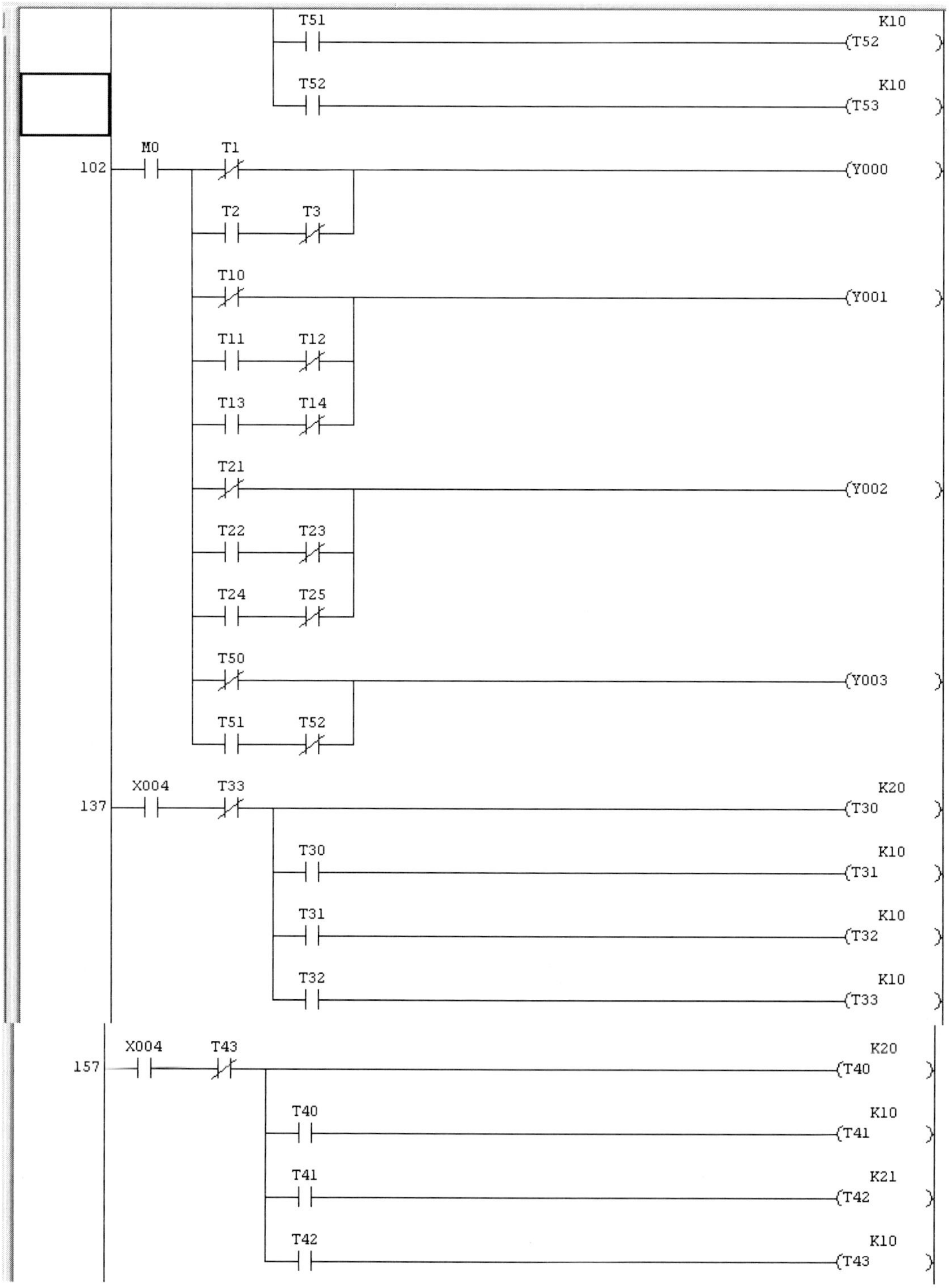
T51
K10
T52
T52
K10
T53
102
M0
T1
Y000
T2
T3
T10
Y001
T11
T12
T13
T14
T21
Y002
T22
T23
T24
T25
T50
Y003
T51
T52
137
X004
T33
K20
T30
T30
K10
T31
T31
K10
T32
T32
K10
T33
157
X004
T43
K20
T40
T40
K10
T41
T41
K21
T42
T42
K10
T43

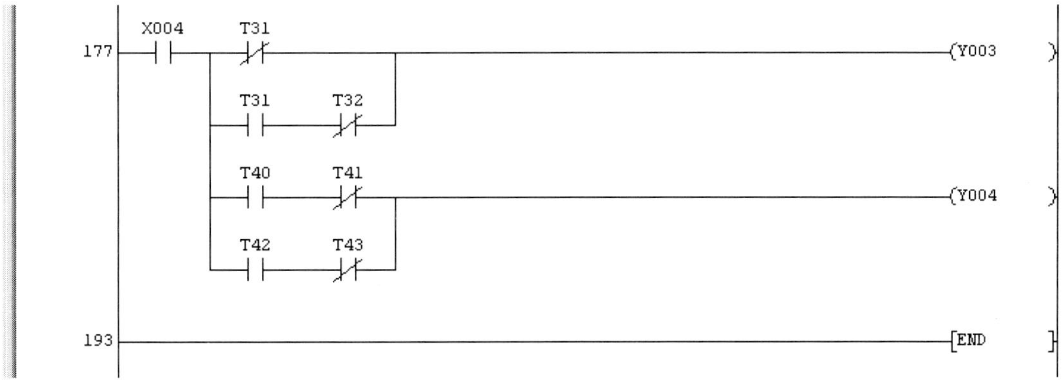

메 모

타임차트_23

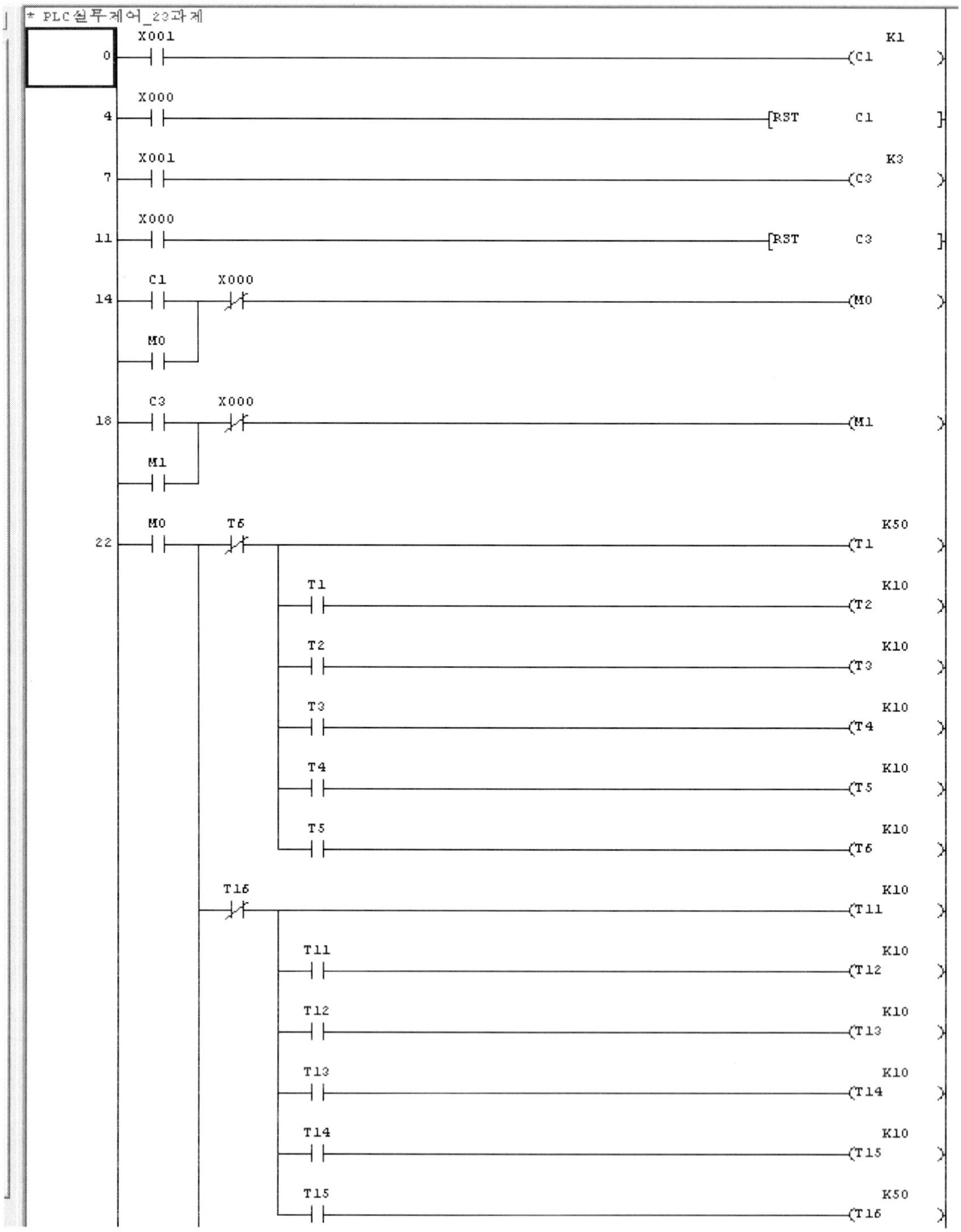
* PLC실무제어_23과제
X001
0
K1
C1
X000
4
RST
C1
X001
7
K3
C3
X000
11
RST
C3
C1
X000
14
M0
M0
C3
X000
18
M1
M1
M0
T6
22
K50
T1
T1
K10
T2
T2
K10
T3
T3
K10
T4
T4
K10
T5
T5
K10
T6
T16
K10
T11
T11
K10
T12
T12
K10
T13
T13
K10
T14
T14
K10
T15
T15
K50
T16

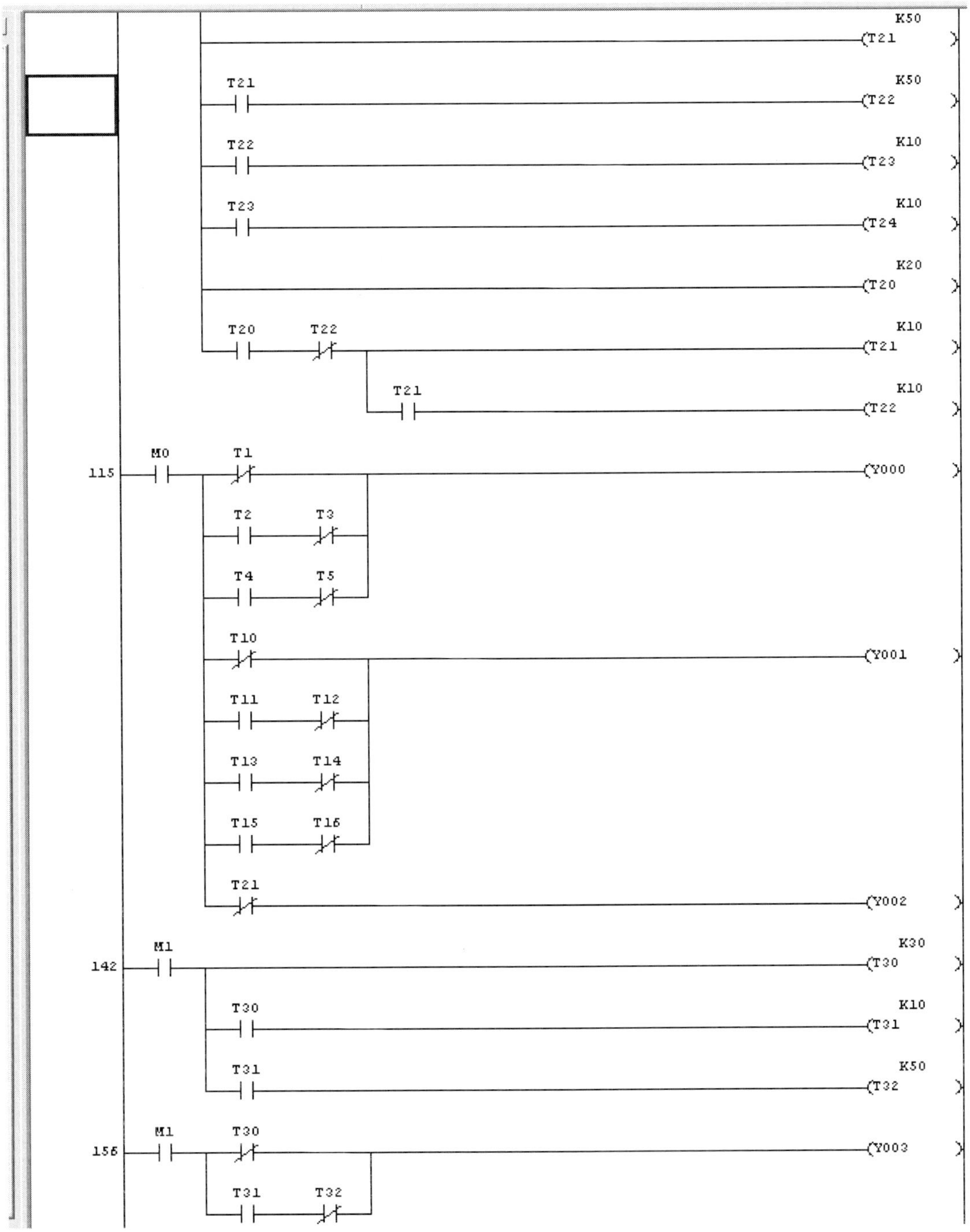
K50
T21
T21
K50
T22
T22
K10
T23
T23
K10
T24
K20
T20
T20
T22
K10
T21
T21
K10
T22
115
M0
T1
Y000
T2
T3
T4
T5
T10
Y001
T11
T12
T13
T14
T15
T16
T21
Y002
142
M1
K30
T30
T30
K10
T31
T31
K50
T32
156
M1
T30
Y003
T31
T32

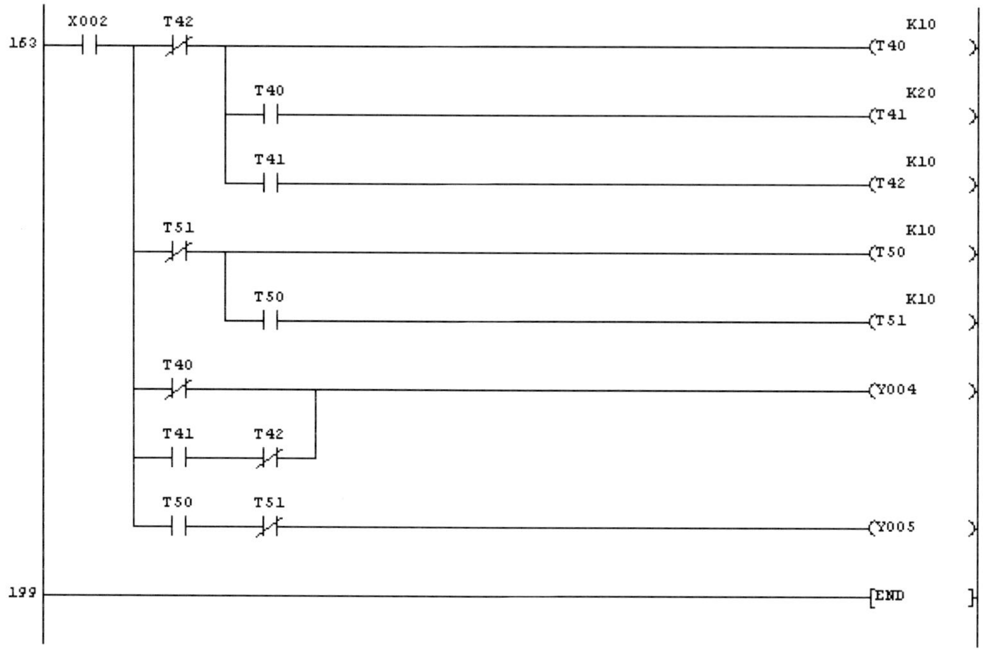

153
X002
T42
K10
T40
T40
K20
T41
T41
K10
T42
T51
K10
T50
T50
K10
T51
T40
Y004
T41
T42
T50
T51
Y005
199
END

메 모

타임차트_24

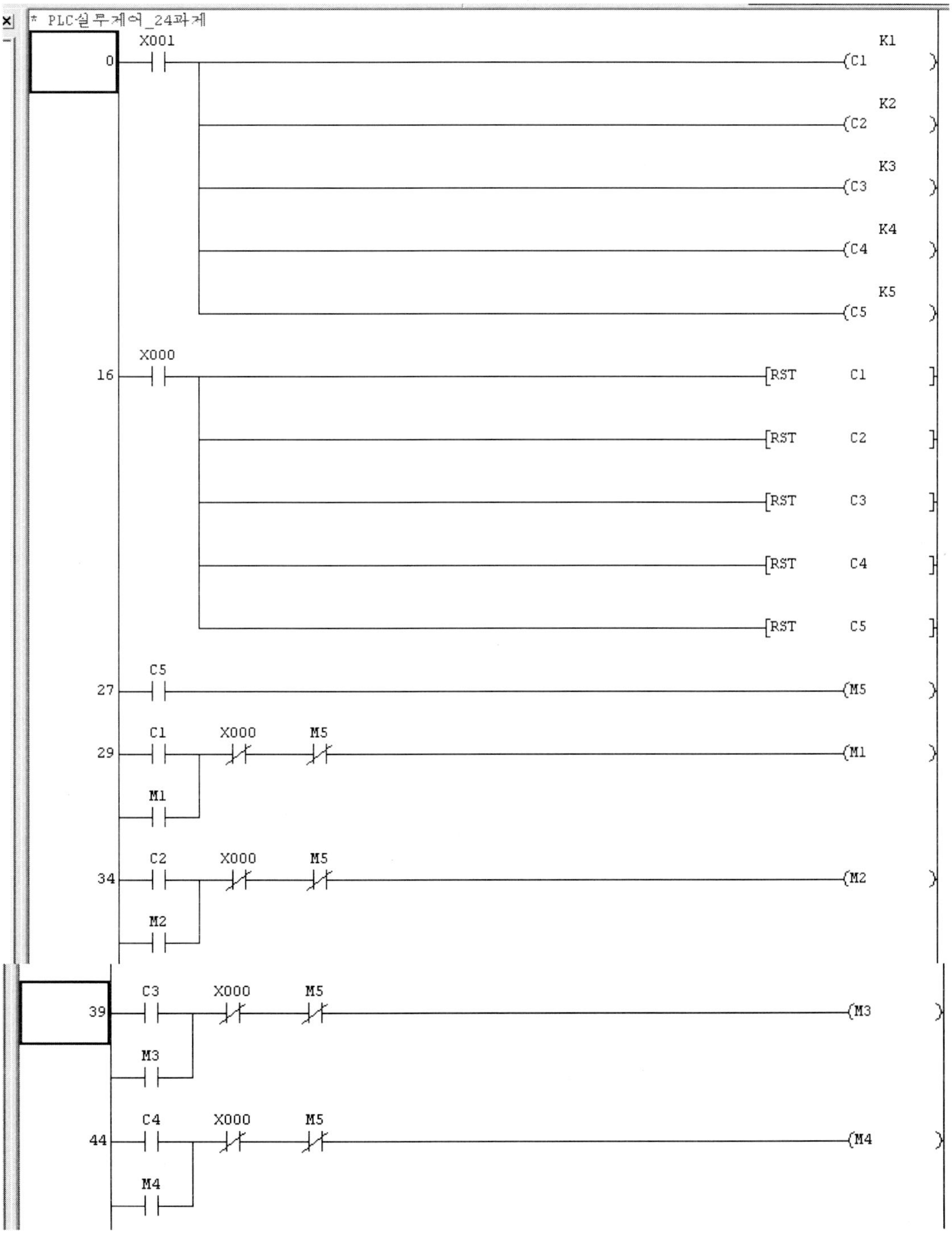
* PLC실무제어_24과제
0 X001 (C1 K1) (C2 K2) (C3 K3) (C4 K4) (C5 K5)
16 X000 [RST C1] [RST C2] [RST C3] [RST C4] [RST C5]
27 C5 (M5)
29 C1 X000 M5 (M1)
M1
34 C2 X000 M5 (M2)
M2
39 C3 X000 M5 (M3)
M3
44 C4 X000 M5 (M4)
M4

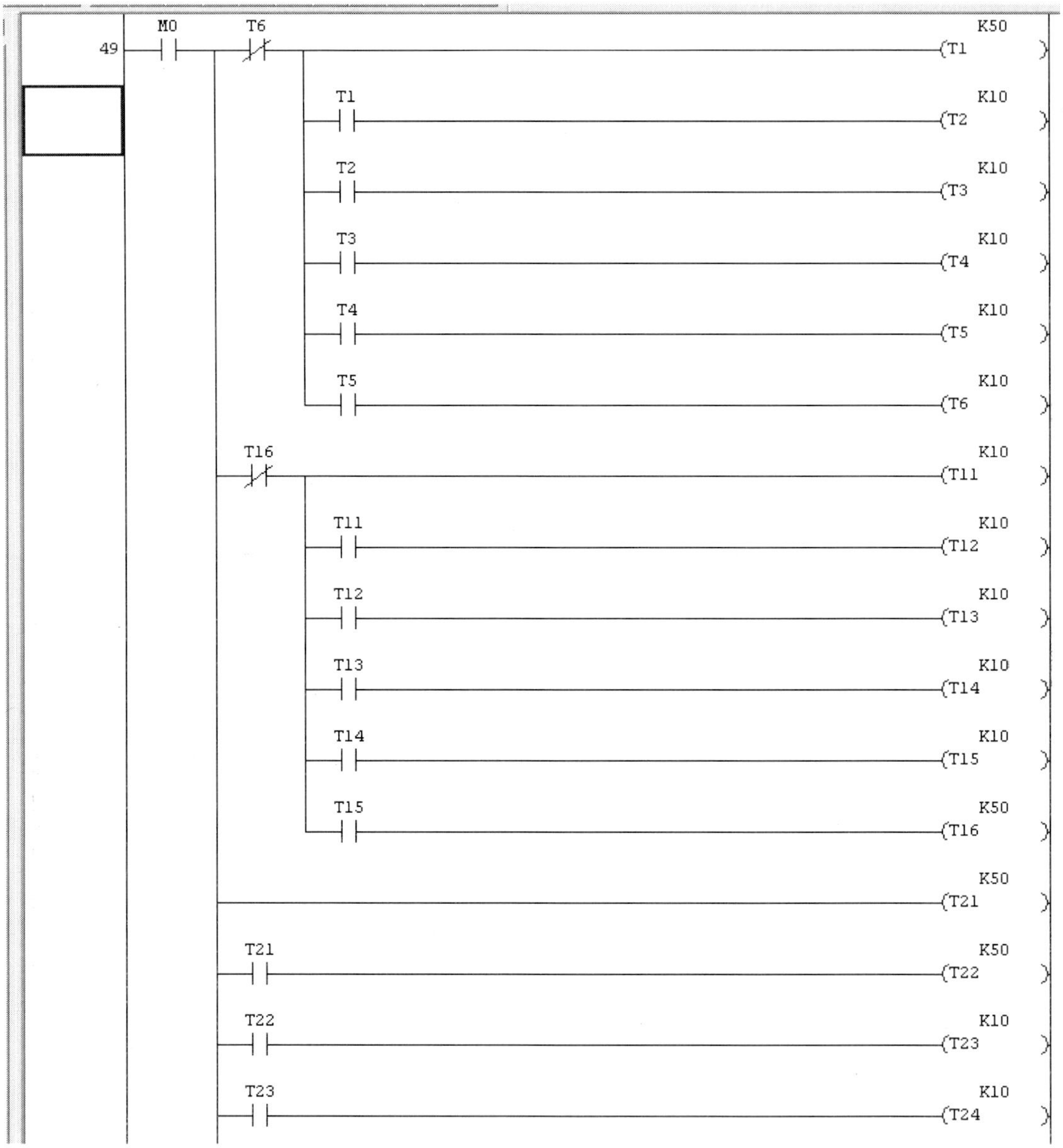
49
M0
T6
K50
T1
T1
K10
T2
T2
K10
T3
T3
K10
T4
T4
K10
T5
T5
K10
T6
T16
K10
T11
T11
K10
T12
T12
K10
T13
T13
K10
T14
T14
K10
T15
T15
K50
T16
K50
T21
T21
K50
T22
T22
K10
T23
T23
K10
T24

메 모

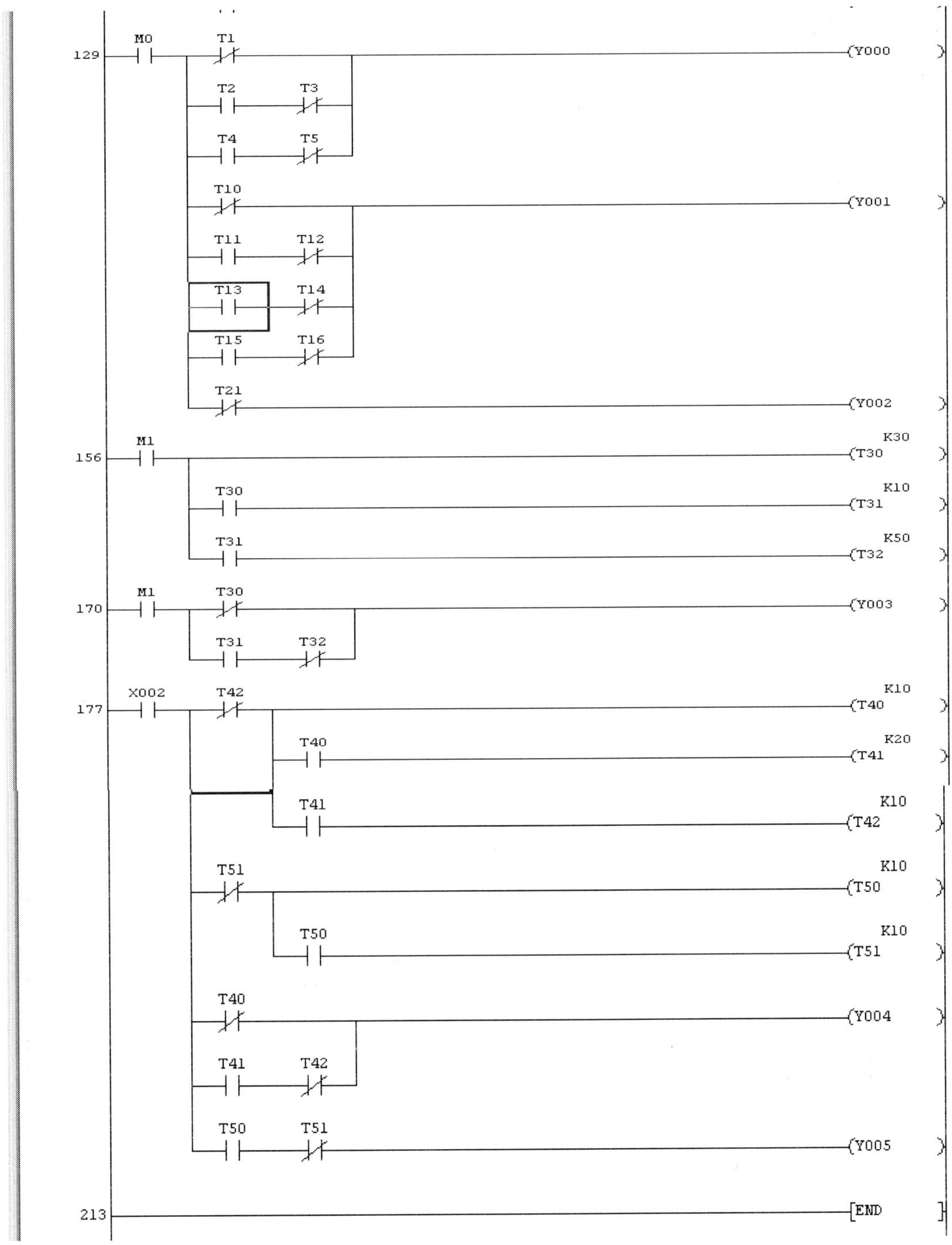
129
M0
T1
Y000
T2
T3
T4
T5
T10
Y001
T11
T12
T13
T14
T15
T16
T21
Y002
156
M1
K30
T30
T30
K10
T31
T31
K50
T32
170
M1
T30
Y003
T31
T32
177
X002
T42
K10
T40
T40
K20
T41
T41
K10
T42
T51
K10
T50
T50
K10
T51
T40
Y004
T41
T42
T50
T51
Y005
213
END

타임차트_25

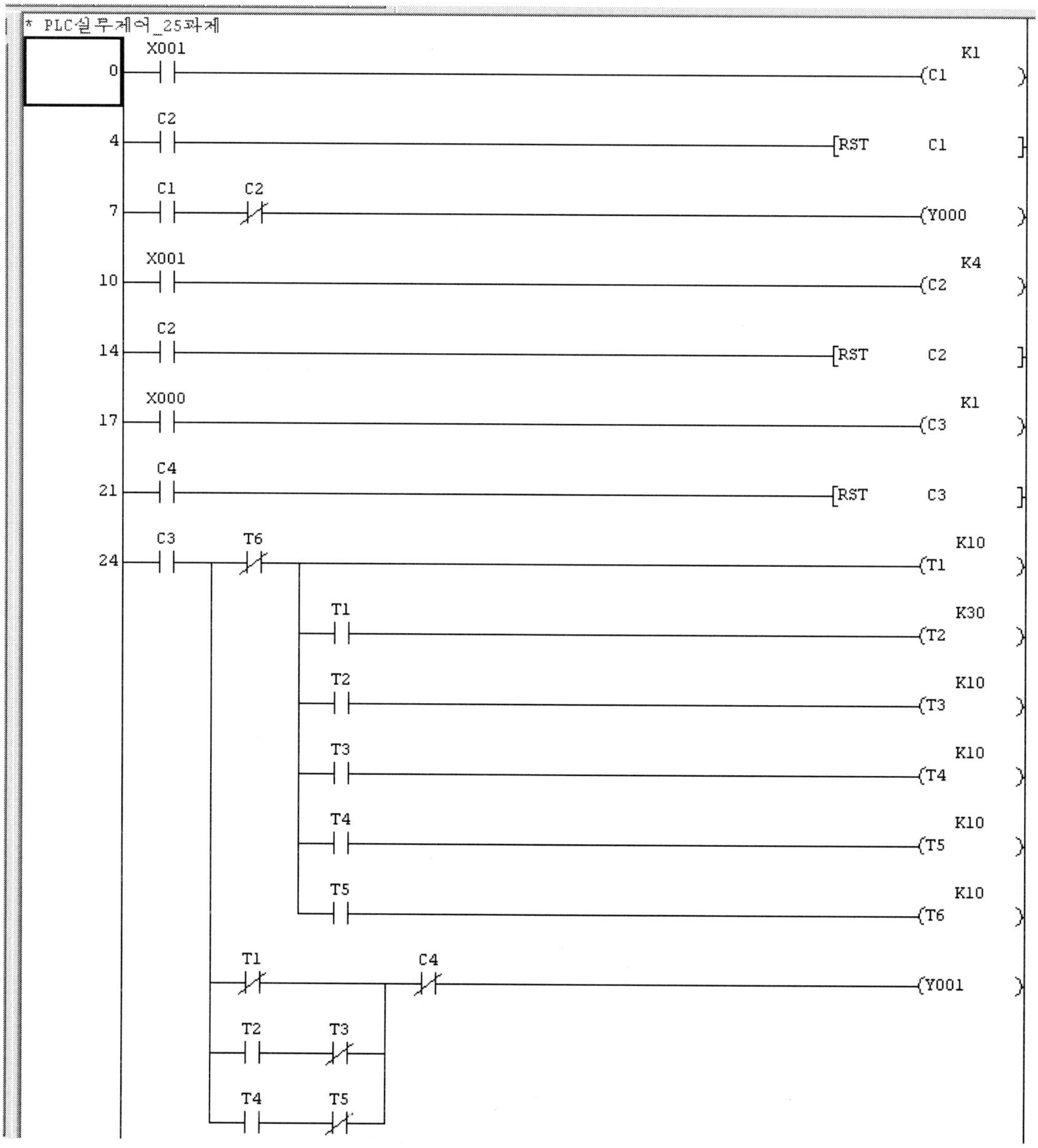
* PLC실무제어_25과제
0 X001 (C1 K1)
4 C2 [RST C1]
7 C1 C2 (Y000)
10 X001 (C2 K4)
14 C2 [RST C2]
17 X000 (C3 K1)
21 C4 [RST C3]
24 C3 T6 (T1 K10)
T1 (T2 K30)
T2 (T3 K10)
T3 (T4 K10)
T4 (T5 K10)
T5 (T6 K10)
T1 C4 (Y001)
T2 T3
T4 T5

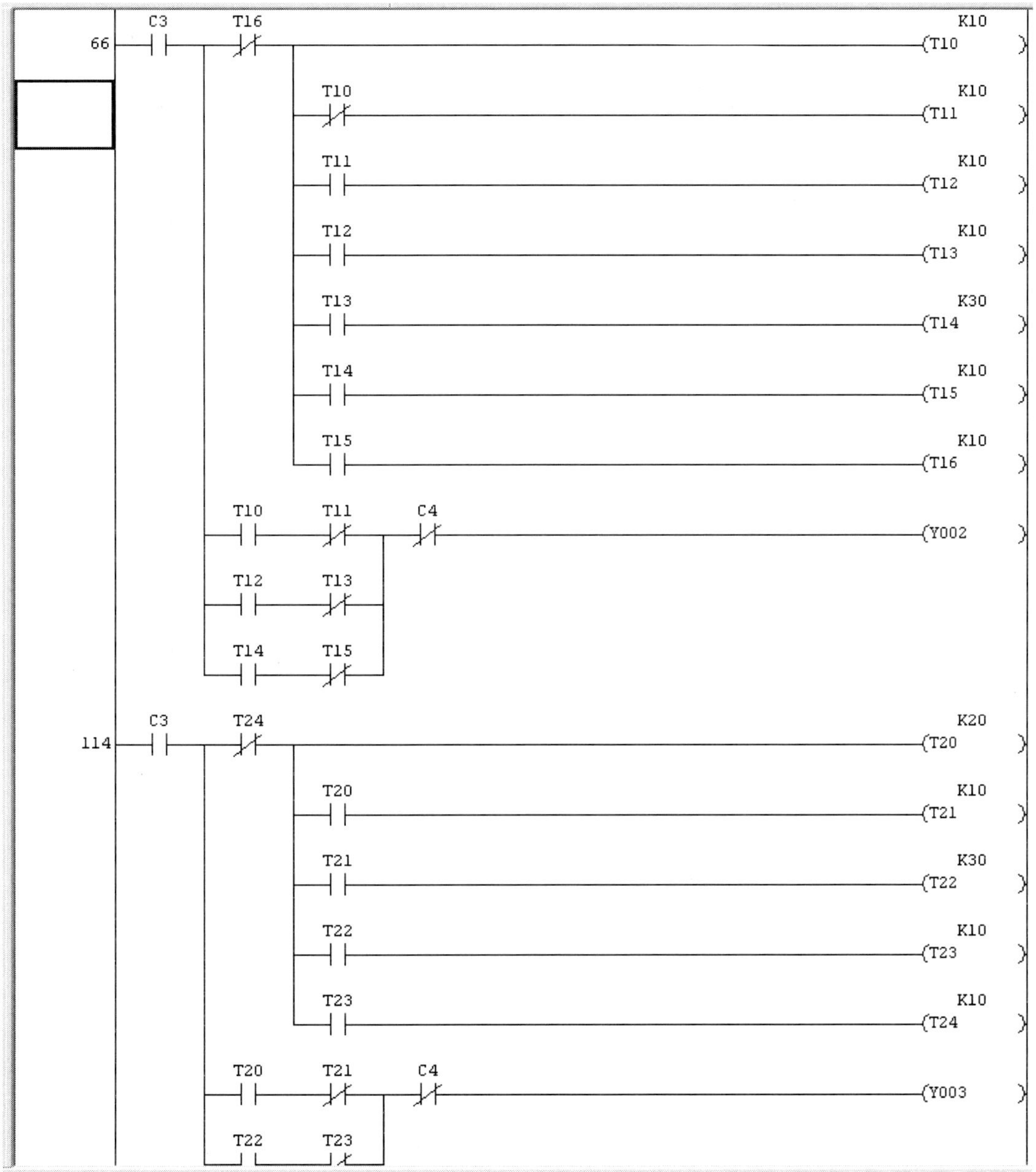
66
C3
T16
K10
T10
T10
K10
T11
T11
K10
T12
T12
K10
T13
T13
K30
T14
T14
K10
T15
T15
K10
T16
T10
T11
C4
Y002
T12
T13
T14
T15
114
C3
T24
K20
T20
T20
K10
T21
T21
K30
T22
T22
K10
T23
T23
K10
T24
T20
T21
C4
Y003
T22
T23

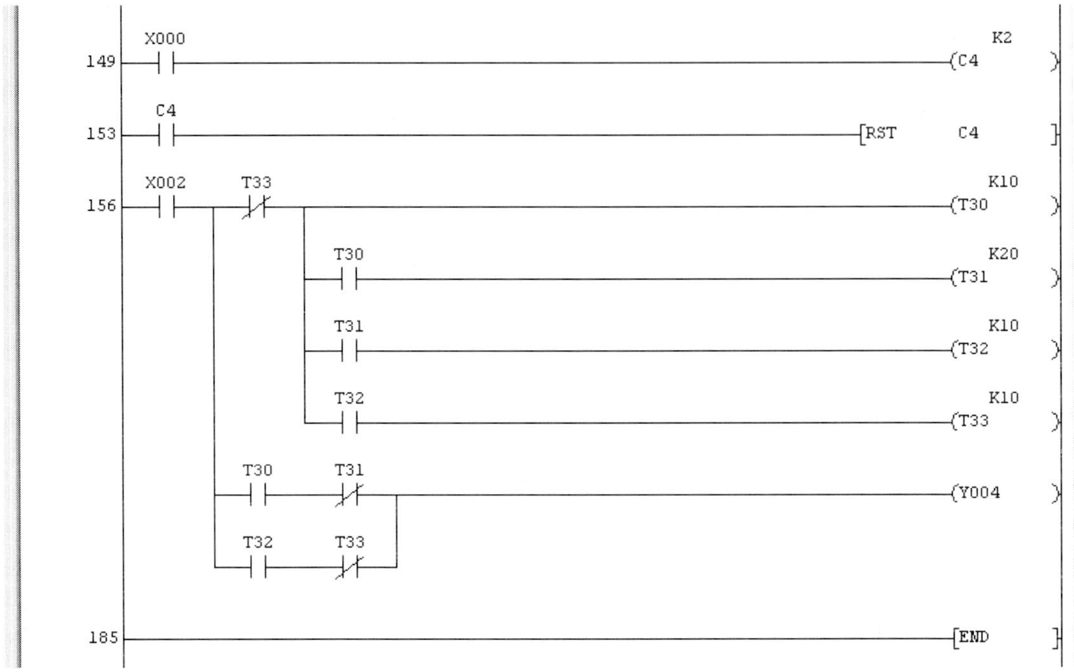
149
X000
K2
C4
153
C4
RST C4
156
X002
T33
K10
T30
T30
K20
T31
T31
K10
T32
T32
K10
T33
T30
T31
Y004
T32
T33
185
END

메 모

타임차트_26

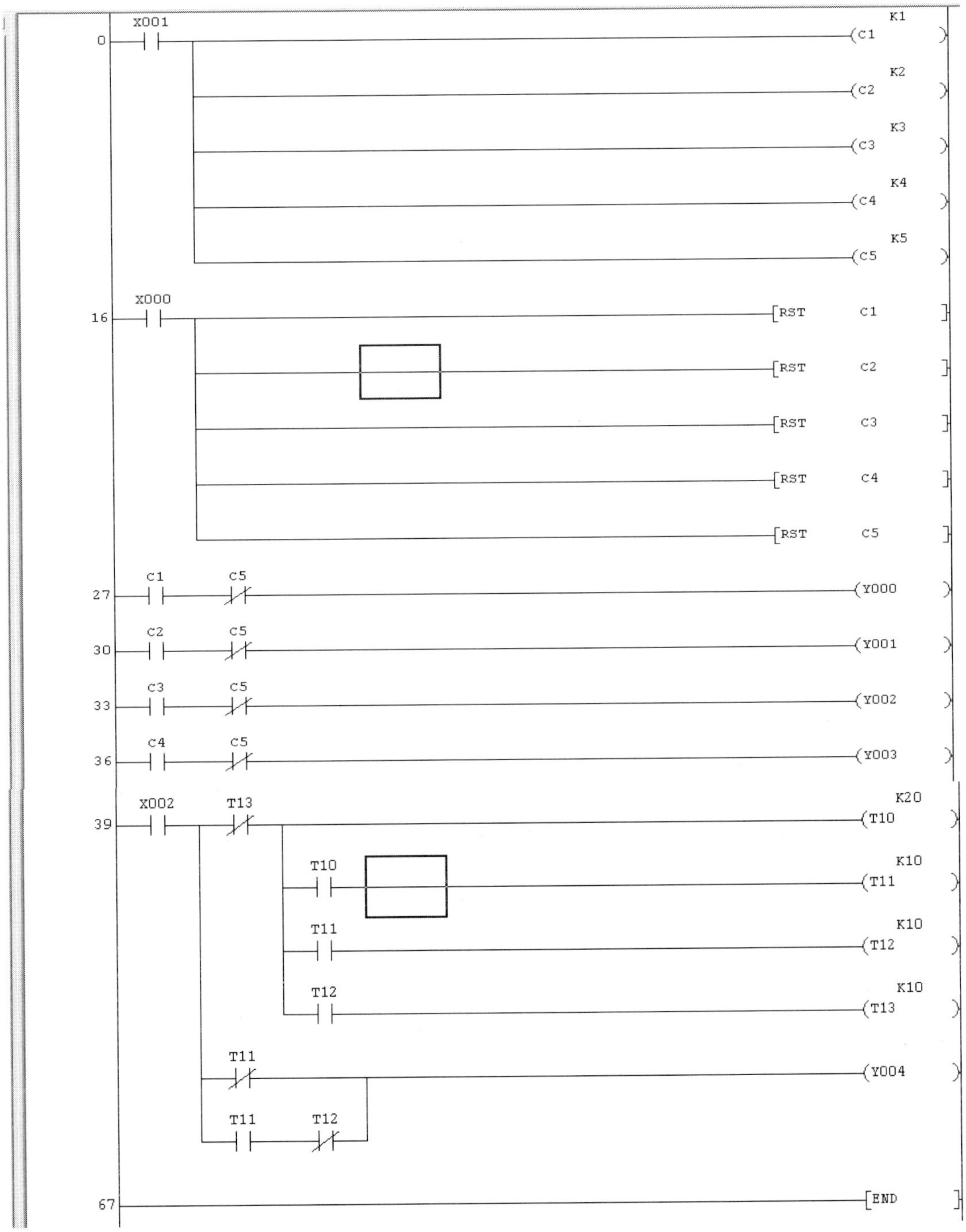
0
X001
K1
C1
K2
C2
K3
C3
K4
C4
K5
C5
16
X000
RST C1
RST C2
RST C3
RST C4
RST C5
27
C1
C5
Y000
30
C2
C5
Y001
33
C3
C5
Y002
36
C4
C5
Y003
39
X002
T13
K20
T10
T10
K10
T11
T11
K10
T12
T12
K10
T13
T11
Y004
T11
T12
67
END

타임차트_27

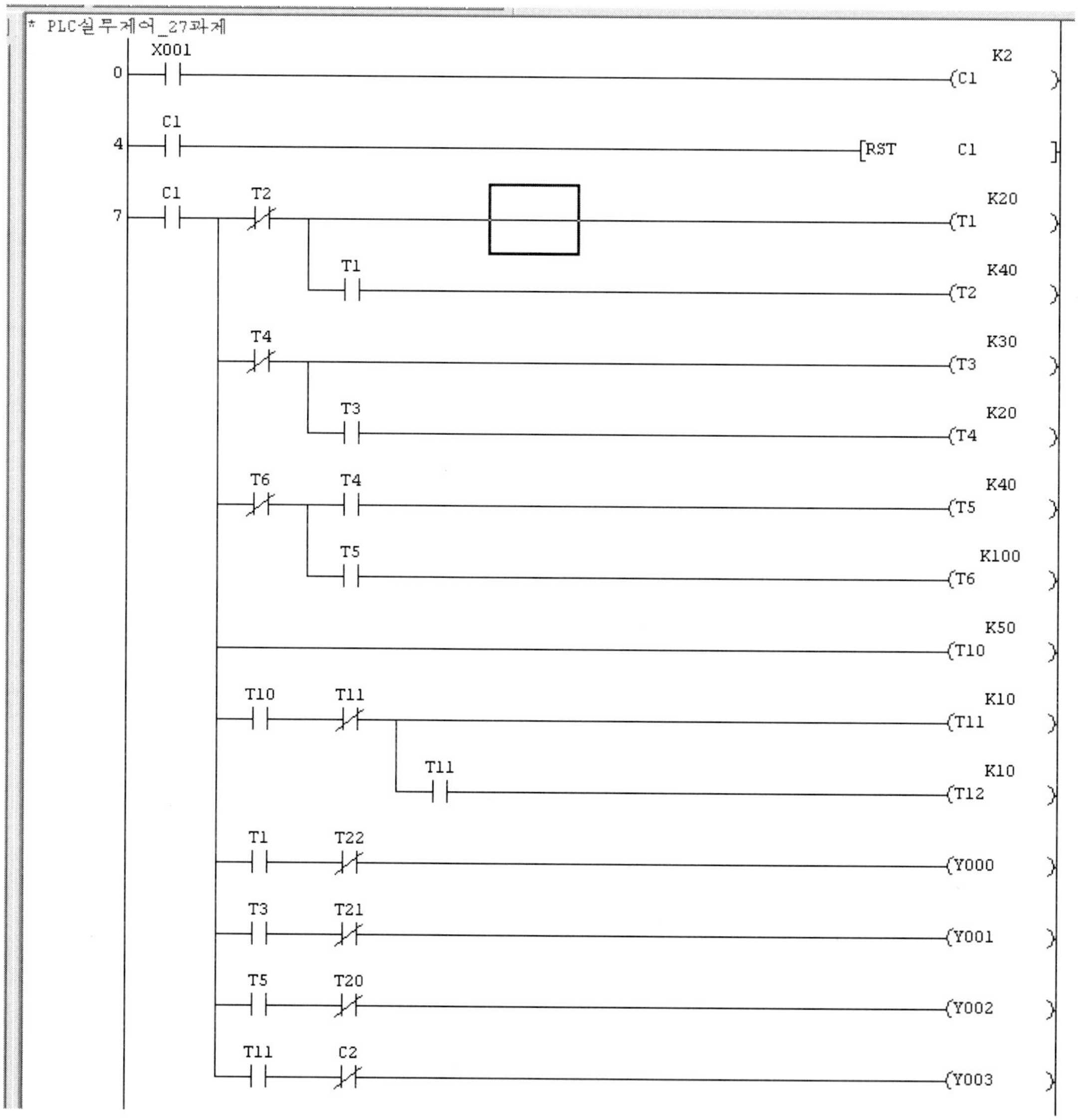
* PLC실무제어_27과제
X001
K2
C1
C1
RST C1
C1
T2
K20
T1
T1
K40
T2
T4
K30
T3
T3
K20
T4
T6
T4
K40
T5
T5
K100
T6
K50
T10
T10
T11
K10
T11
T11
K10
T12
T1
T22
Y000
T3
T21
Y001
T5
T20
Y002
T11
C2
Y003

메 모

68
X000
K2
C2
72
C2
RST C2
75
C2
K10
T20
T20
K20
T21
T21
K30
T22
89
END

메 모

타임차트_28

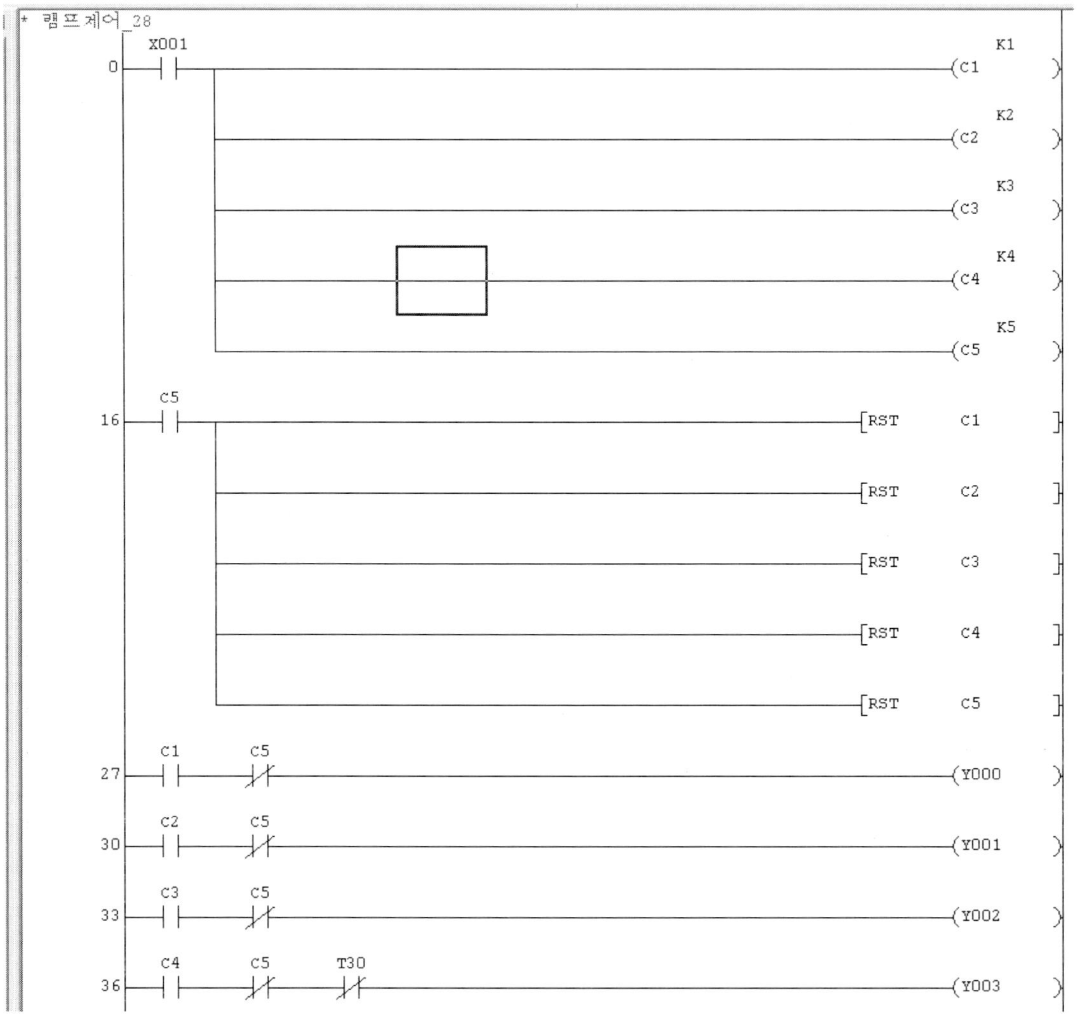
* 램프제어_28
X001
K1
(C1
K2
(C2
K3
(C3
K4
(C4
K5
(C5
C5
[RST C1]
[RST C2]
[RST C3]
[RST C4]
[RST C5]
C1 C5
(Y000
C2 C5
(Y001
C3 C5
(Y002
C4 C5 T30
(Y003
0
16
27
30
33
36

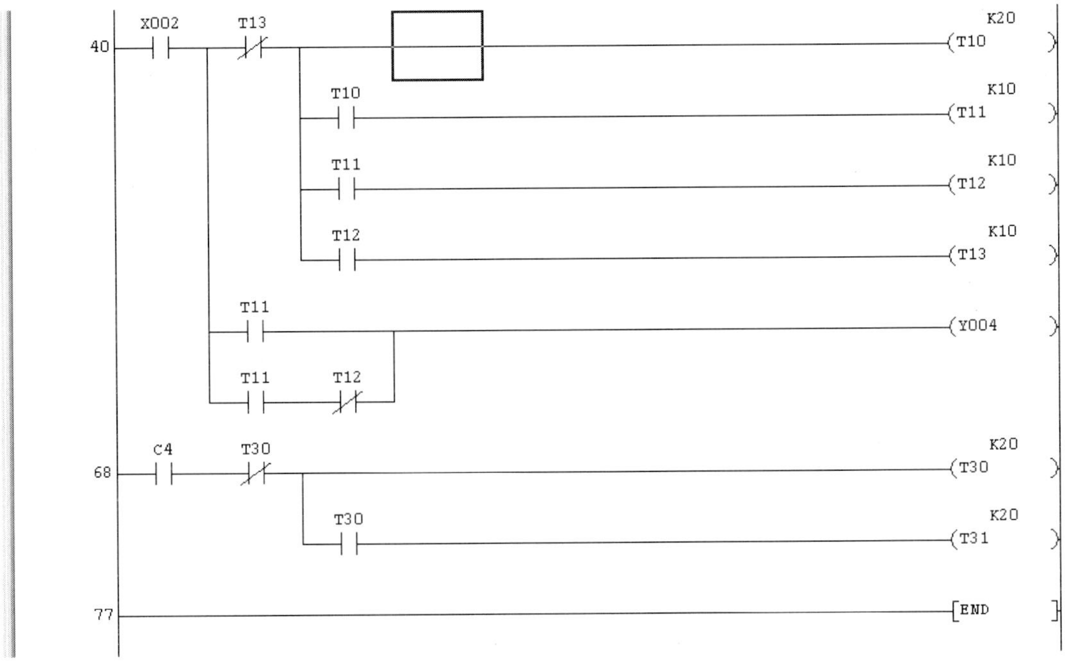
40
X002
T13
K20
T10
T10
K10
T11
T11
K10
T12
T12
K10
T13
T11
Y004
T11
T12
68
C4
T30
K20
T30
T30
K20
T31
77
END

메 모

타임차트_29

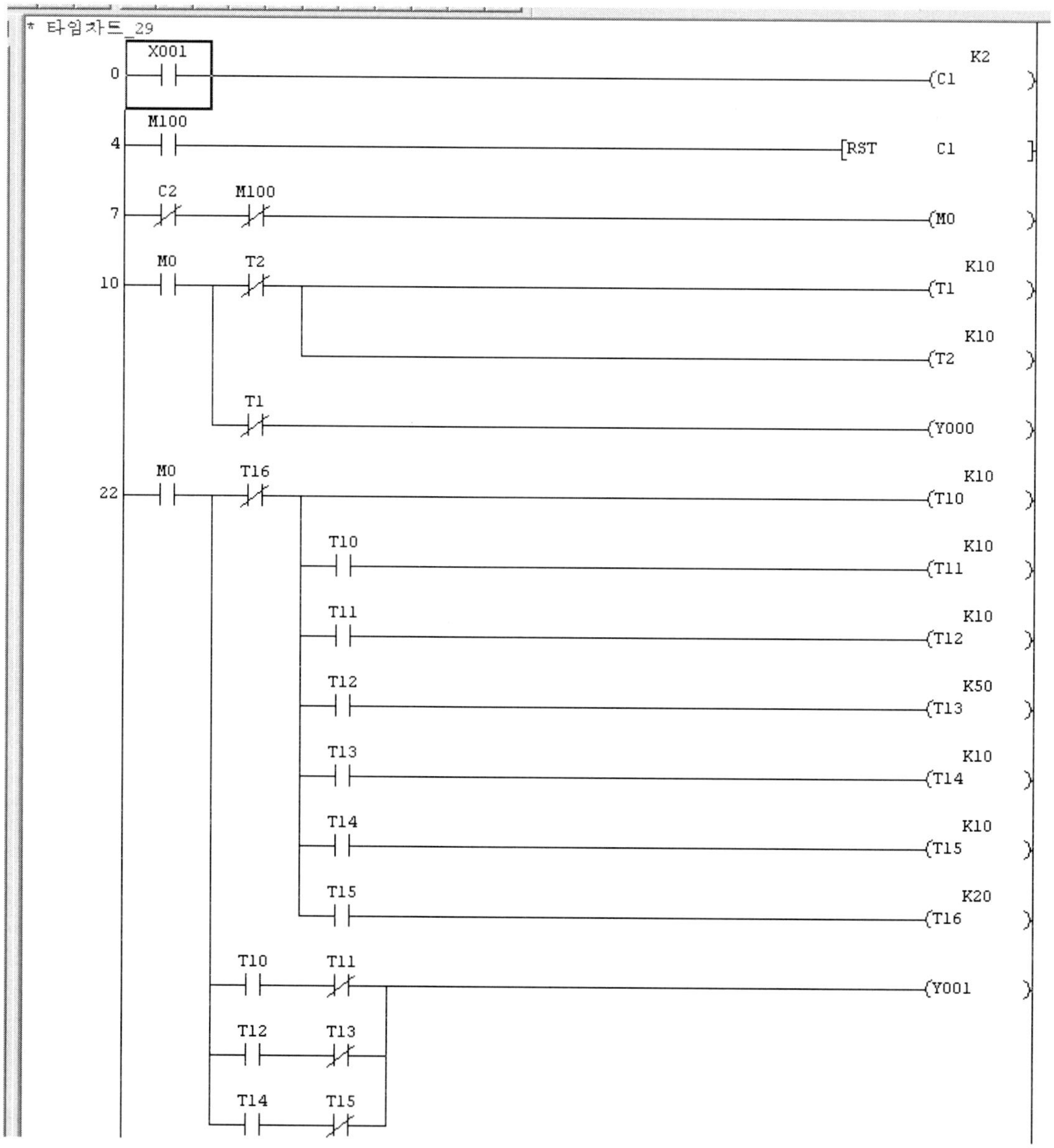

* 타임차트_29
0 X001 C1 K2
4 M100 RST C1
7 C2 M100 M0
10 M0 T2 T1 K10
T2 K10
T1 Y000
22 M0 T16 T10 K10
T10 T11 K10
T11 T12 K10
T12 T13 K50
T13 T14 K10
T14 T15 K10
T15 T16 K20
T10 T11 Y001
T12 T13
T14 T15

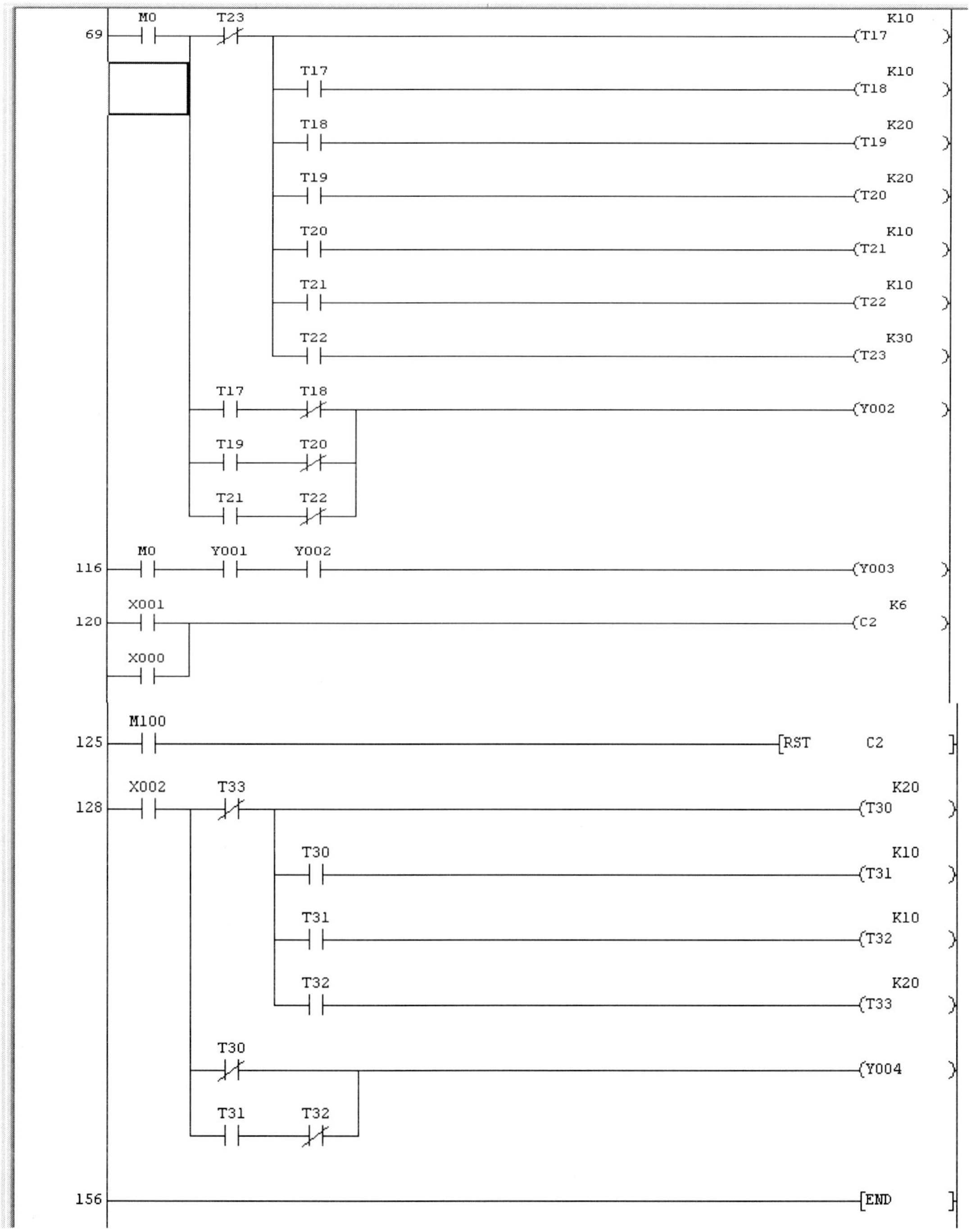
69 M0 T23 K10 T17
T17 K10 T18
T18 K20 T19
T19 K20 T20
T20 K10 T21
T21 K10 T22
T22 K30 T23
T17 T18 Y002
T19 T20
T21 T22
116 M0 Y001 Y002 Y003
120 X001 K6 C2
X000
125 M100 RST C2
128 X002 T33 K20 T30
T30 K10 T31
T31 K10 T32
T32 K20 T33
T30 Y004
T31 T32
156 END

타임차트_30

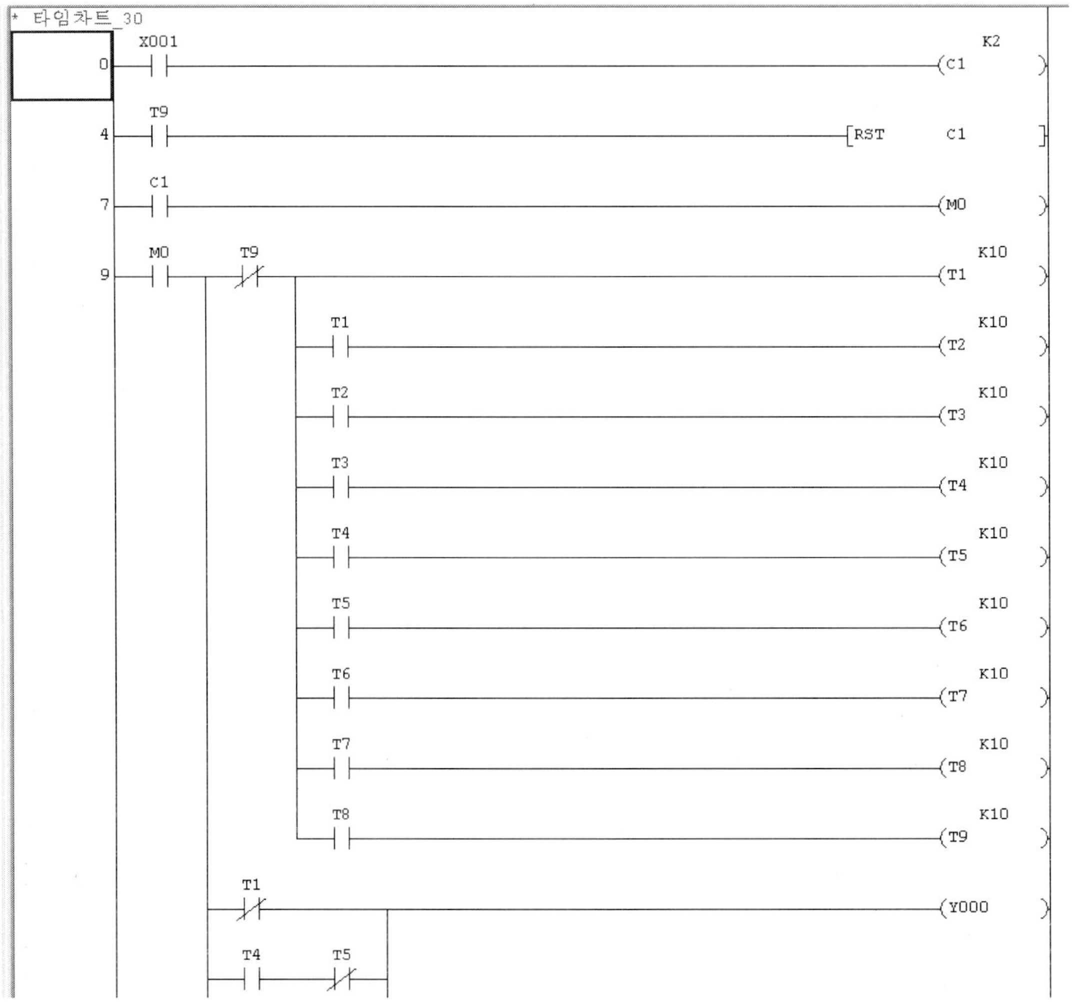
* 타임차트_30
X001
K2
C1
T9
RST
C1
M0
M0
T9
K10
T1
T1
K10
T2
T2
K10
T3
T3
K10
T4
T4
K10
T5
T5
K10
T6
T6
K10
T7
T7
K10
T8
T8
K10
T9
T1
Y000
T4
T5

메 모

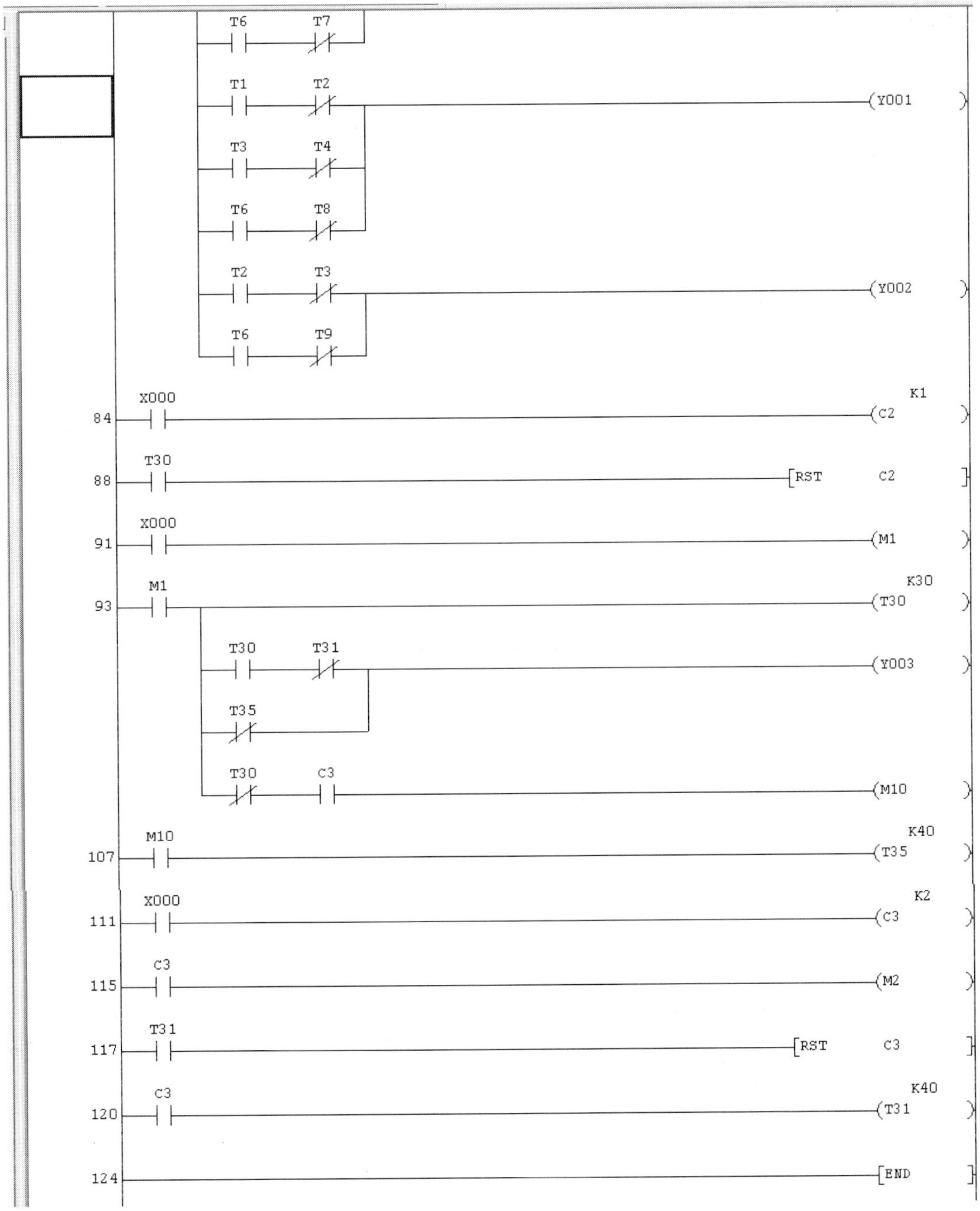

타임차트_31

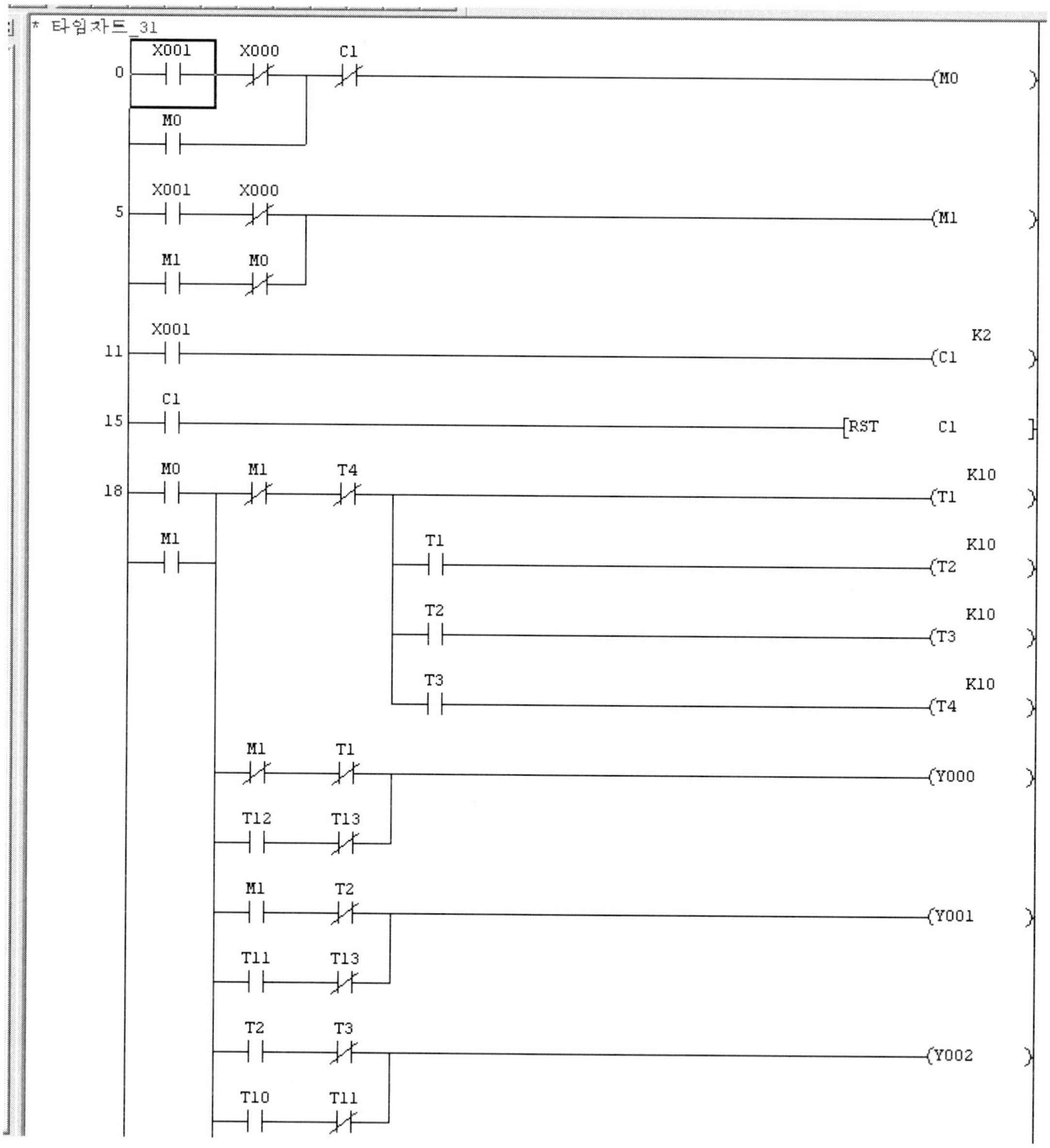
* 타임차트_31
X001
X000
C1
M0
M0
X001
X000
M1
M1
M0
X001
K2
C1
C1
RST C1
M0
M1
T4
K10
T1
M1
T1
K10
T2
T2
K10
T3
T3
K10
T4
M1
T1
Y000
T12
T13
M1
T2
Y001
T11
T13
T2
T3
Y002
T10
T11
0
5
11
15
18

메 모

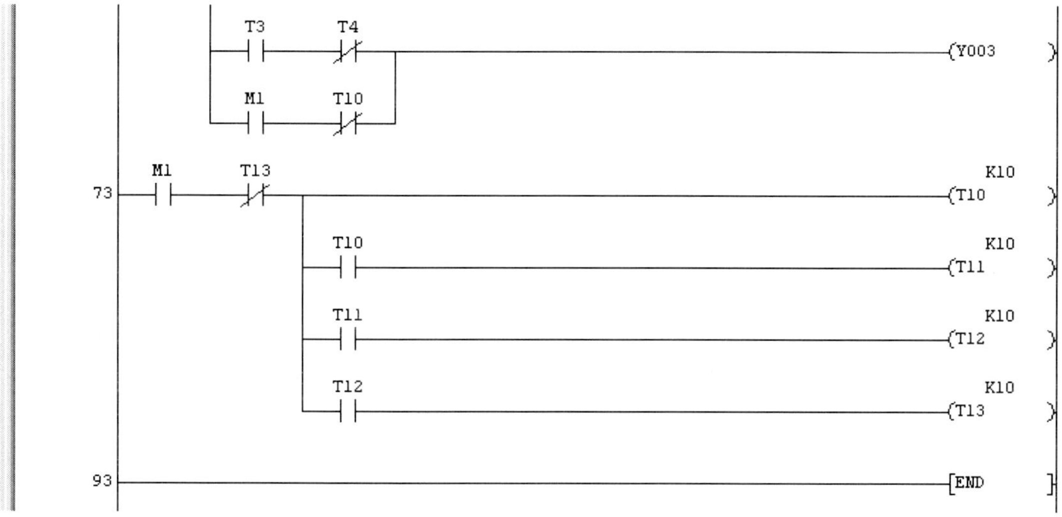
T3
T4
Y003
M1
T10
M1
T13
73
K10
T10
T10
K10
T11
T11
K10
T12
T12
K10
T13
93
END

메 모

타임차트 _32

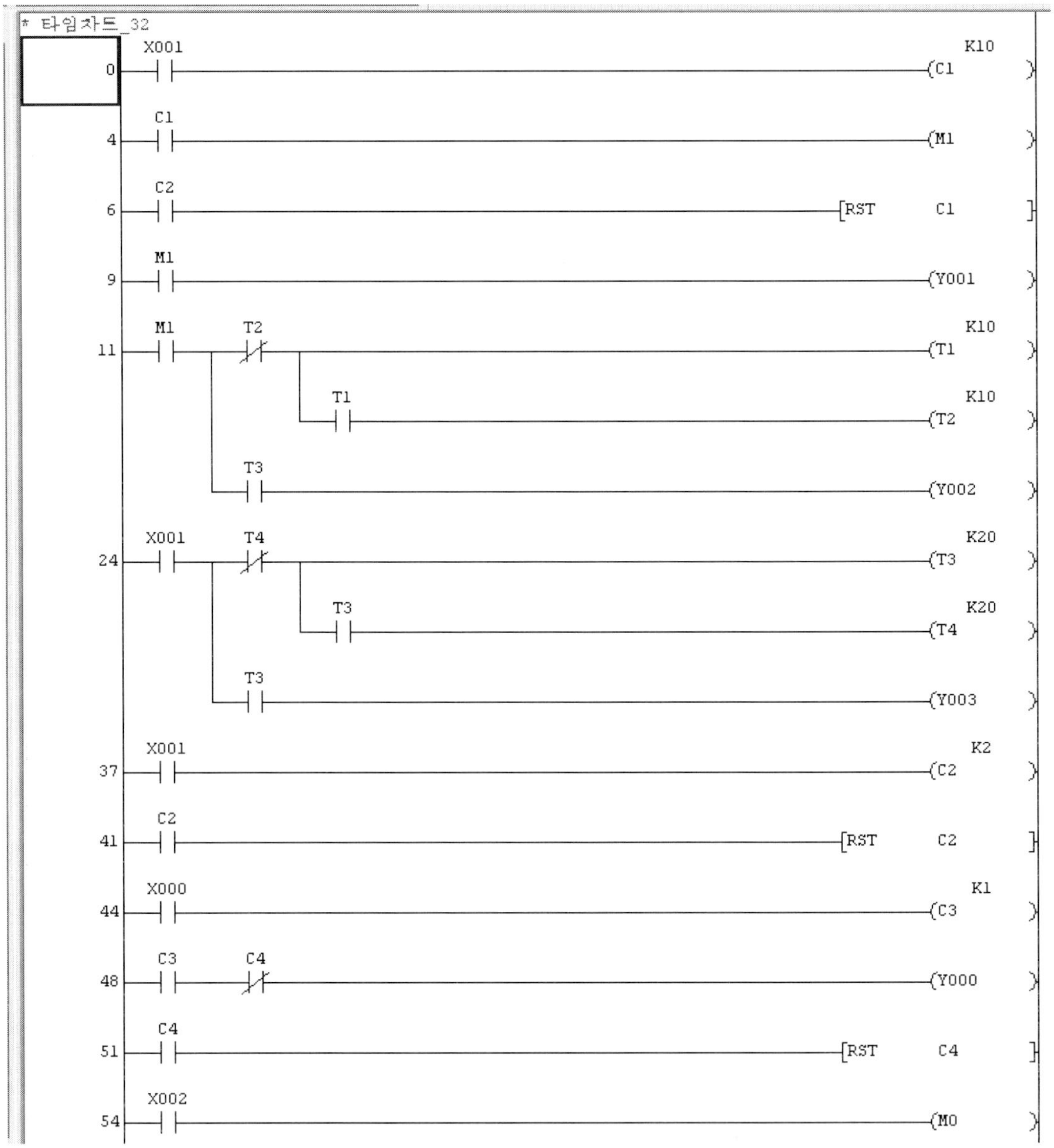
* 타임차트_32
0 X001 K10 C1
4 C1 M1
6 C2 RST C1
9 M1 Y001
11 M1 T2 K10 T1
T1 K10 T2
T3 Y002
24 X001 T4 K20 T3
T3 K20 T4
T3 Y003
37 X001 K2 C2
41 C2 RST C2
44 X000 K1 C3
48 C3 C4 Y000
51 C4 RST C4
54 X002 M0

메 모

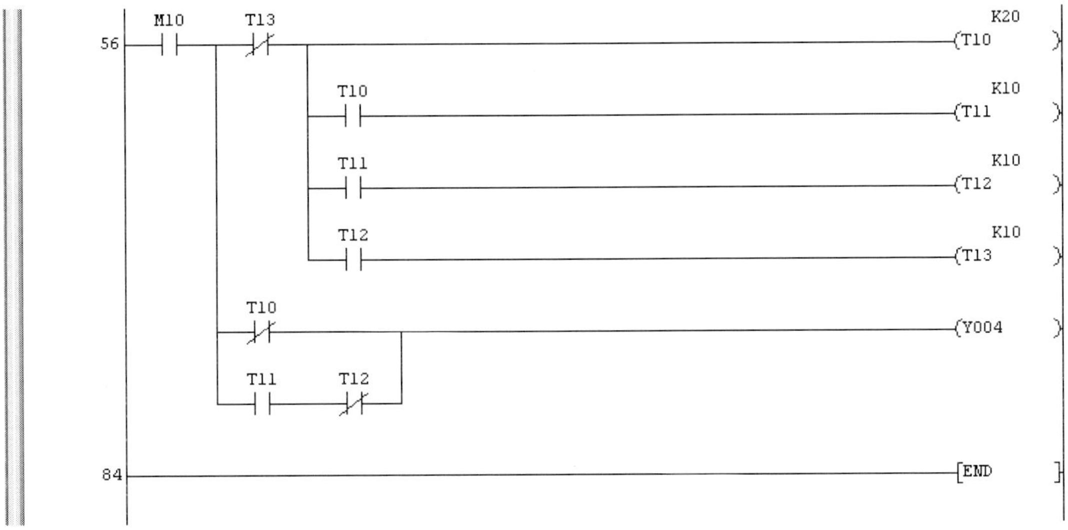

56
M10
T13
K20
T10
T10
K10
T11
T11
K10
T12
T12
K10
T13
T10
Y004
T11
T12
84
END

메 모

부 록

2. XGB_PLC 프로그램

타임차트_1

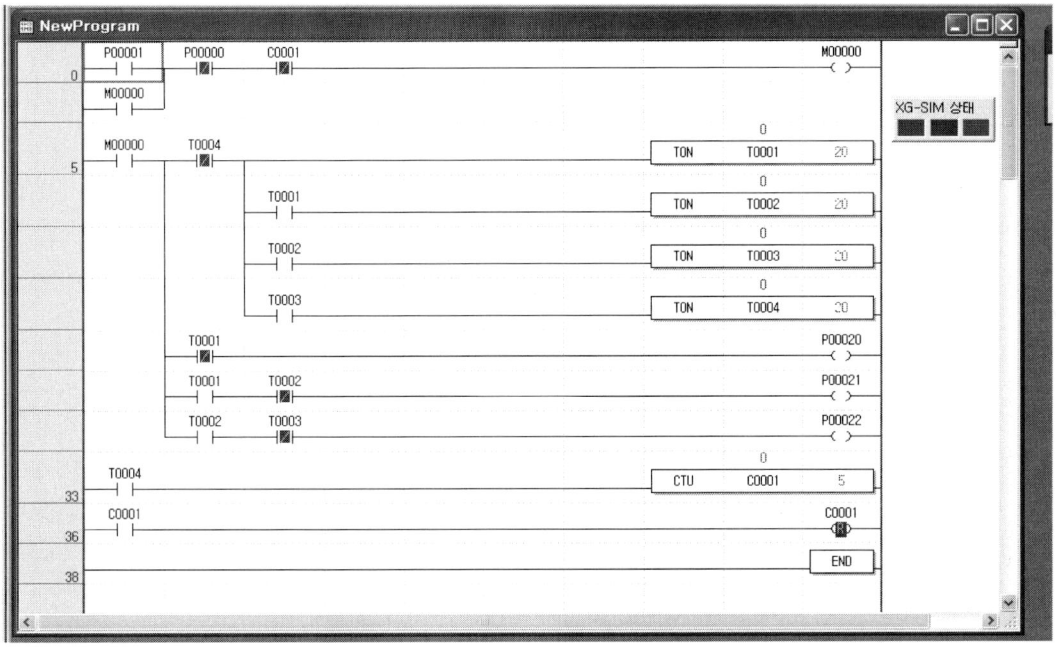
NewProgram
P00001
P00000
C0001
M00000
M00000
M00000
T0004
TON
T0001
20
T0001
TON
T0002
20
T0002
TON
T0003
20
T0003
TON
T0004
20
T0001
P00020
T0001
T0002
P00021
T0002
T0003
P00022
T0004
CTU
C0001
5
C0001
C0001
END
XG-SIM 상태

타임차트_2

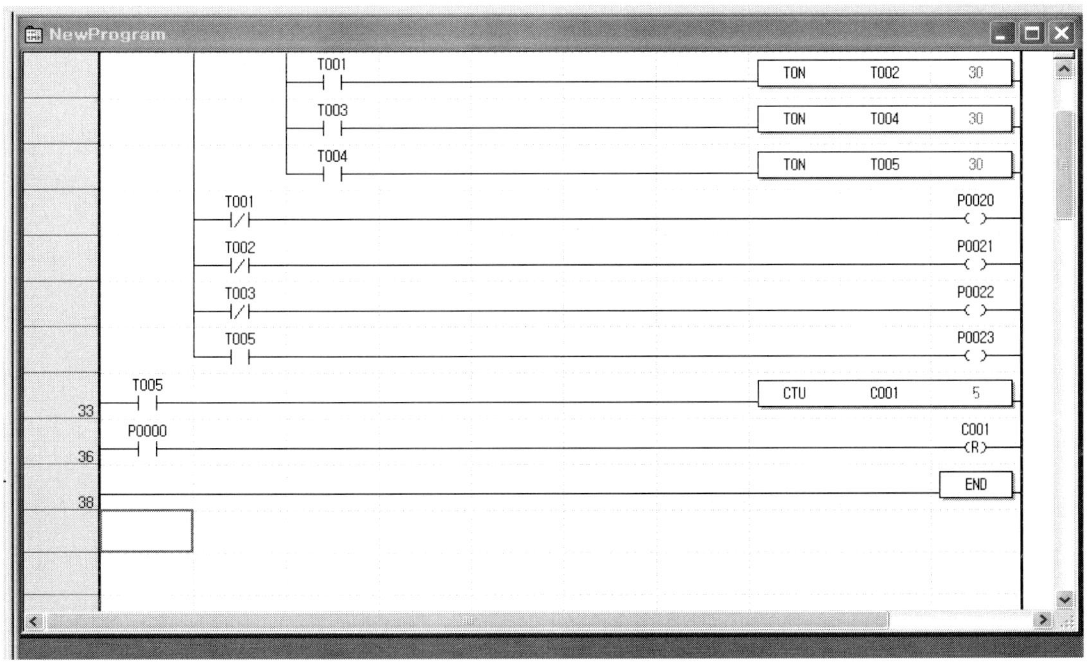
NewProgram
T001
TON
T002
30
T003
TON
T004
30
T004
TON
T005
30
T001
P0020
T002
P0021
T003
P0022
T005
P0023
T005
CTU
C001
5
P0000
C001
END

타임차트_3

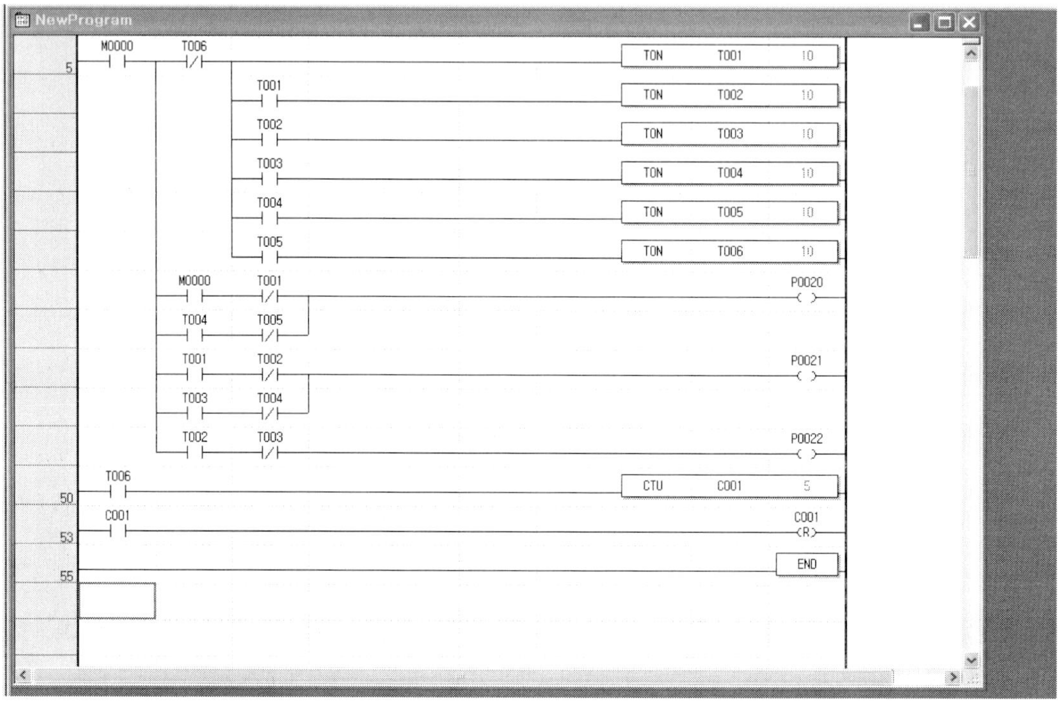
NewProgram
M0000
T006
TON T001 10
T001
TON T002 10
T002
TON T003 10
T003
TON T004 10
T004
TON T005 10
T005
TON T006 10
M0000
T001
P0020
T004
T005
T001
T002
P0021
T003
T004
T002
T003
P0022
T006
CTU C001 5
C001
C001
END

타임차트_4

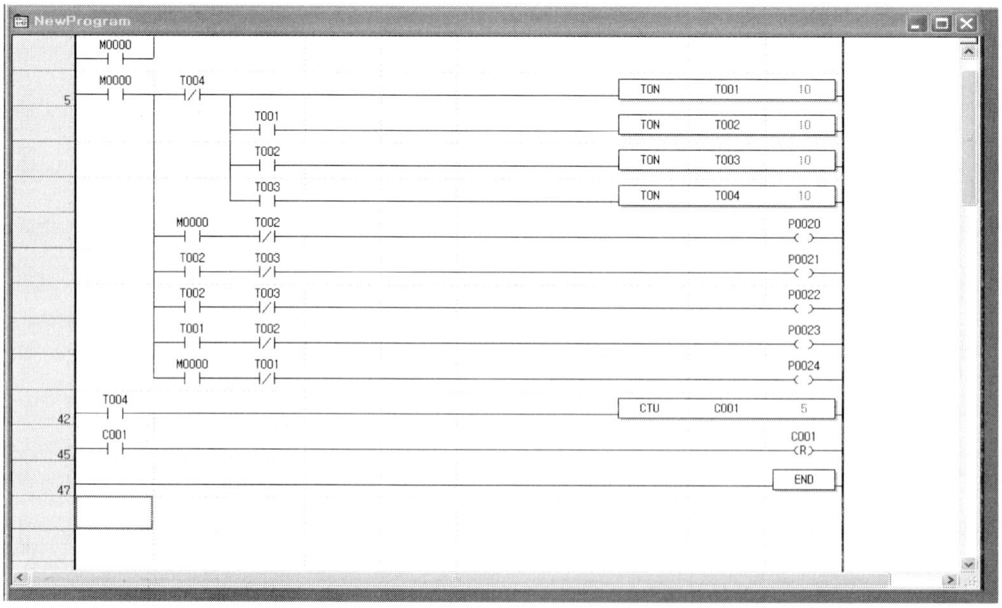
NewProgram
M0000
M0000
T004
TON T001 10
T001
TON T002 10
T002
TON T003 10
T003
TON T004 10
M0000
T002
P0020
T002
T003
P0021
T002
T003
P0022
T001
T002
P0023
M0000
T001
P0024
T004
CTU C001 5
C001
C001
END

타임차트_5

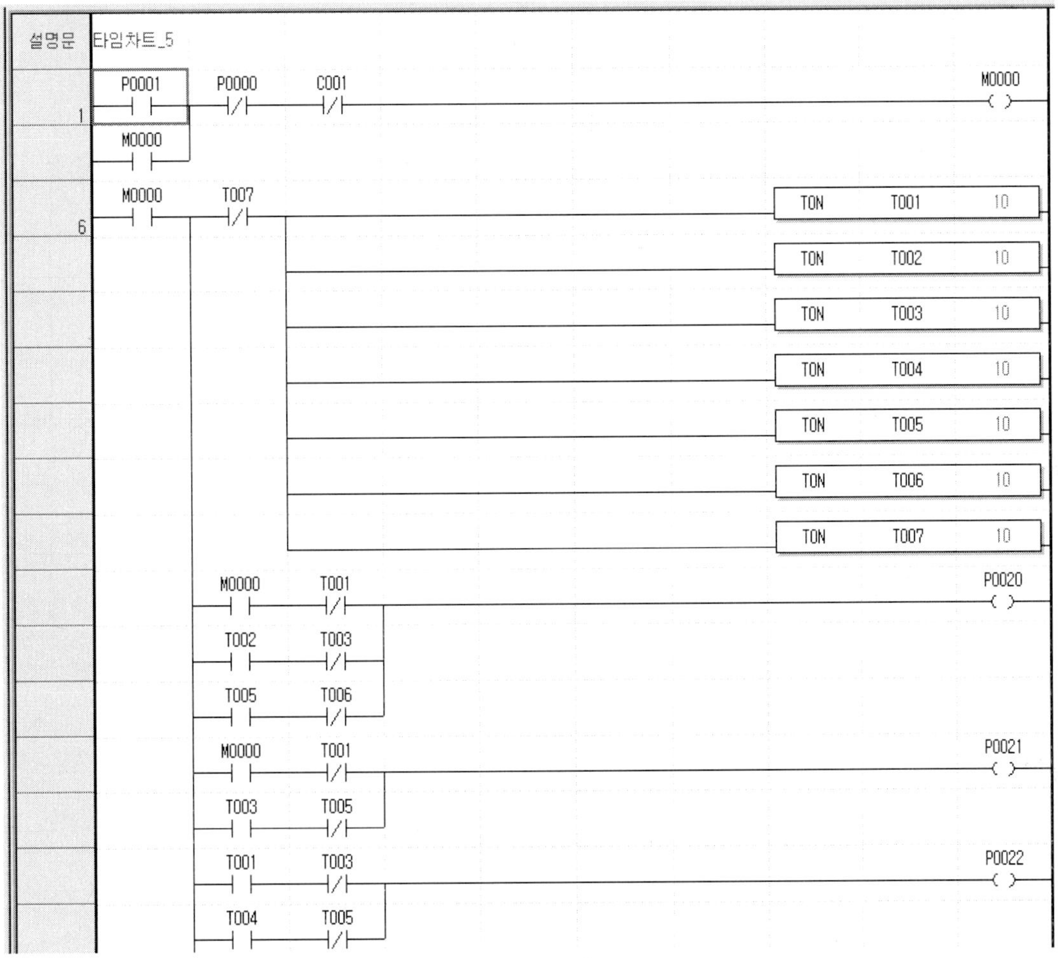
설명문
타임차트_5
P0001
P0000
C001
M0000
M0000
1
M0000
T007
6
TON T001 10
TON T002 10
TON T003 10
TON T004 10
TON T005 10
TON T006 10
TON T007 10
M0000
T001
P0020
T002
T003
T005
T006
M0000
T001
P0021
T003
T005
T001
T003
P0022
T004
T005

타임차트_6

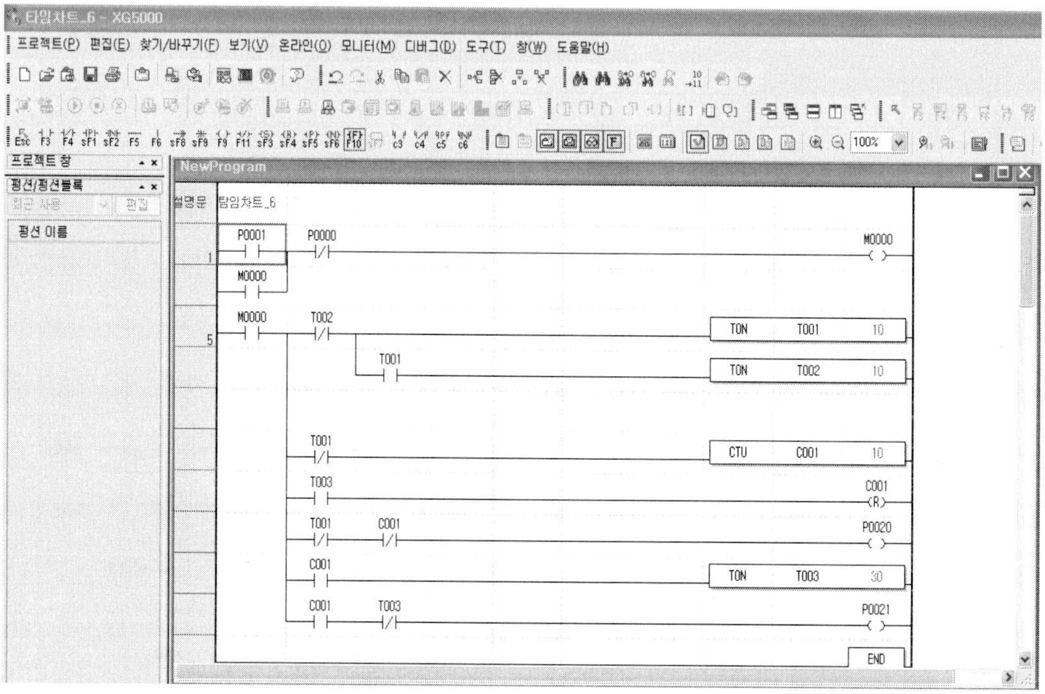

타임차트_7

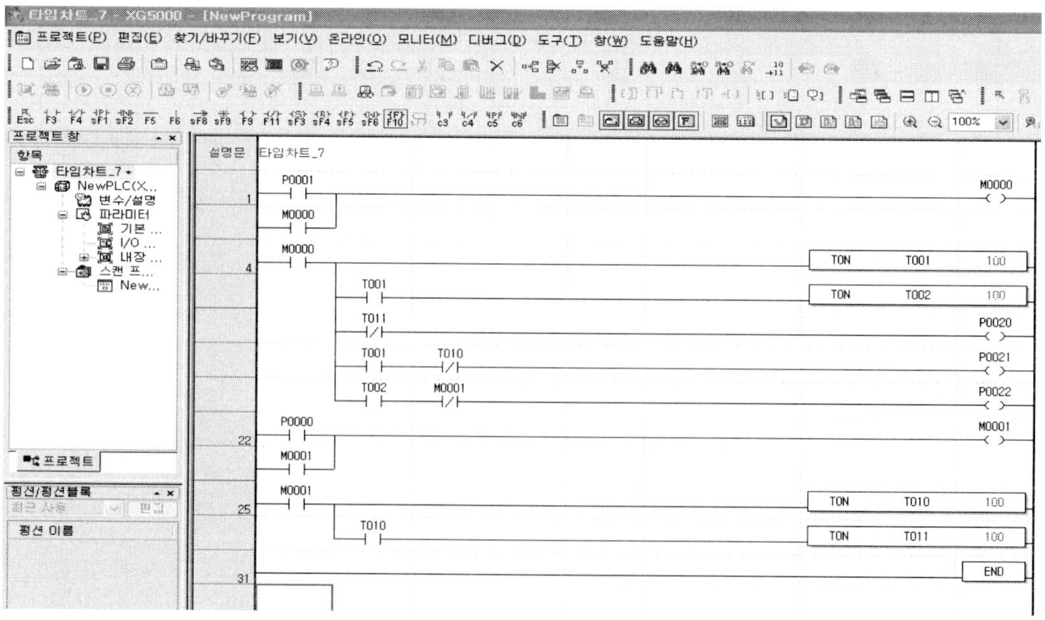

타임차트_8

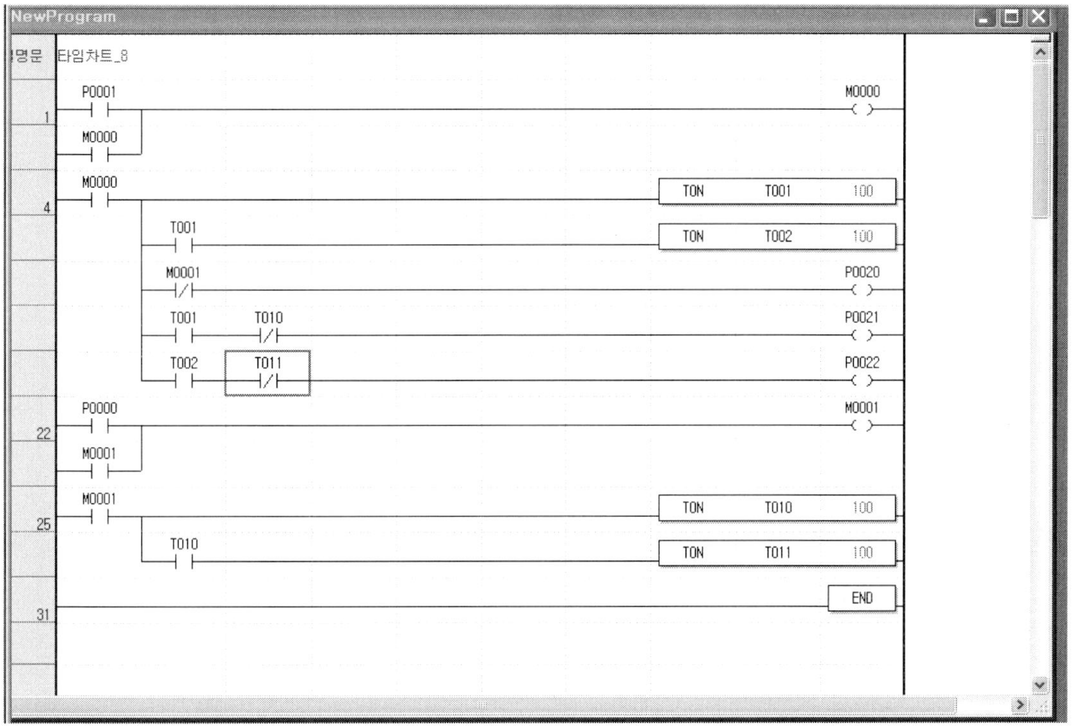
NewProgram
명문 타임차트_8
P0001
M0000
M0000
M0000
TON T001 100
T001
TON T002 100
M0001
P0020
T001
T010
P0021
T002
T011
P0022
P0000
M0001
M0001
M0001
TON T010 100
T010
TON T011 100
END

타임차트_9

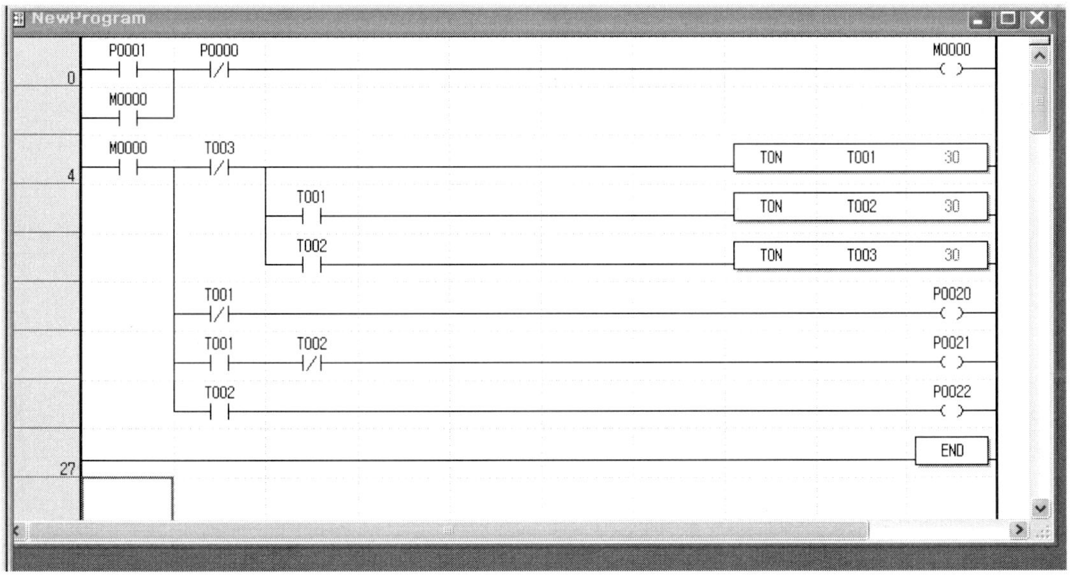
NewProgram
P0001
P0000
M0000
M0000
M0000
T003
TON T001 30
T001
TON T002 30
T002
TON T003 30
T001
P0020
T001
T002
P0021
T002
P0022
END

타임차트_10

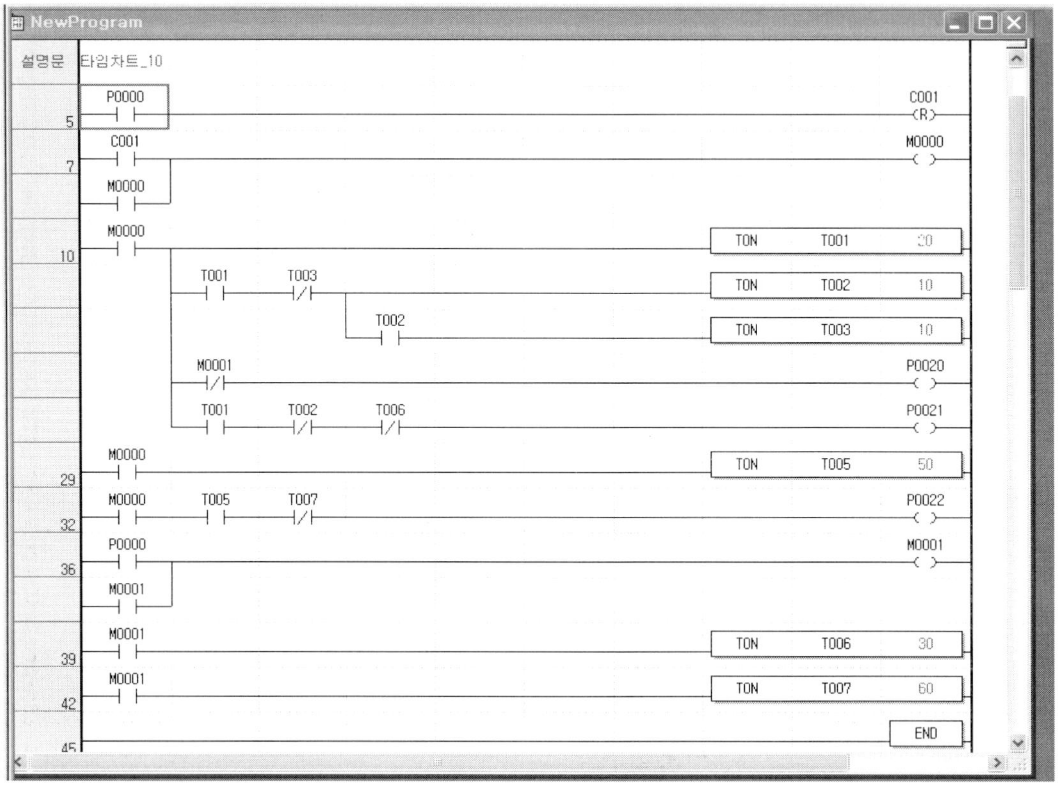

타임차트_11

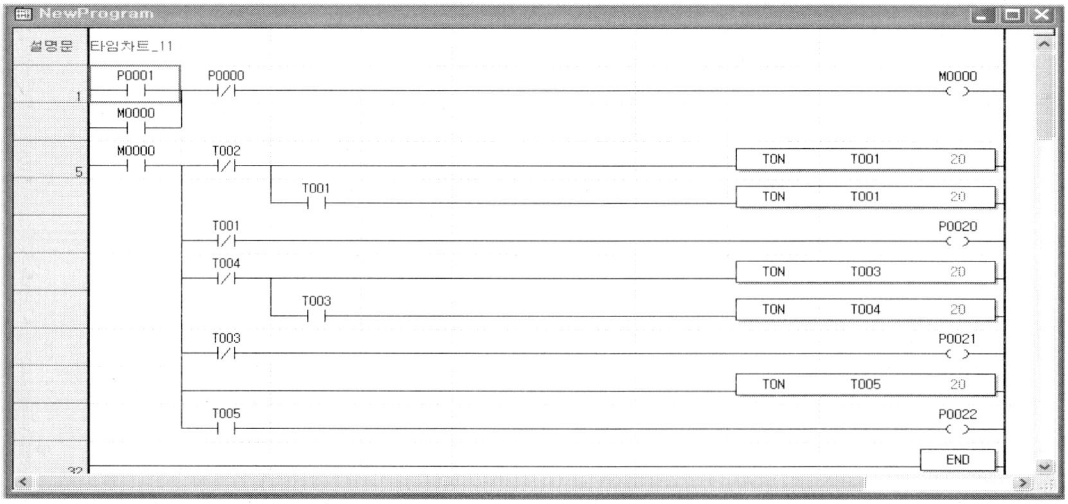

타임차트_12

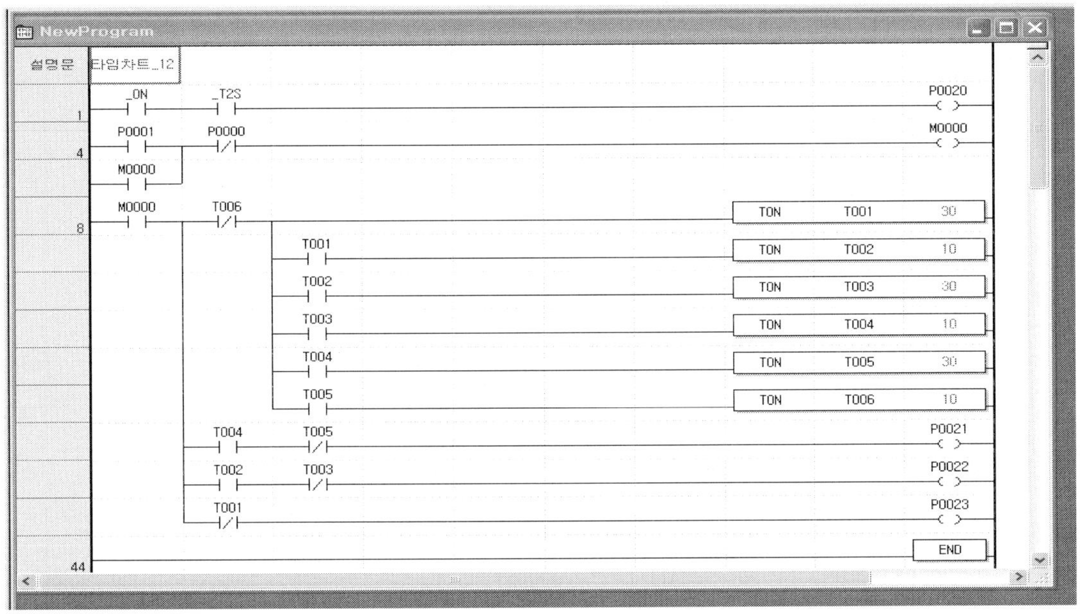

타임차트_13

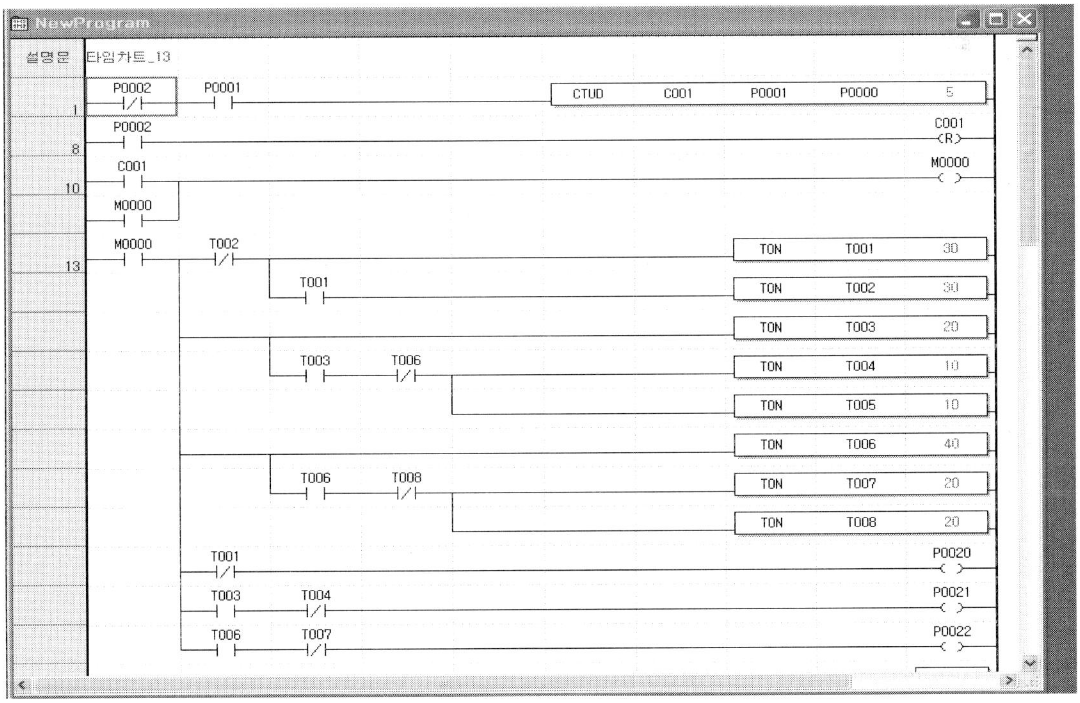

타임차트_14

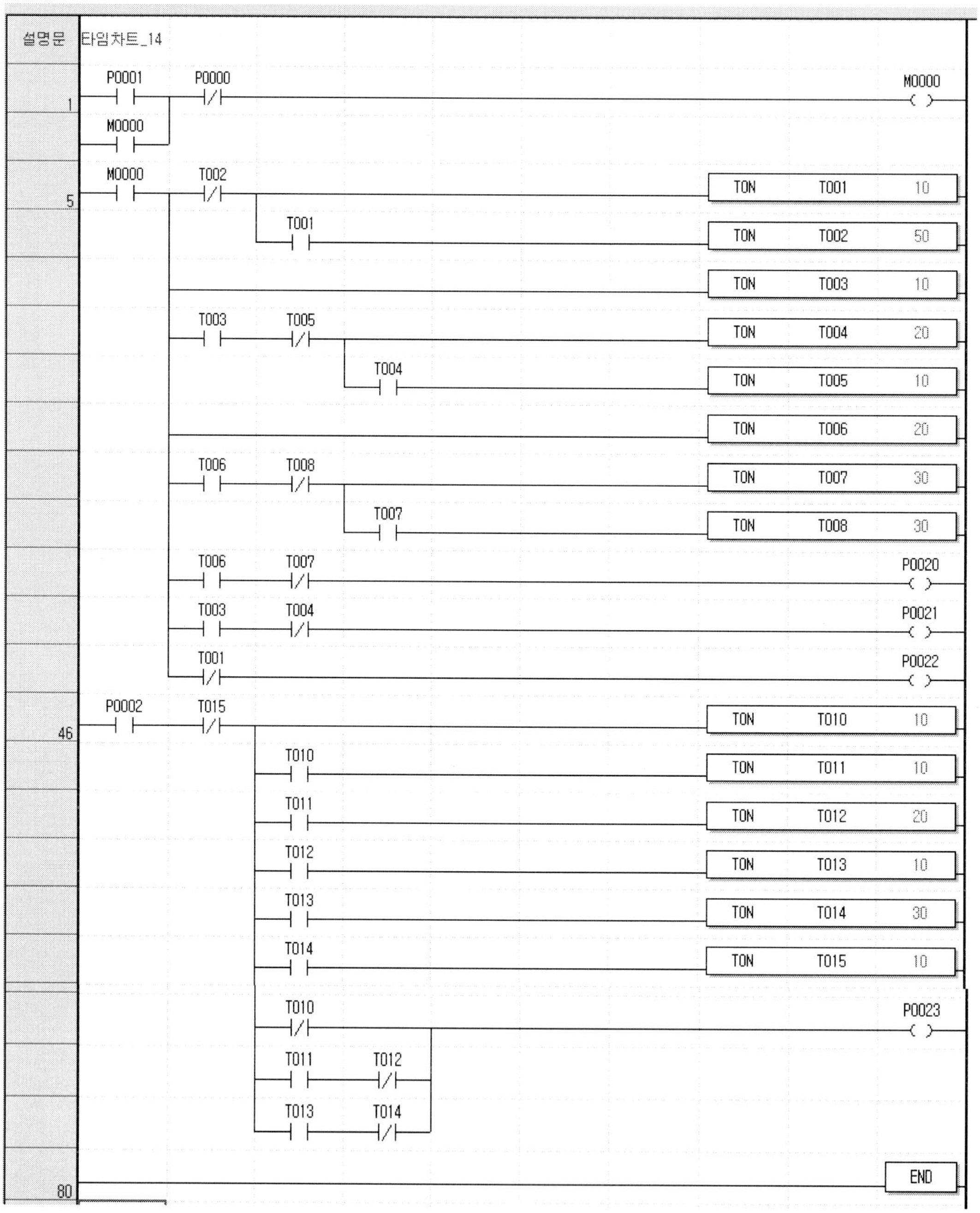
설명문
타임차트_14
1
P0001
P0000
M0000
M0000
5
M0000
T002
TON T001 10
T001
TON T002 50
TON T003 10
T003
T005
TON T004 20
T004
TON T005 10
TON T006 20
T006
T008
TON T007 30
T007
TON T008 30
T006
T007
P0020
T003
T004
P0021
T001
P0022
46
P0002
T015
TON T010 10
T010
TON T011 10
T011
TON T012 20
T012
TON T013 10
T013
TON T014 30
T014
TON T015 10
T010
P0023
T011
T012
T013
T014
80
END

타임차트_15

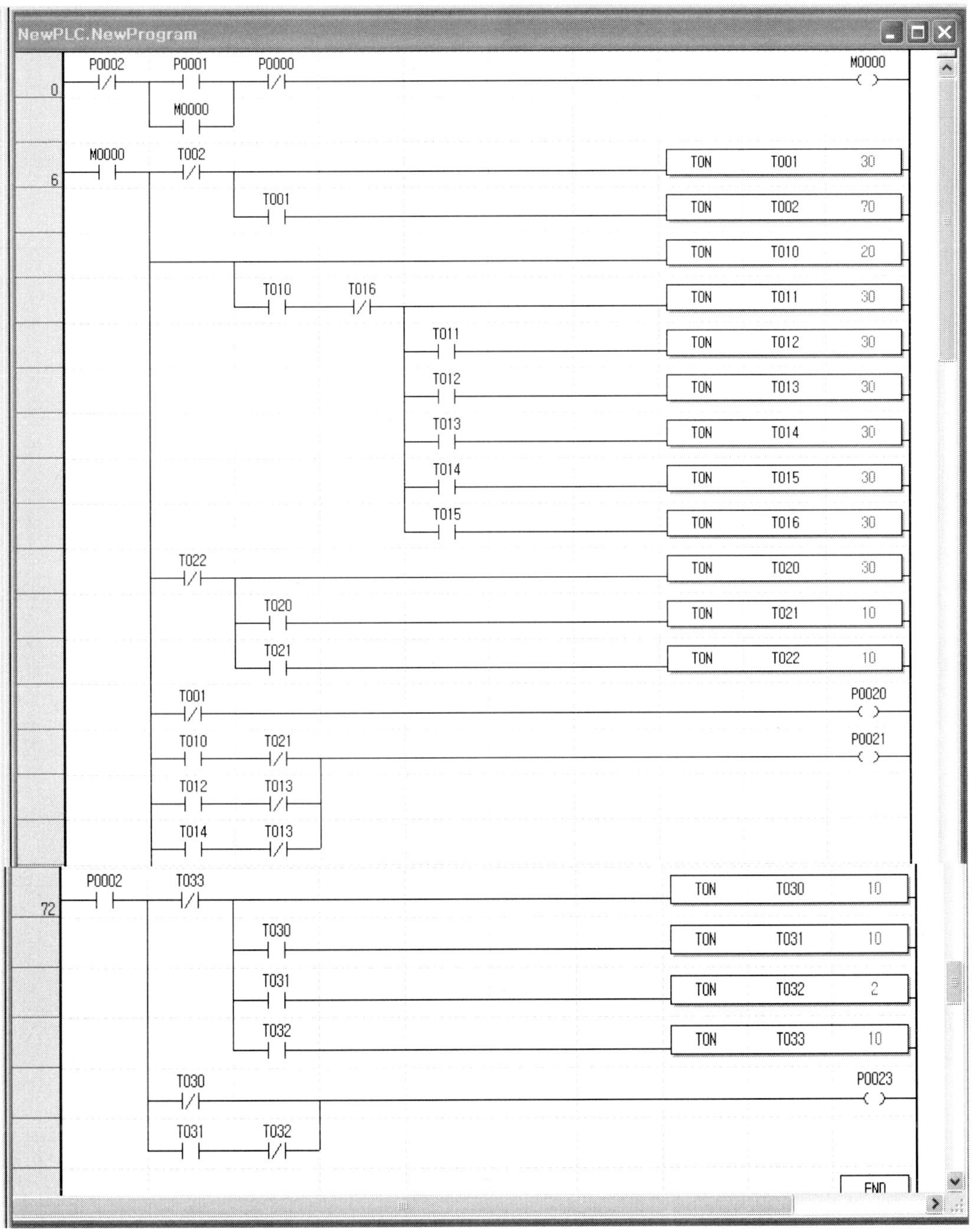
NewPLC.NewProgram
0
P0002
P0001
P0000
M0000
M0000
6
M0000
T002
TON T001 30
T001
TON T002 70
TON T010 20
T010
T016
TON T011 30
T011
TON T012 30
T012
TON T013 30
T013
TON T014 30
T014
TON T015 30
T015
TON T016 30
T022
TON T020 30
T020
TON T021 10
T021
TON T022 10
T001
P0020
T010
T021
P0021
T012
T013
T014
T013
72
P0002
T033
TON T030 10
T030
TON T031 10
T031
TON T032 2
T032
TON T033 10
T030
P0023
T031
T032
END

타임차트_16

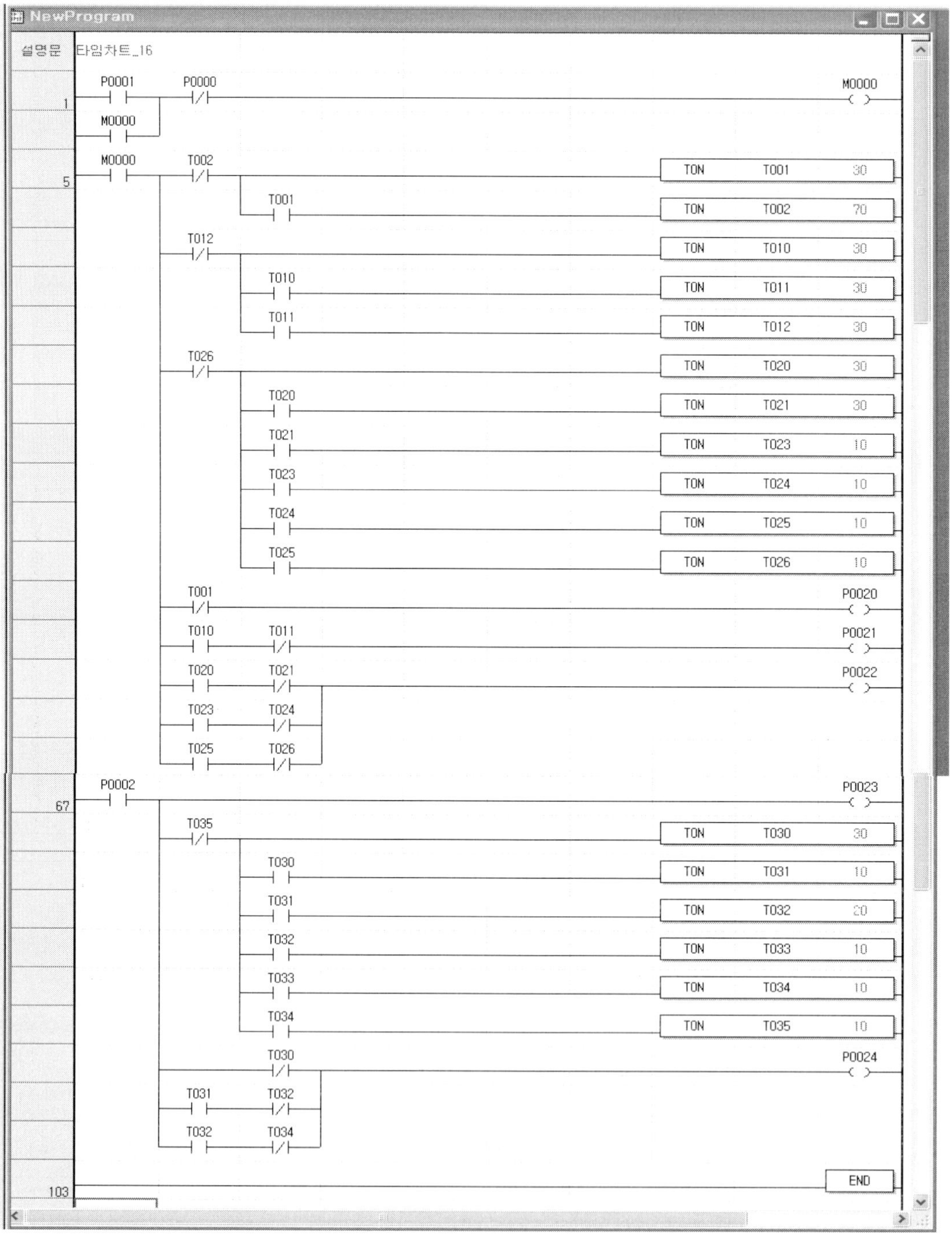

타임차트_17

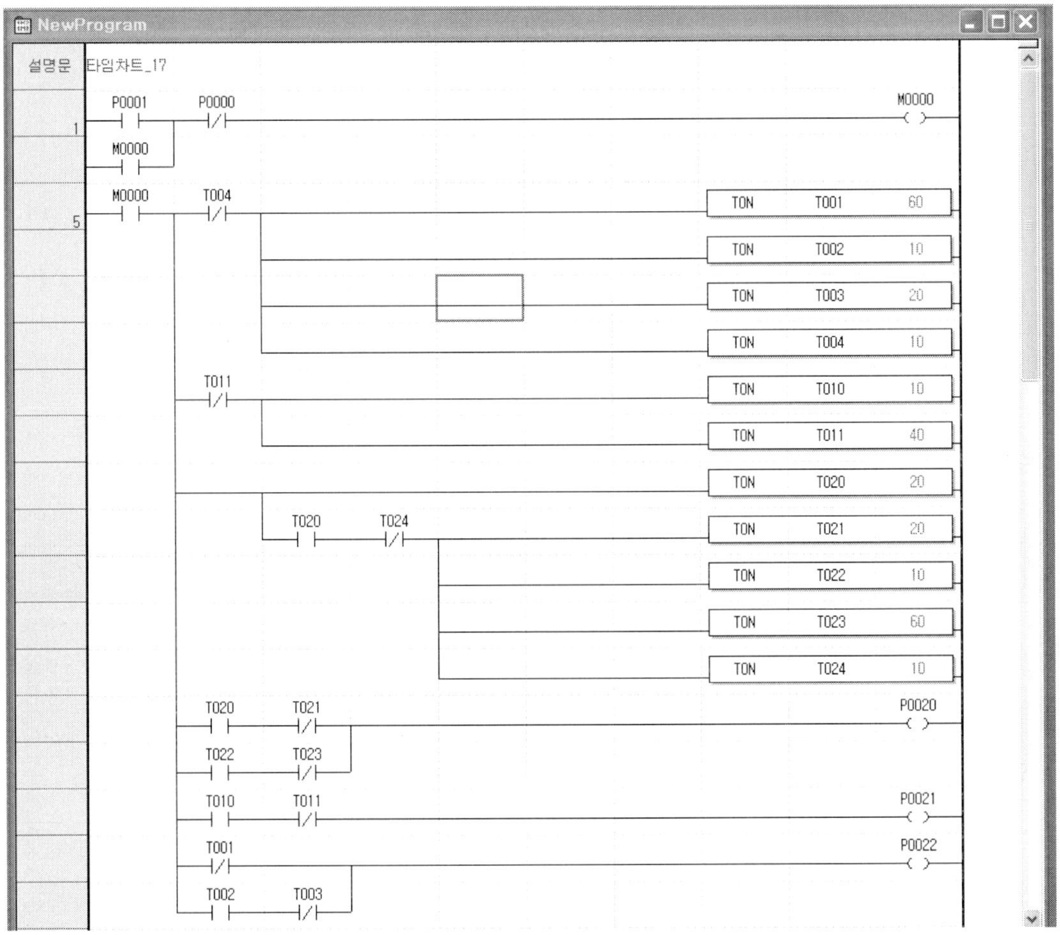
NewProgram
설명문 타임차트_17
P0001
P0000
M0000
M0000
M0000
T004
TON T001 60
TON T002 10
TON T003 20
TON T004 10
T011
TON T010 10
TON T011 40
TON T020 20
T020
T024
TON T021 20
TON T022 10
TON T023 60
TON T024 10
T020
T021
P0020
T022
T023
T010
T011
P0021
T001
P0022
T002
T003

메모

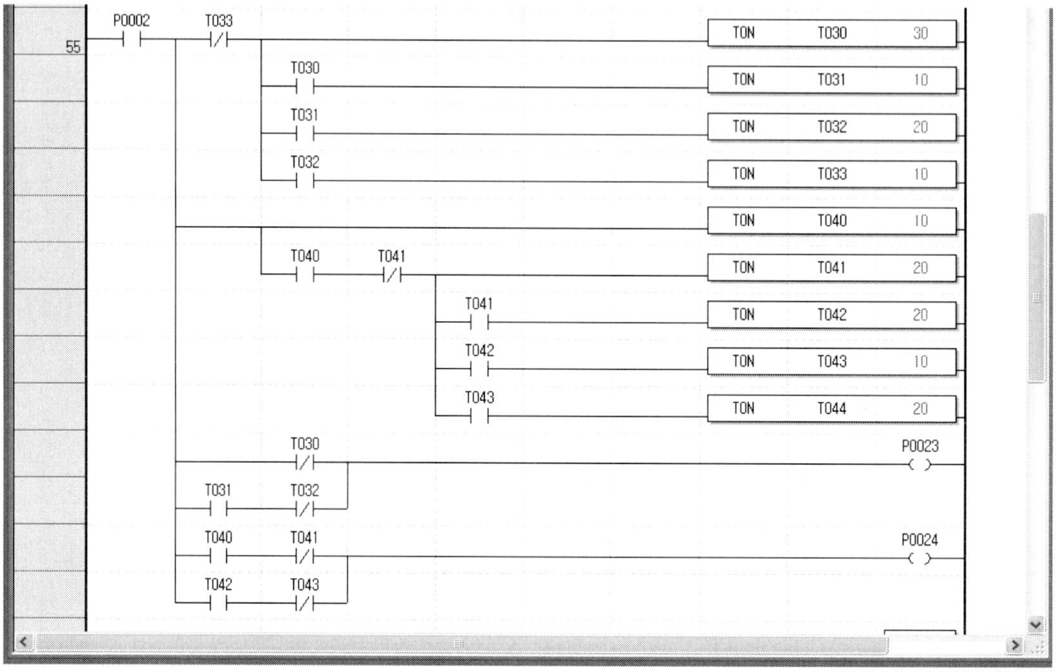
55
P0002
T033
T030
T031
T032
T040
T041
T042
T043
TON T030 30
TON T031 10
TON T032 20
TON T033 10
TON T040 10
TON T041 20
TON T042 20
TON T043 10
TON T044 20
P0023
P0024

메 모

타임차트_18

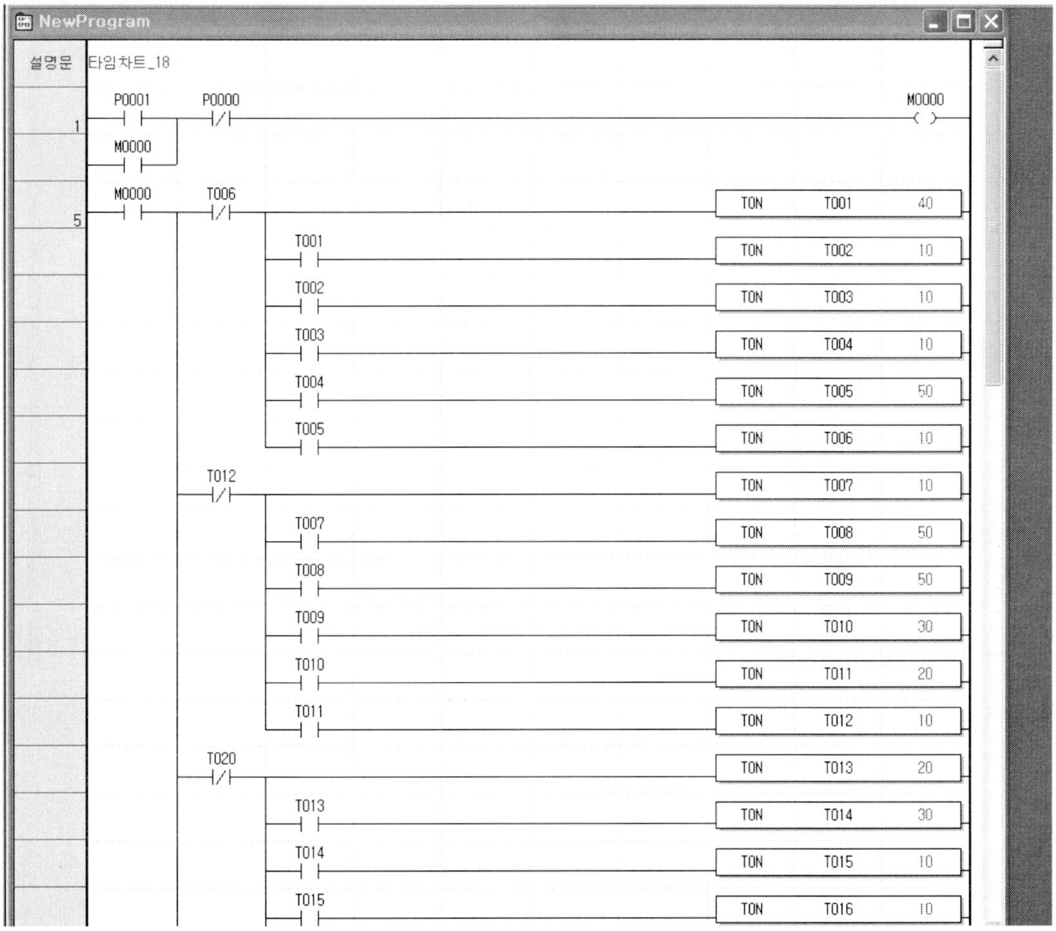
NewProgram
설명문 타임차트_18
P0001
P0000
M0000
M0000
M0000
T006
TON T001 40
T001
TON T002 10
T002
TON T003 10
T003
TON T004 10
T004
TON T005 50
T005
TON T006 10
T012
TON T007 10
T007
TON T008 50
T008
TON T009 50
T009
TON T010 30
T010
TON T011 20
T011
TON T012 10
T020
TON T013 20
T013
TON T014 30
T014
TON T015 10
T015
TON T016 10

메 모

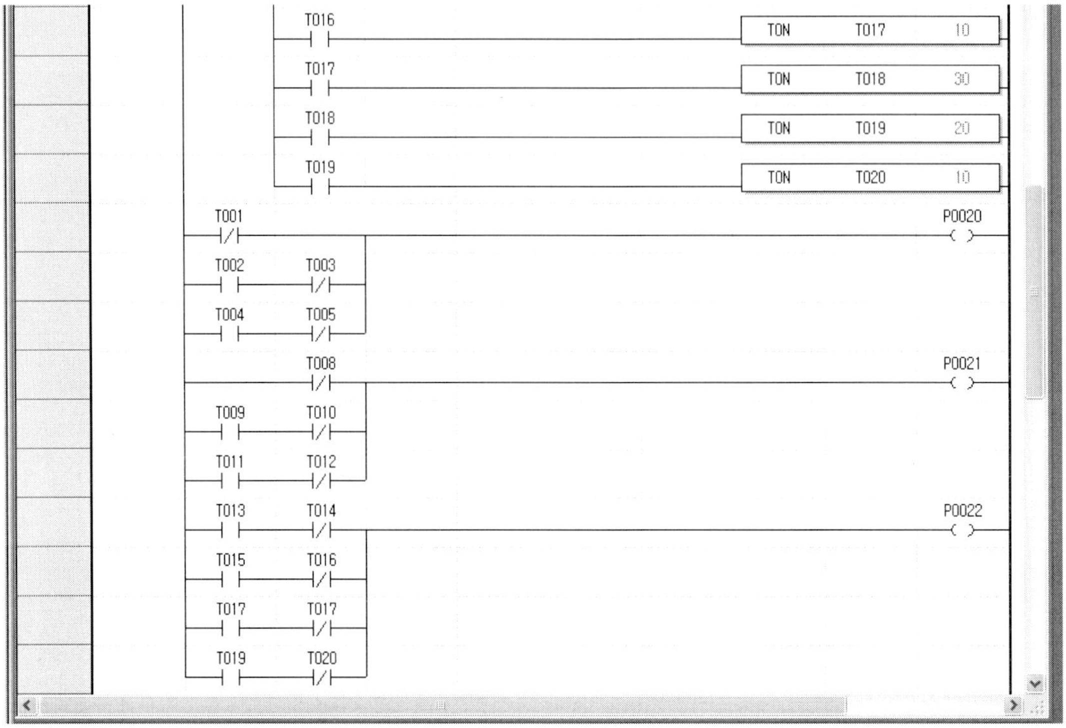
T016
TON T017 10
T017
TON T018 30
T018
TON T019 20
T019
TON T020 10
T001
P0020
T002 T003
T004 T005
T008
P0021
T009 T010
T011 T012
T013 T014
P0022
T015 T016
T017 T017
T019 T020

메 모

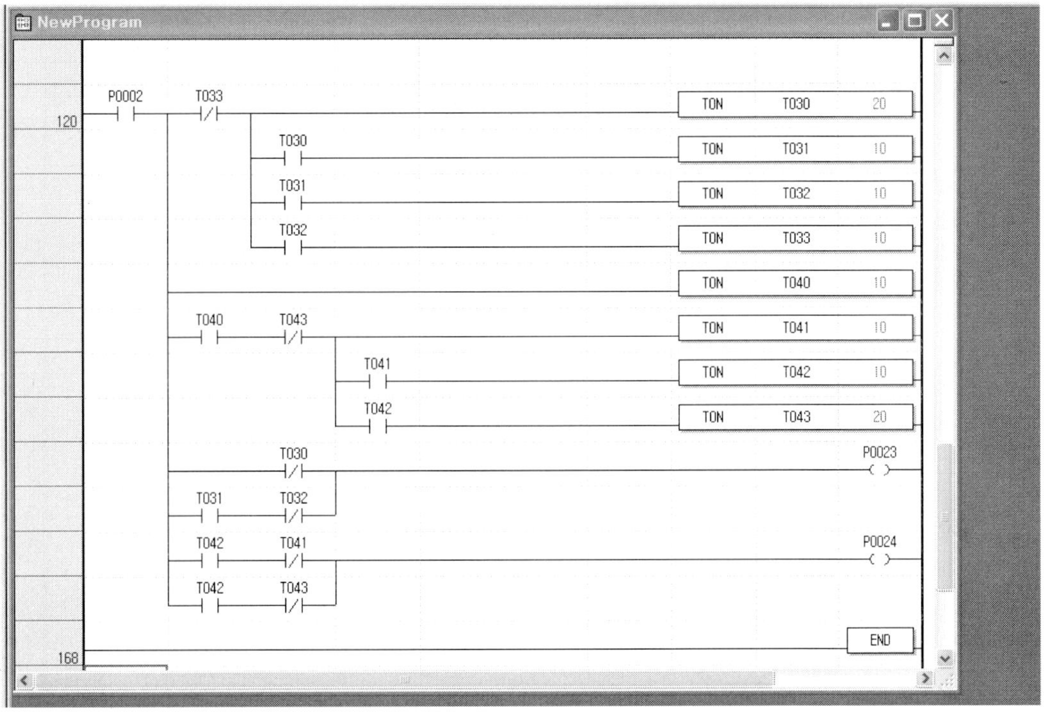
NewProgram
120
P0002
T033
TON T030 20
T030
TON T031 10
T031
TON T032 10
T032
TON T033 10
TON T040 10
T040
T043
TON T041 10
T041
TON T042 10
T042
TON T043 20
T030
P0023
T031
T032
T042
T041
P0024
T042
T043
END
168

메모

타임차트_19

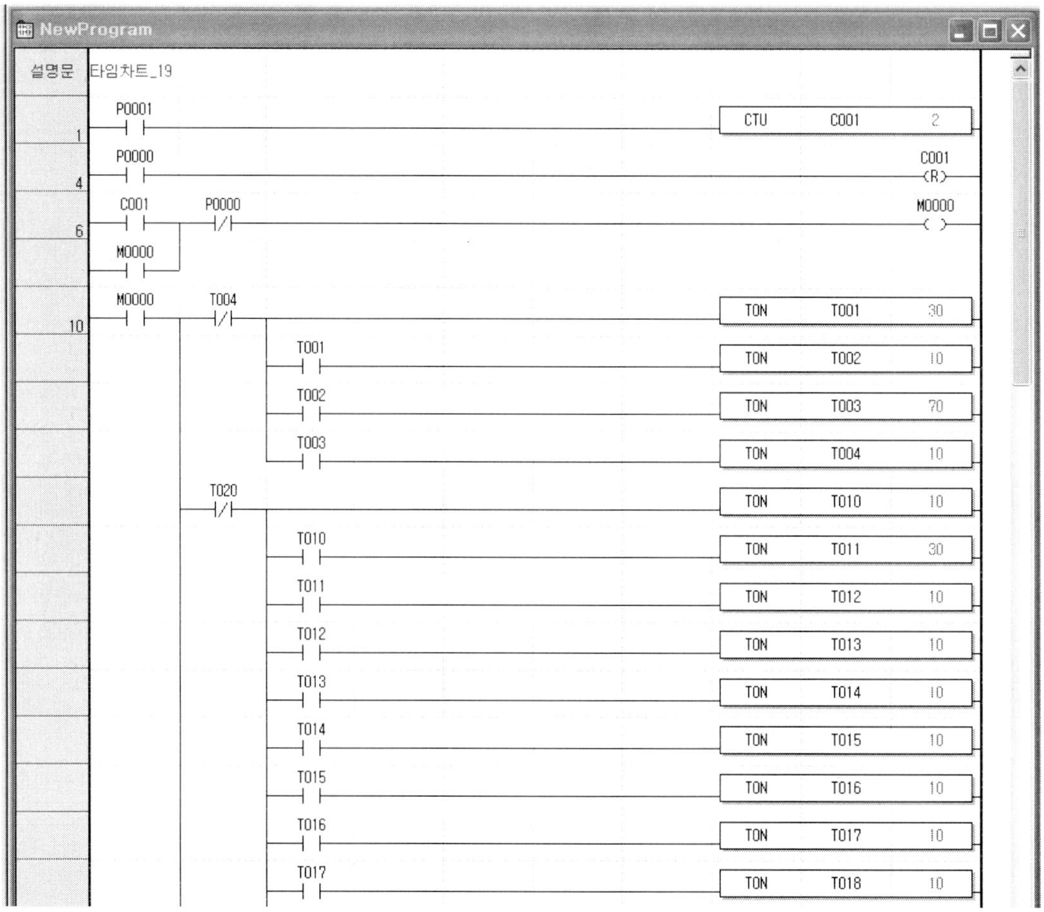
NewProgram
설명문 타임차트_19
P0001
CTU C001 2
P0000
C001
(R)
C001
P0000
M0000
M0000
M0000
T004
TON T001 30
T001
TON T002 10
T002
TON T003 70
T003
TON T004 10
T020
TON T010 10
T010
TON T011 30
T011
TON T012 10
T012
TON T013 10
T013
TON T014 10
T014
TON T015 10
T015
TON T016 10
T016
TON T017 10
T017
TON T018 10

메모

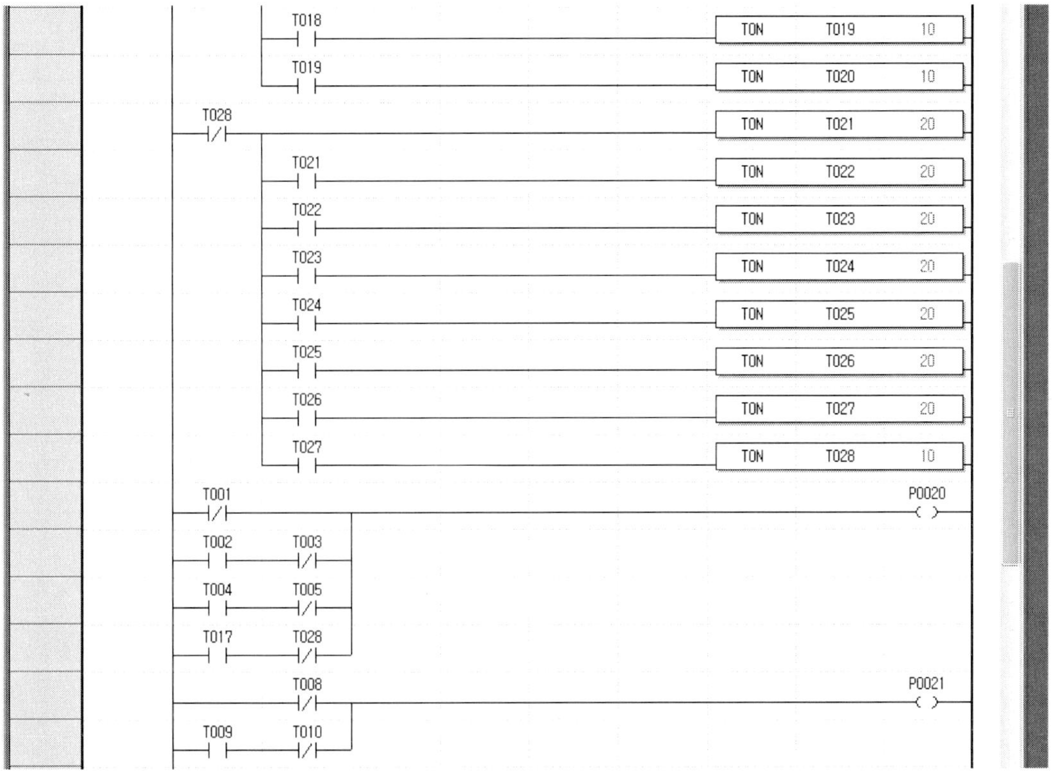
T018
TON T019 10
T019
TON T020 10
T028
TON T021 20
T021
TON T022 20
T022
TON T023 20
T023
TON T024 20
T024
TON T025 20
T025
TON T026 20
T026
TON T027 20
T027
TON T028 10
T001
P0020
T002
T003
T004
T005
T017
T028
T008
P0021
T009
T010

메 모

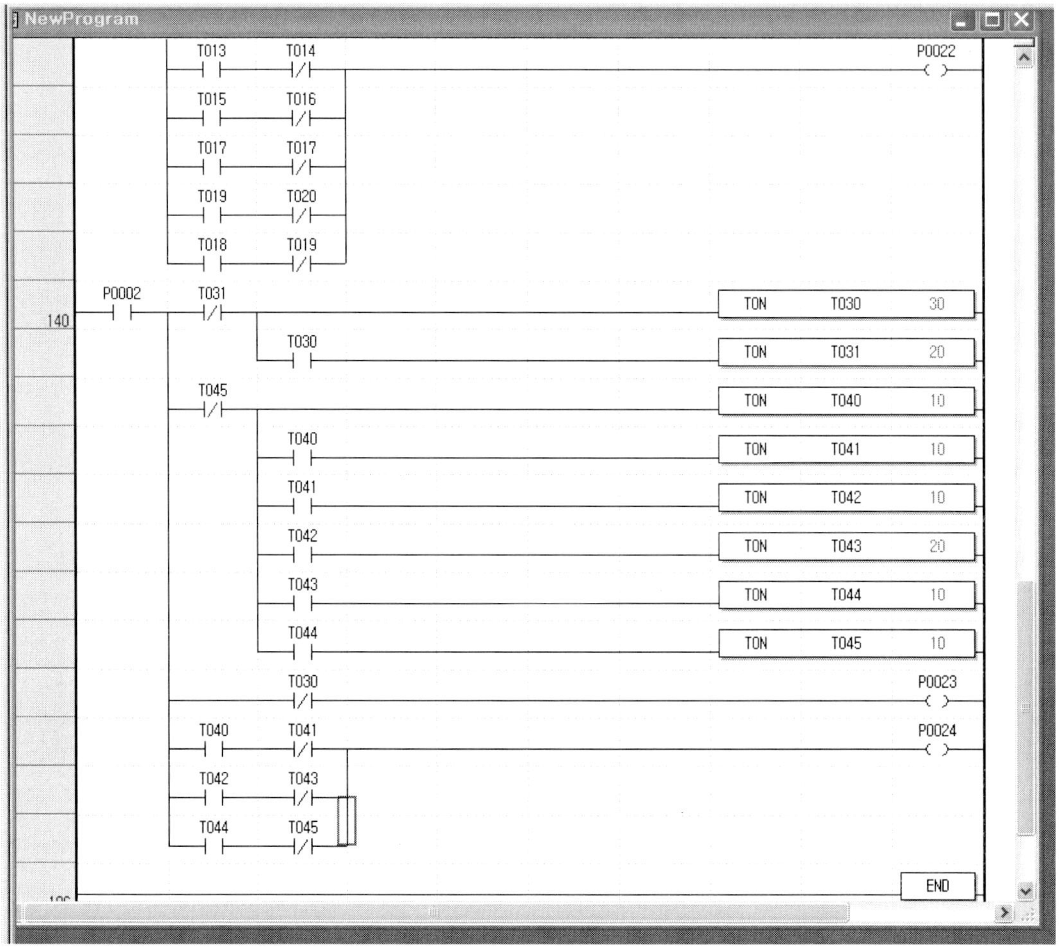
NewProgram
T013
T014
P0022
T015
T016
T017
T017
T019
T020
T018
T019
P0002
T031
140
TON T030 30
T030
TON T031 20
T045
TON T040 10
T040
TON T041 10
T041
TON T042 10
T042
TON T043 20
T043
TON T044 10
T044
TON T045 10
T030
P0023
T040
T041
P0024
T042
T043
T044
T045
END

메 모

타임차트_20

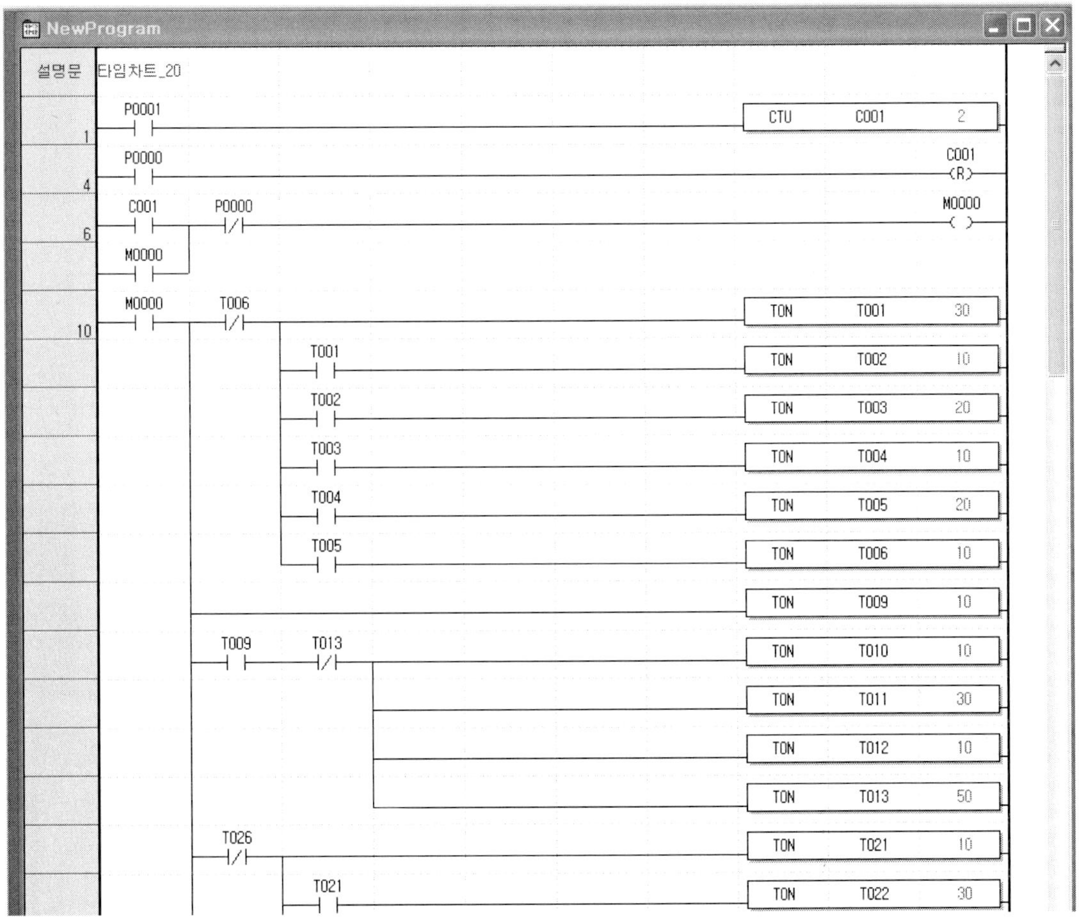
NewProgram
설명문 타임차트_20
P0001
CTU C001 2
P0000
C001
R
C001
P0000
M0000
M0000
M0000
T006
TON T001 30
T001
TON T002 10
T002
TON T003 20
T003
TON T004 10
T004
TON T005 20
T005
TON T006 10
TON T009 10
T009
T013
TON T010 10
TON T011 30
TON T012 10
TON T013 50
T026
TON T021 10
T021
TON T022 30

메모

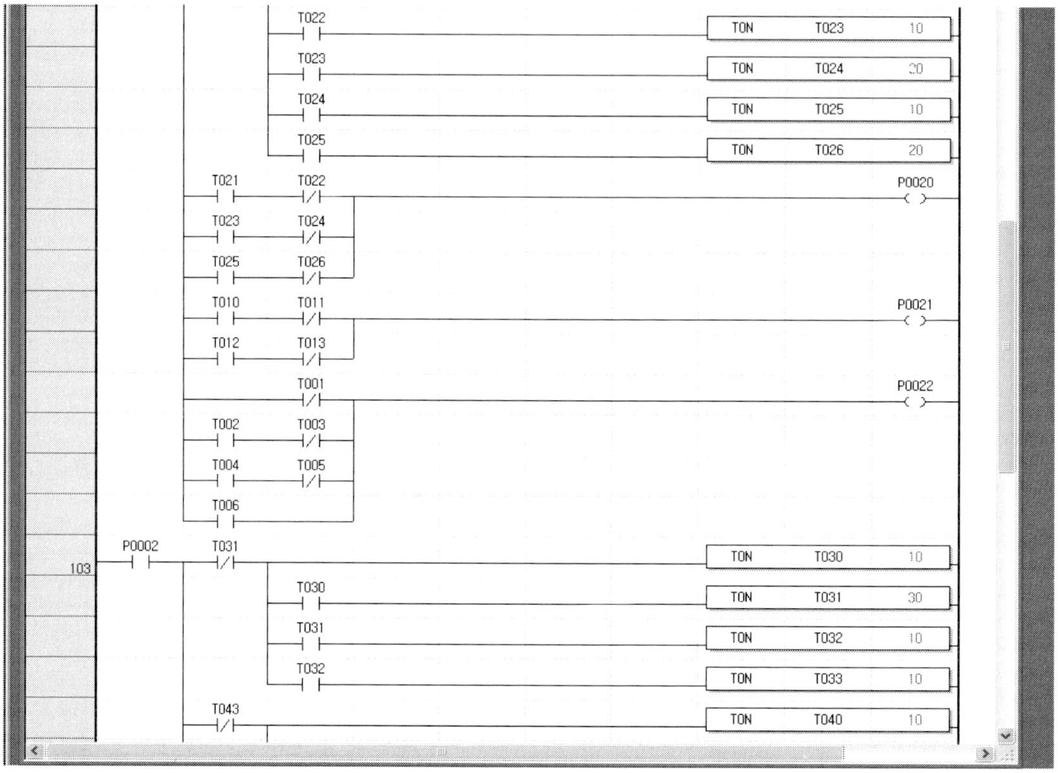
T022
TON T023 10
T023
TON T024 20
T024
TON T025 10
T025
TON T026 20
T021 T022
P0020
T023 T024
T025 T026
T010 T011
P0021
T012 T013
T001
P0022
T002 T003
T004 T005
T006
P0002 T031
103
TON T030 10
T030
TON T031 30
T031
TON T032 10
T032
TON T033 10
T043
TON T040 10

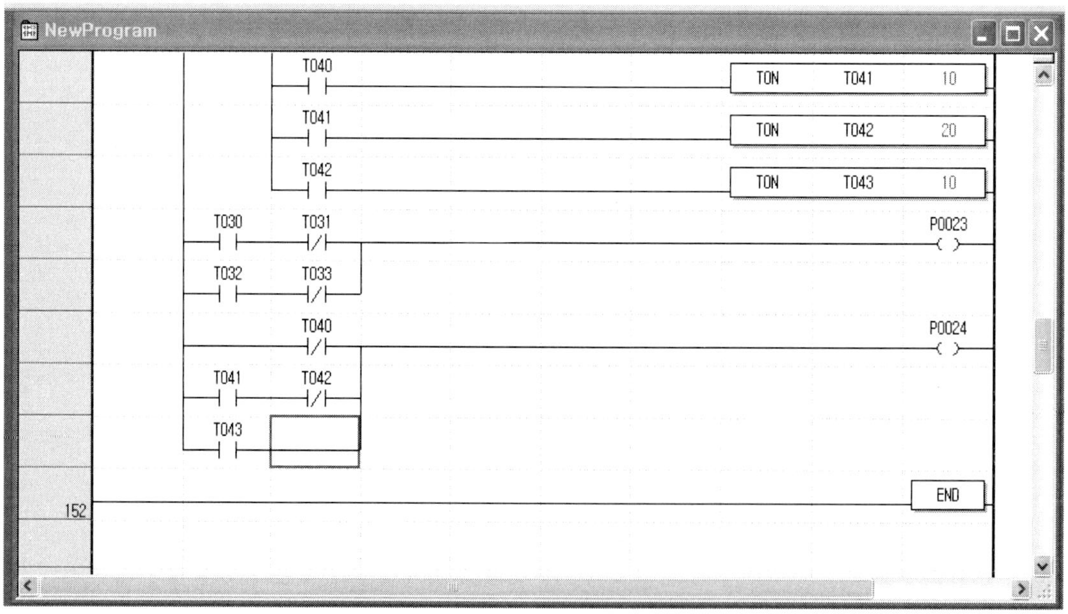
NewProgram
T040
TON T041 10
T041
TON T042 20
T042
TON T043 10
T030 T031
P0023
T032 T033
T040
P0024
T041 T042
T043
152
END

타임차트_21

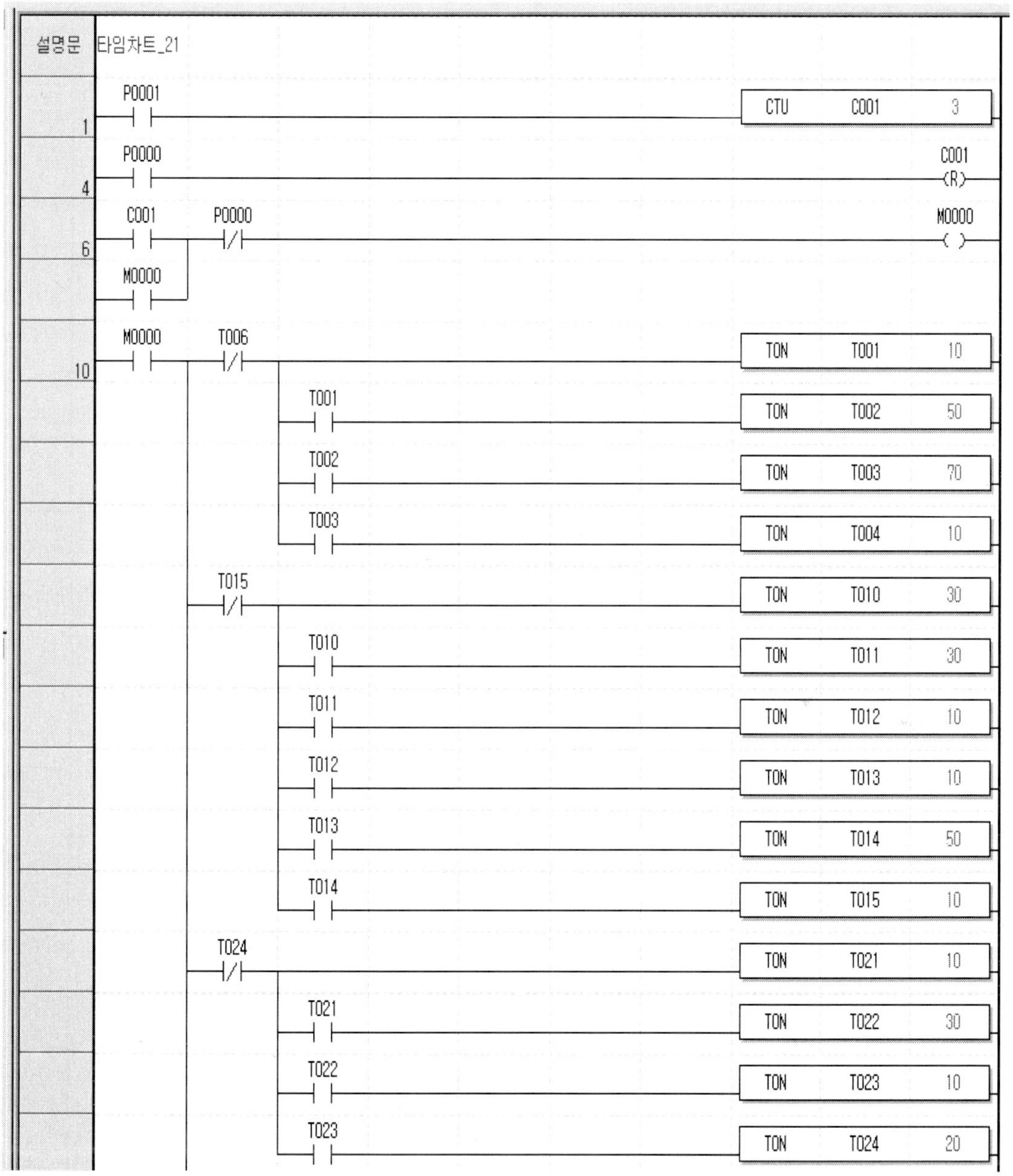
설명문 타임차트_21
P0001
1
CTU C001 3
P0000
4
C001
(R)
C001 P0000
6
M0000
( )
M0000
M0000 T006
10
TON T001 10
T001
TON T002 50
T002
TON T003 70
T003
TON T004 10
T015
TON T010 30
T010
TON T011 30
T011
TON T012 10
T012
TON T013 10
T013
TON T014 50
T014
TON T015 10
T024
TON T021 10
T021
TON T022 30
T022
TON T023 10
T023
TON T024 20

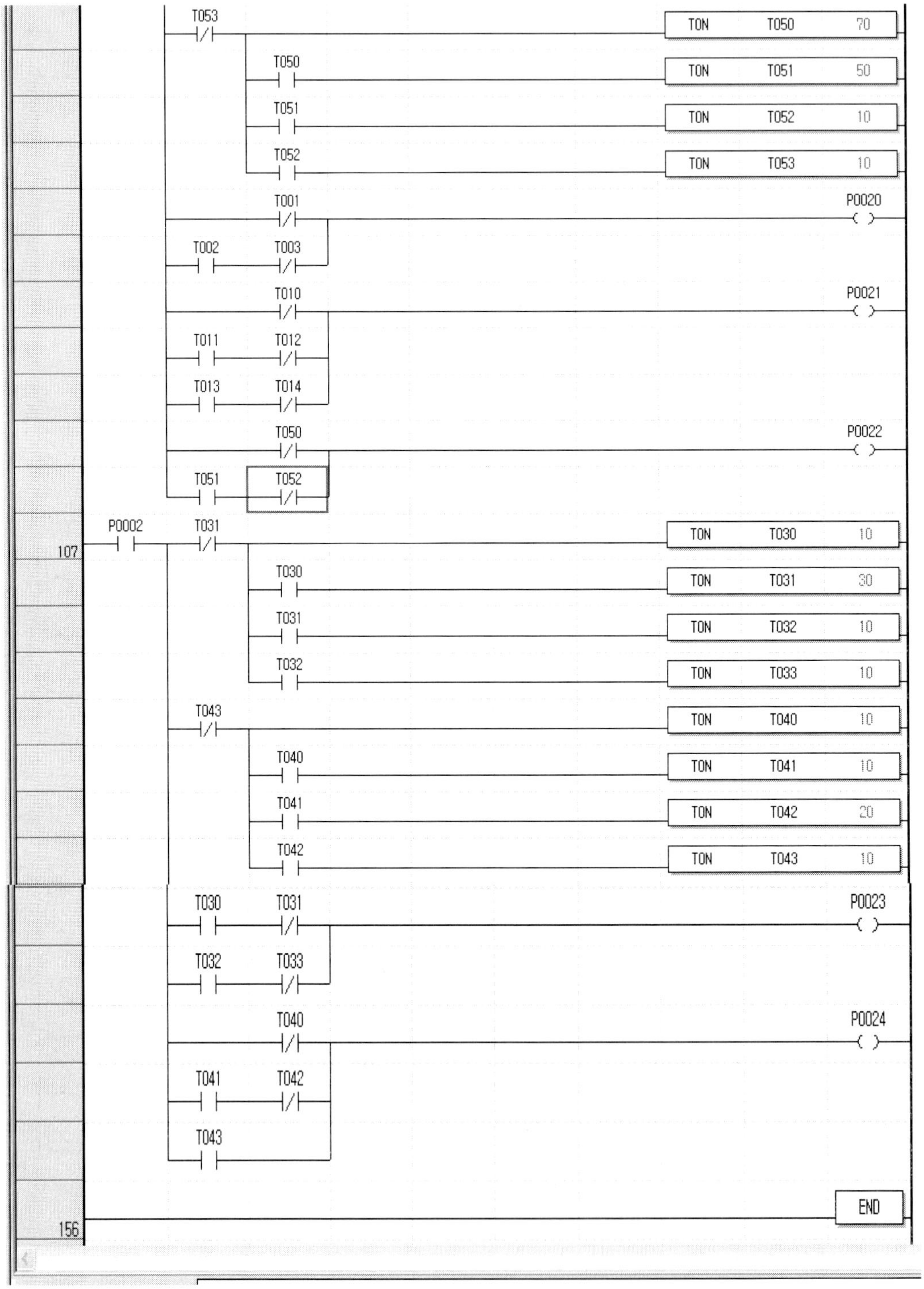
T053
TON T050 70
T050
TON T051 50
T051
TON T052 10
T052
TON T053 10
T001
P0020
T002
T003
T010
P0021
T011
T012
T013
T014
T050
P0022
T051
T052
107
P0002
T031
TON T030 10
T030
TON T031 30
T031
TON T032 10
T032
TON T033 10
T043
TON T040 10
T040
TON T041 10
T041
TON T042 20
T042
TON T043 10
T030
T031
P0023
T032
T033
T040
P0024
T041
T042
T043
156
END

타임차트_22

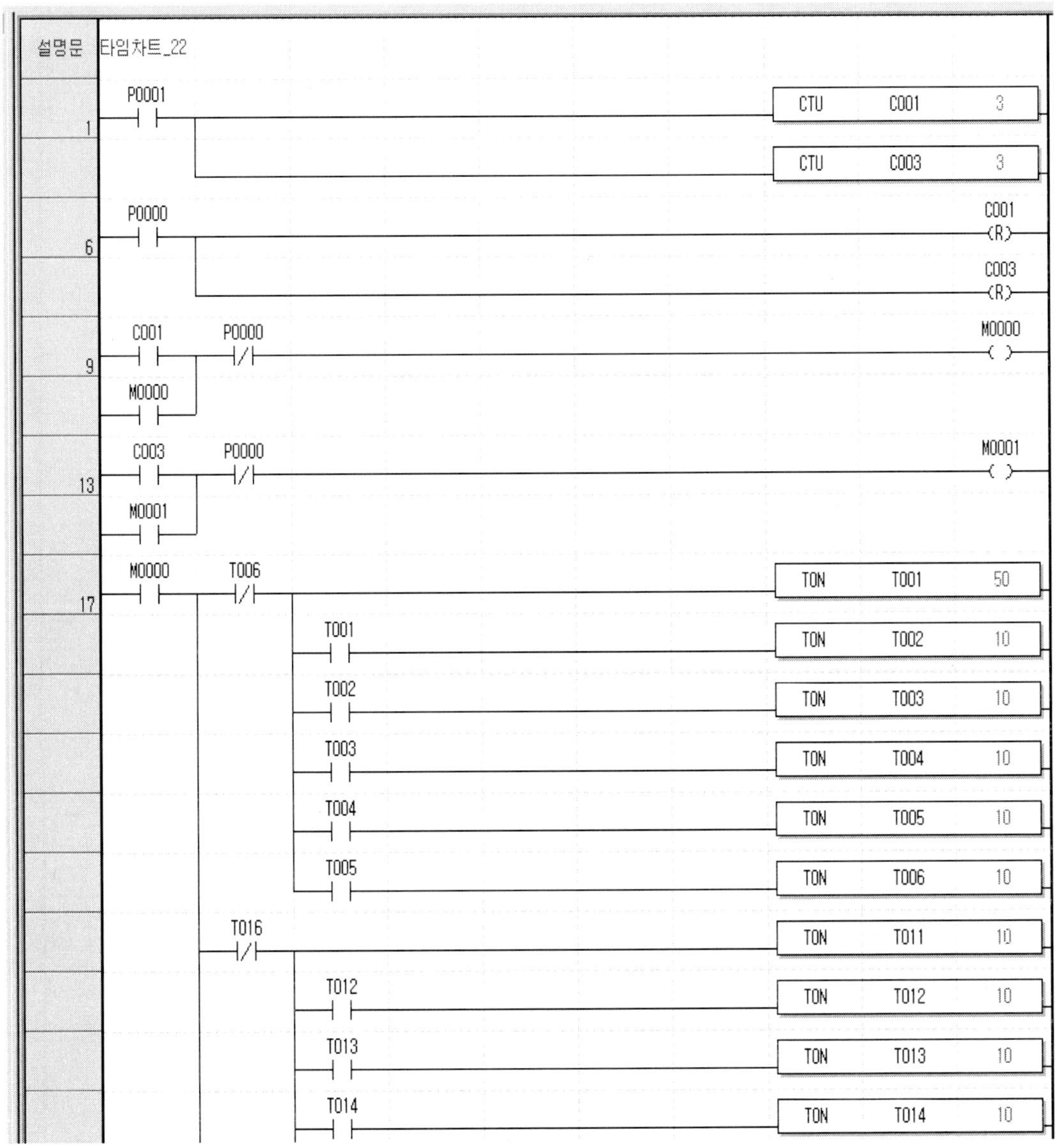
설명문 타임차트_22
P0001
CTU C001 3
CTU C003 3
P0000
C001
(R)
C003
(R)
C001 P0000
M0000
M0000
C003 P0000
M0001
M0001
M0000 T006
TON T001 50
T001
TON T002 10
T002
TON T003 10
T003
TON T004 10
T004
TON T005 10
T005
TON T006 10
T016
TON T011 10
T012
TON T012 10
T013
TON T013 10
T014
TON T014 10

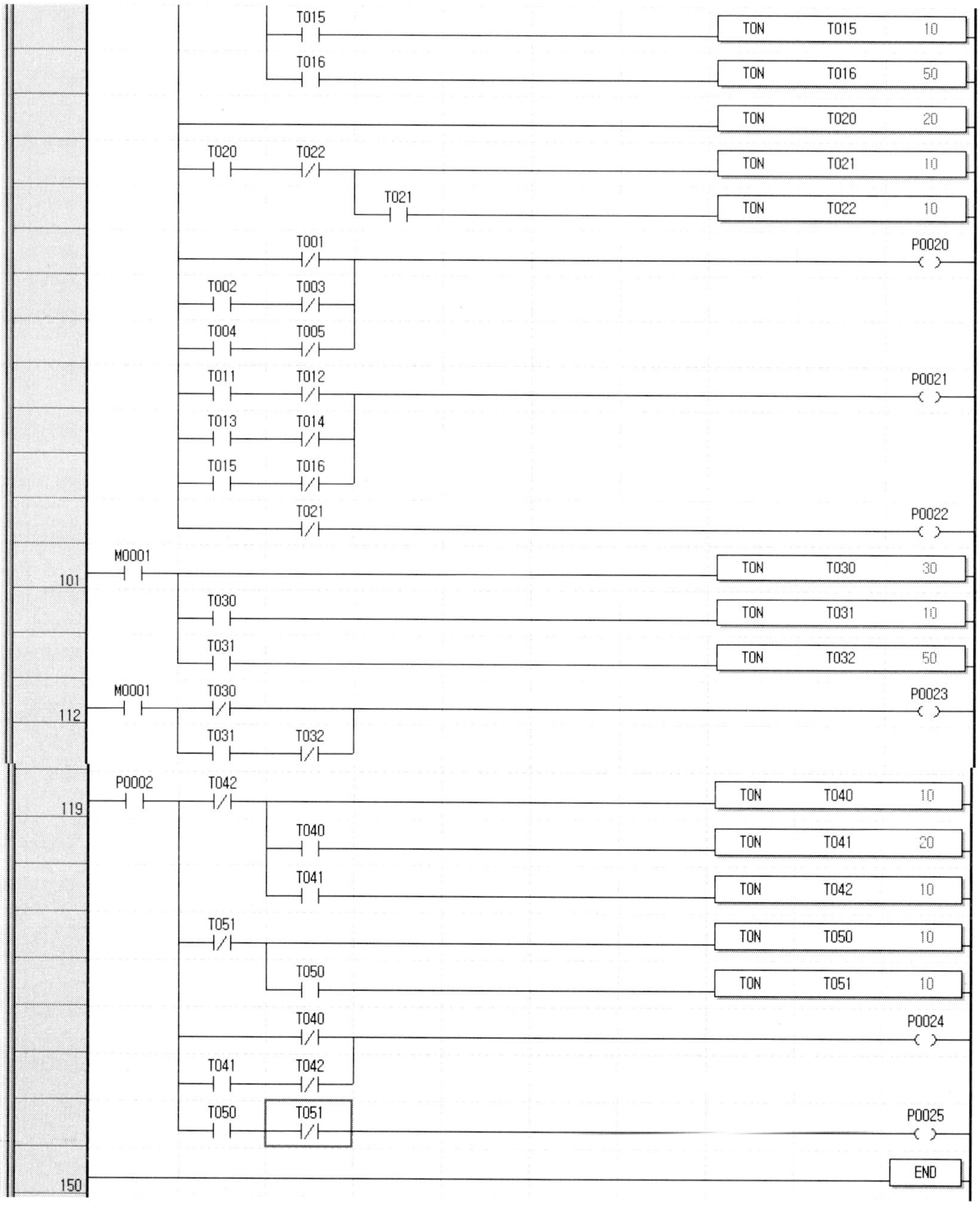
T015
TON T015 10
T016
TON T016 50
TON T020 20
T020 T022
TON T021 10
T021
TON T022 10
T001
P0020
T002 T003
T004 T005
T011 T012
P0021
T013 T014
T015 T016
T021
P0022
101
M0001
TON T030 30
T030
TON T031 10
T031
TON T032 50
112
M0001 T030
P0023
T031 T032
119
P0002 T042
TON T040 10
T040
TON T041 20
T041
TON T042 10
T051
TON T050 10
T050
TON T051 10
T040
P0024
T041 T042
T050 T051
P0025
150
END

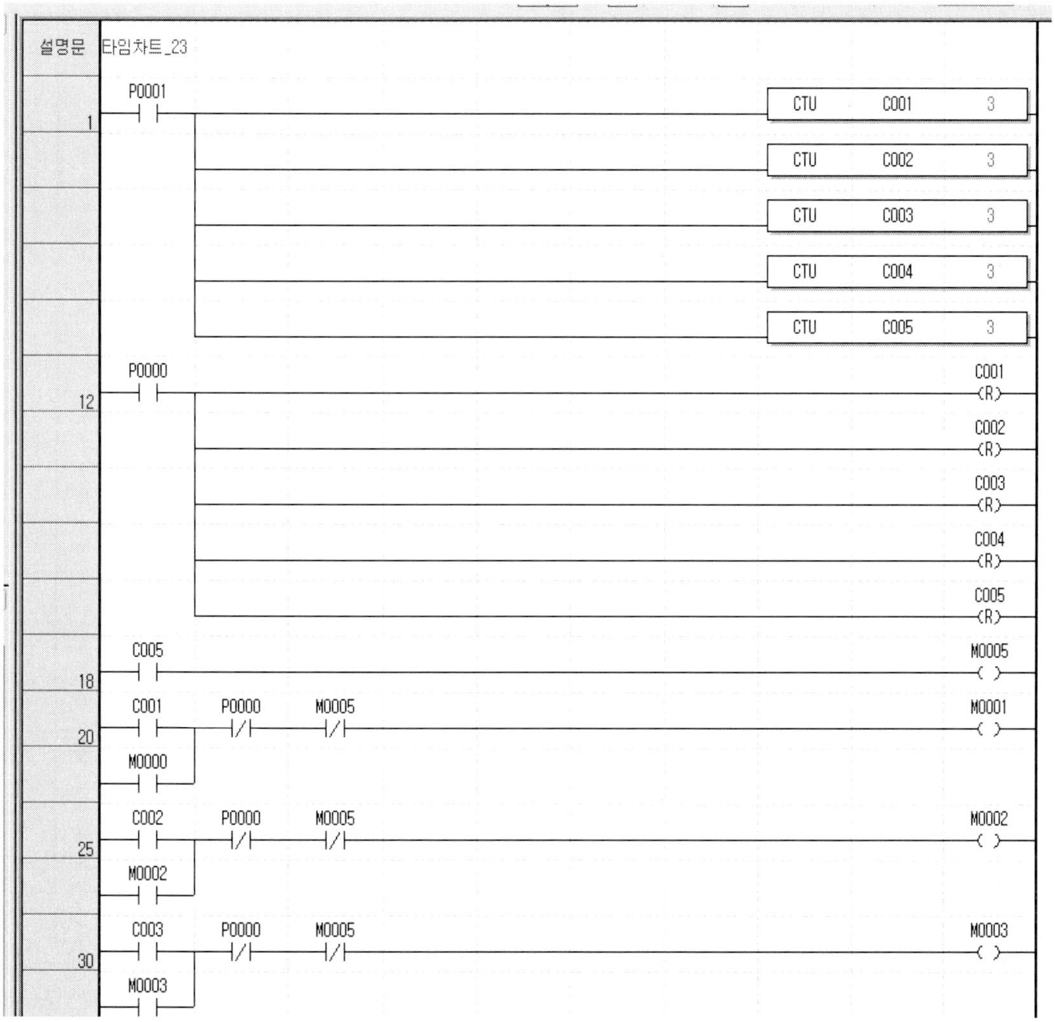
설명문 타임차트_23
P0001
1
CTU C001 3
CTU C002 3
CTU C003 3
CTU C004 3
CTU C005 3
P0000
12
C001 (R)
C002 (R)
C003 (R)
C004 (R)
C005 (R)
C005
18
M0005 ( )
C001 P0000 M0005
20
M0001 ( )
M0000
C002 P0000 M0005
25
M0002 ( )
M0002
C003 P0000 M0005
30
M0003 ( )
M0003

메 모

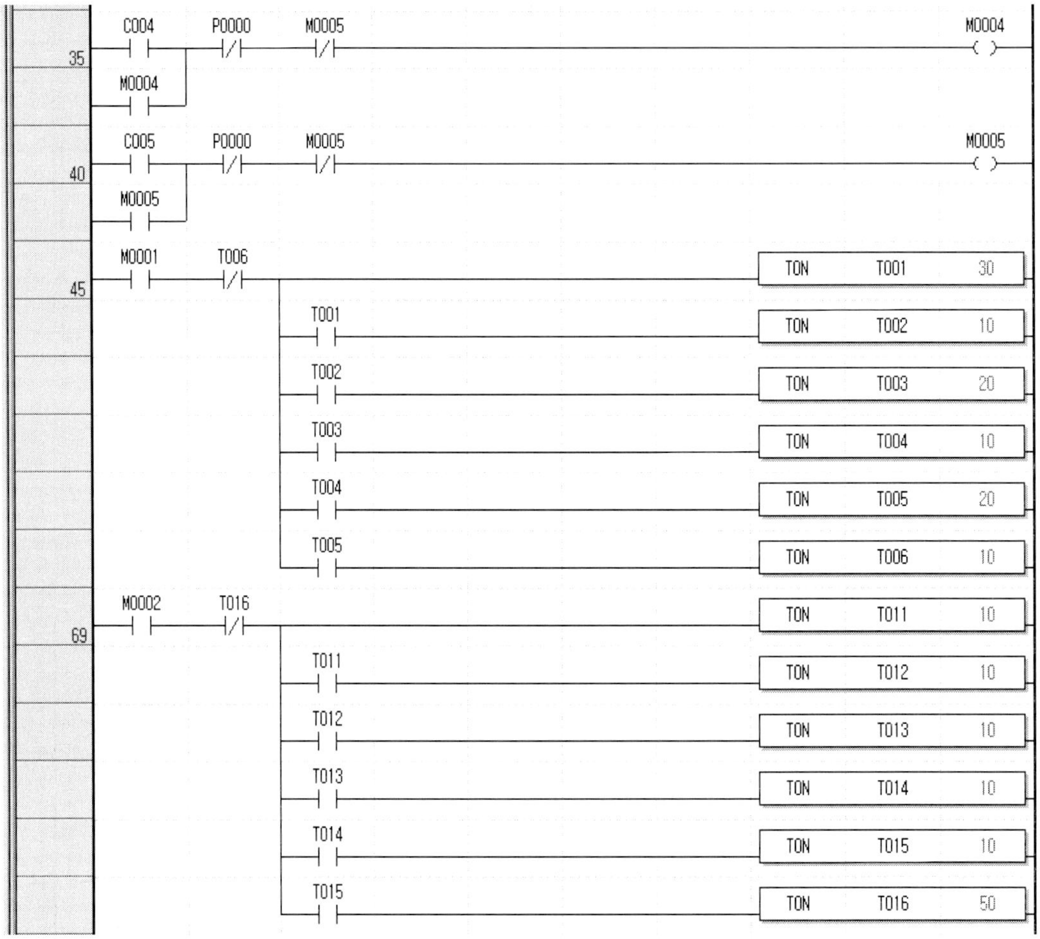
35
C004
P0000
M0005
M0004
M0004
40
C005
P0000
M0005
M0005
M0005
45
M0001
T006
TON T001 30
T001
TON T002 10
T002
TON T003 20
T003
TON T004 10
T004
TON T005 20
T005
TON T006 10
69
M0002
T016
TON T011 10
T011
TON T012 10
T012
TON T013 10
T013
TON T014 10
T014
TON T015 10
T015
TON T016 50

메 모

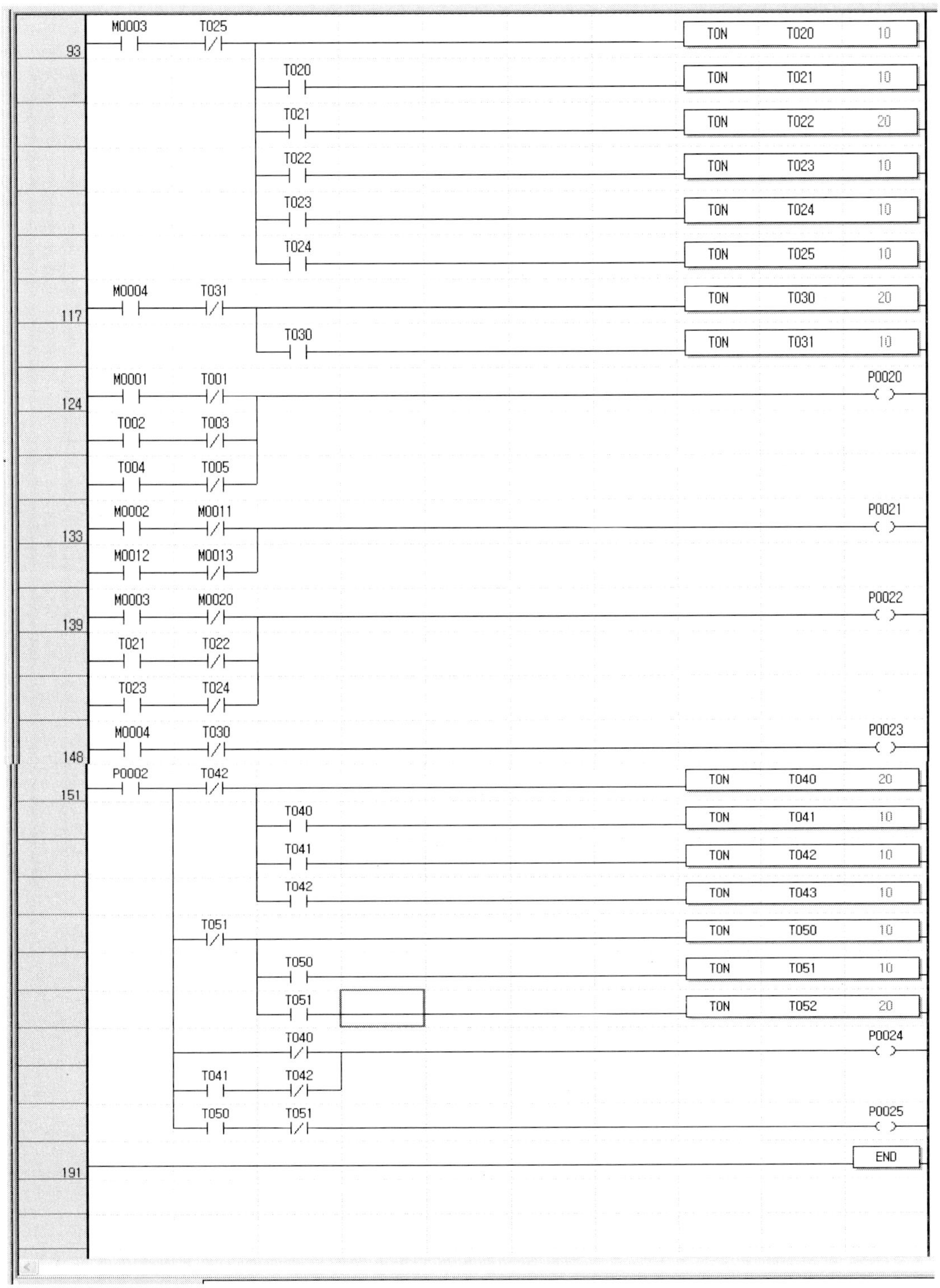
93
M0003
T025
TON T020 10
T020
TON T021 10
T021
TON T022 20
T022
TON T023 10
T023
TON T024 10
T024
TON T025 10
117
M0004
T031
TON T030 20
T030
TON T031 10
124
M0001
T001
P0020
T002
T003
T004
T005
133
M0002
M0011
P0021
M0012
M0013
139
M0003
M0020
P0022
T021
T022
T023
T024
148
M0004
T030
P0023
151
P0002
T042
TON T040 20
T040
TON T041 10
T041
TON T042 10
T042
TON T043 10
T051
TON T050 10
T050
TON T051 10
T051
TON T052 20
T040
P0024
T041
T042
T050
T051
P0025
191
END

타임차트_24

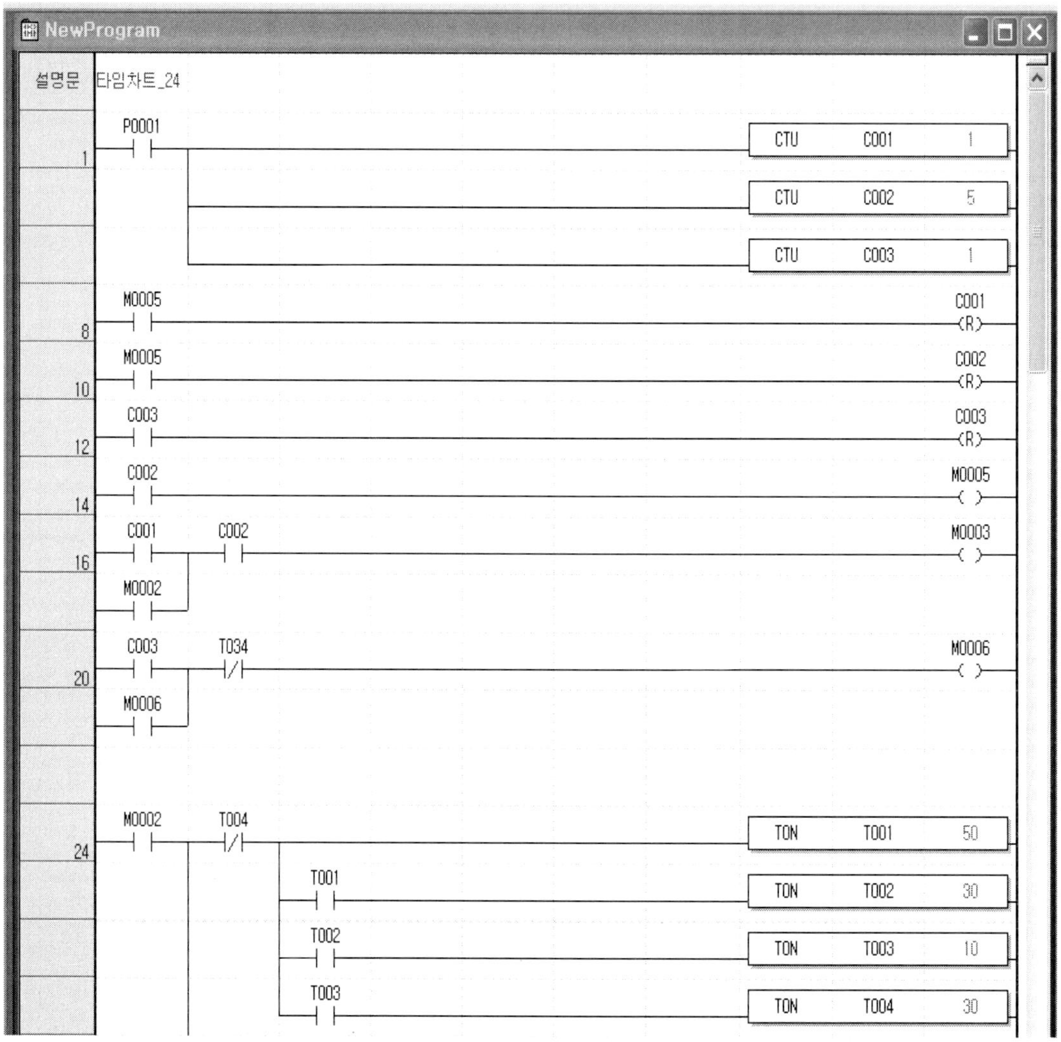
NewProgram
설명문 타임차트_24
P0001
CTU C001 1
CTU C002 5
CTU C003 1
M0005
C001 (R)
M0005
C002 (R)
C003
C003 (R)
C002
M0005
C001
C002
M0003
M0002
C003
T034
M0006
M0006
M0002
T004
TON T001 50
T001
TON T002 30
T002
TON T003 10
T003
TON T004 30

메 모

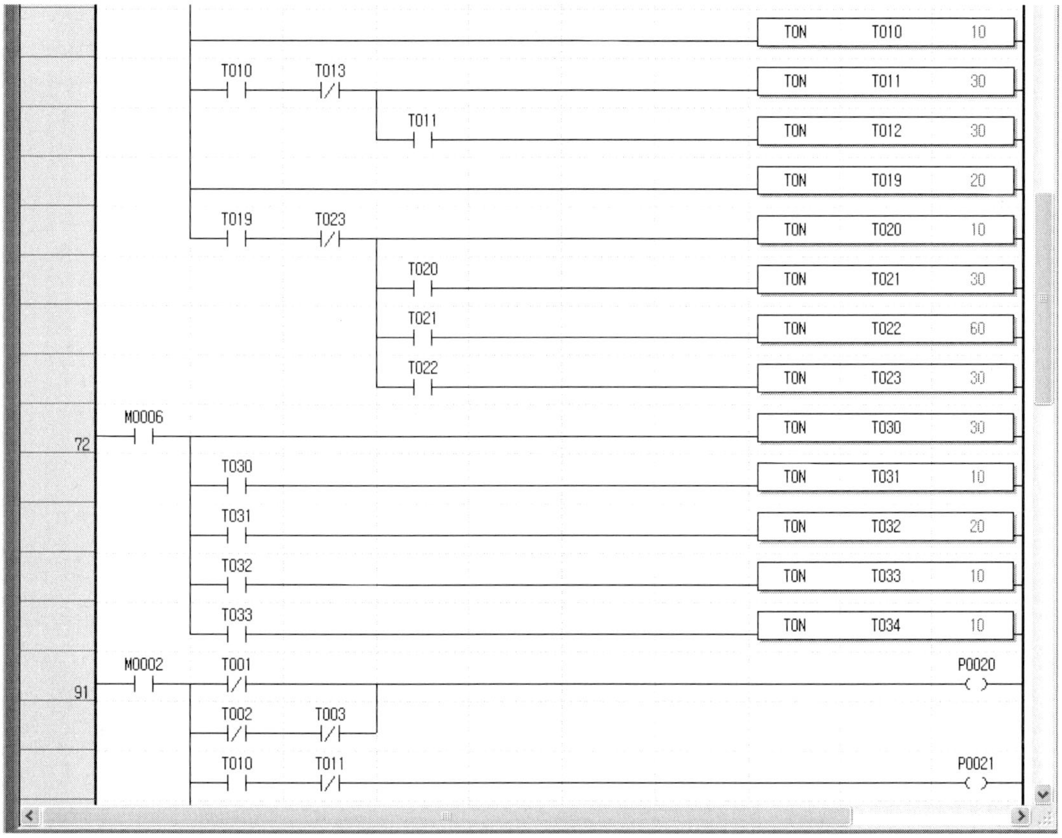
TON T010 10
T010 T013
TON T011 30
T011
TON T012 30
TON T019 20
T019 T023
TON T020 10
T020
TON T021 30
T021
TON T022 60
T022
TON T023 30
M0006
72
TON T030 30
T030
TON T031 10
T031
TON T032 20
T032
TON T033 10
T033
TON T034 10
M0002 T001
91
P0020
T002 T003
T010 T011
P0021

메 모

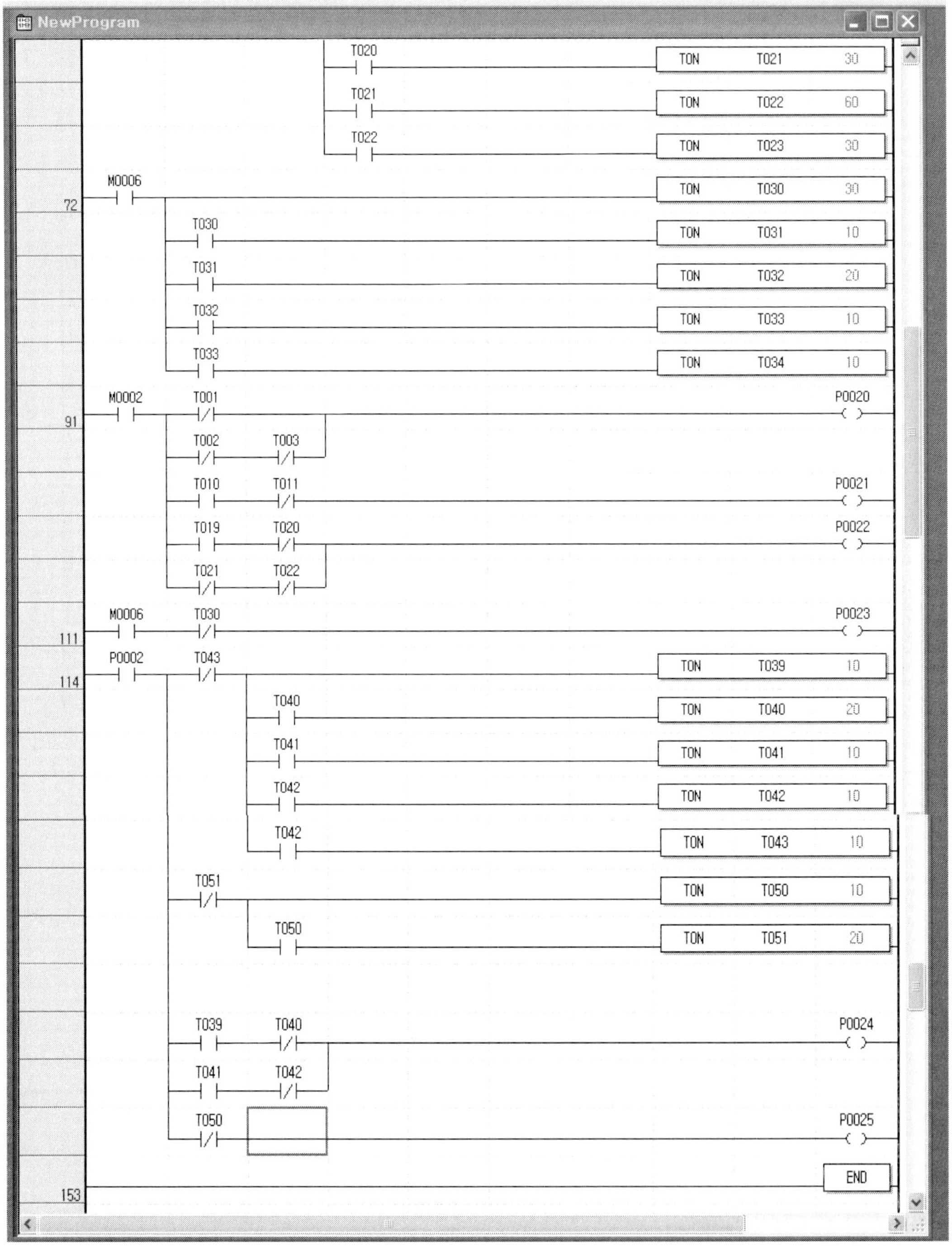
NewProgram
T020
TON T021 30
T021
TON T022 60
T022
TON T023 30
M0006
72
TON T030 30
T030
TON T031 10
T031
TON T032 20
T032
TON T033 10
T033
TON T034 10
M0002
T001
91
P0020
T002
T003
T010
T011
P0021
T019
T020
P0022
T021
T022
M0006
T030
111
P0023
P0002
T043
114
TON T039 10
T040
TON T040 20
T041
TON T041 10
T042
TON T042 10
T042
TON T043 10
T051
TON T050 10
T050
TON T051 20
T039
T040
P0024
T041
T042
T050
P0025
END
153

타임차트_25

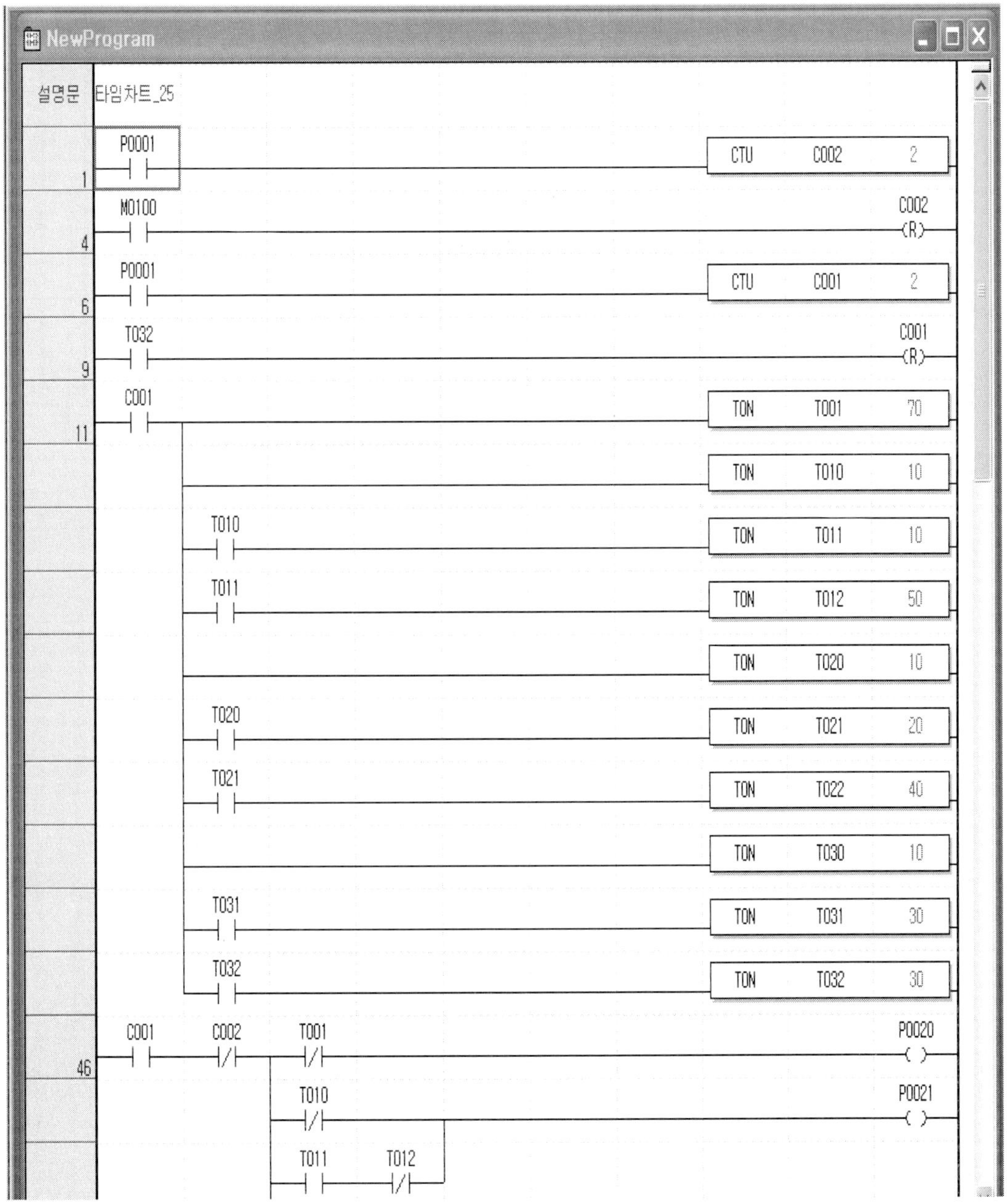
NewProgram
설명문 타임차트_25
P0001
CTU C002 2
M0100
C002
P0001
CTU C001 2
T032
C001
C001
TON T001 70
TON T010 10
T010
TON T011 10
T011
TON T012 50
TON T020 10
T020
TON T021 20
T021
TON T022 40
TON T030 10
T031
TON T031 30
T032
TON T032 30
C001 C002 T001
P0020
T010
P0021
T011 T012

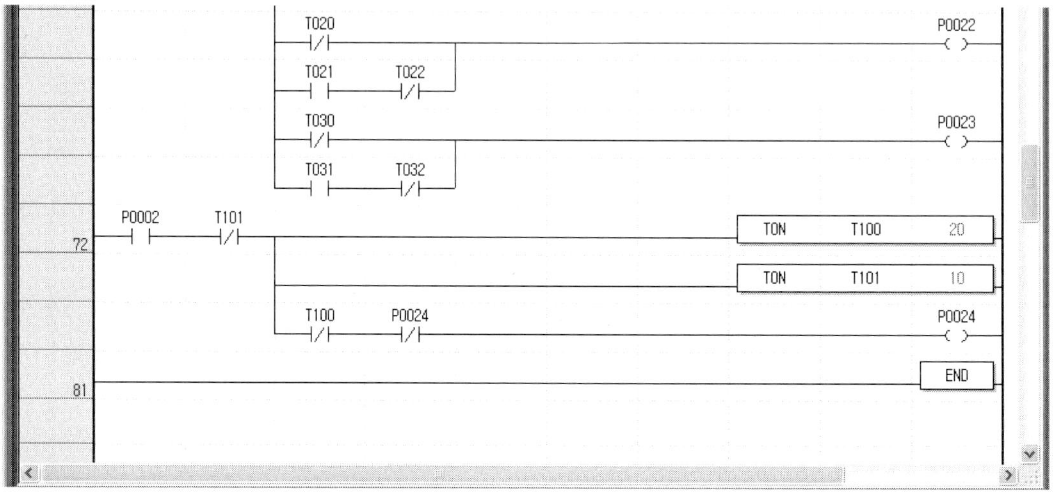
T020
P0022
T021
T022
T030
P0023
T031
T032
P0002
T101
72
TON T100 20
TON T101 10
T100
P0024
P0024
81
END

메 모

타임차트_26

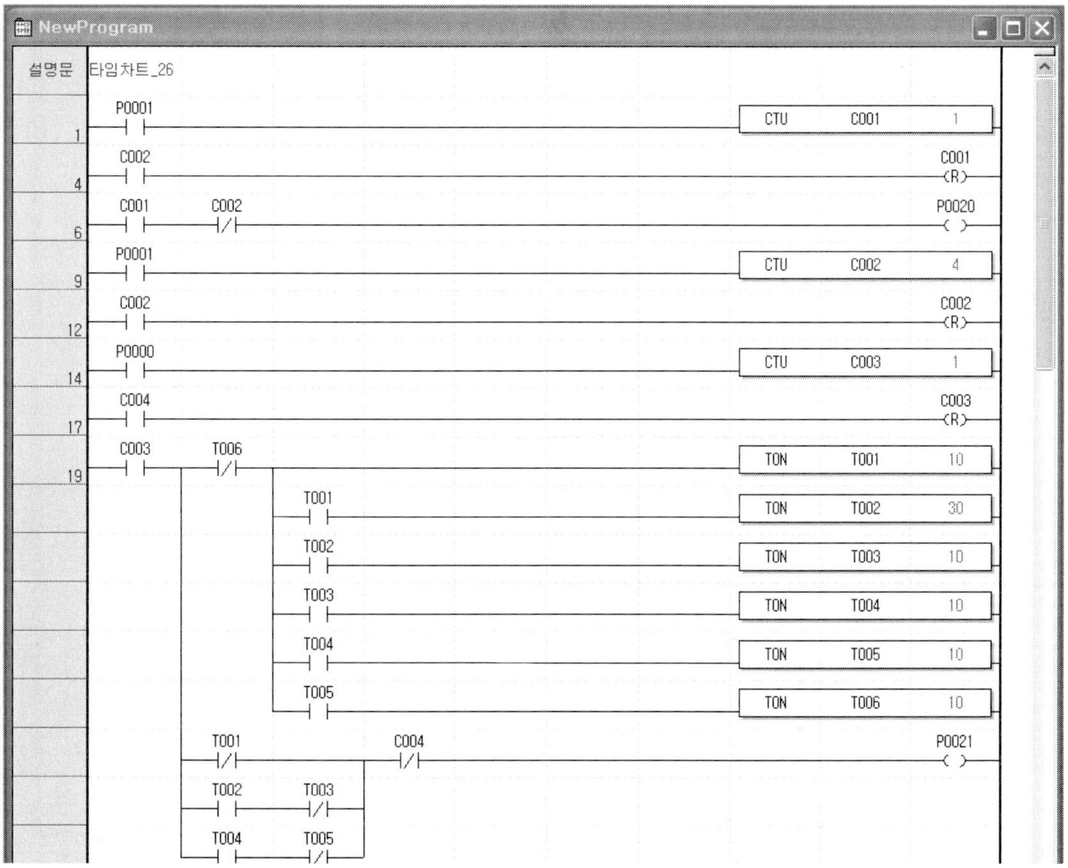
NewProgram
설명문 타임차트_26
P0001 CTU C001 1
C002 C001 (R)
C001 C002 P0020
P0001 CTU C002 4
C002 C002 (R)
P0000 CTU C003 1
C004 C003 (R)
C003 T006 TON T001 10
T001 TON T002 30
T002 TON T003 10
T003 TON T004 10
T004 TON T005 10
T005 TON T006 10
T001 C004 P0021
T002 T003
T004 T005

메 모

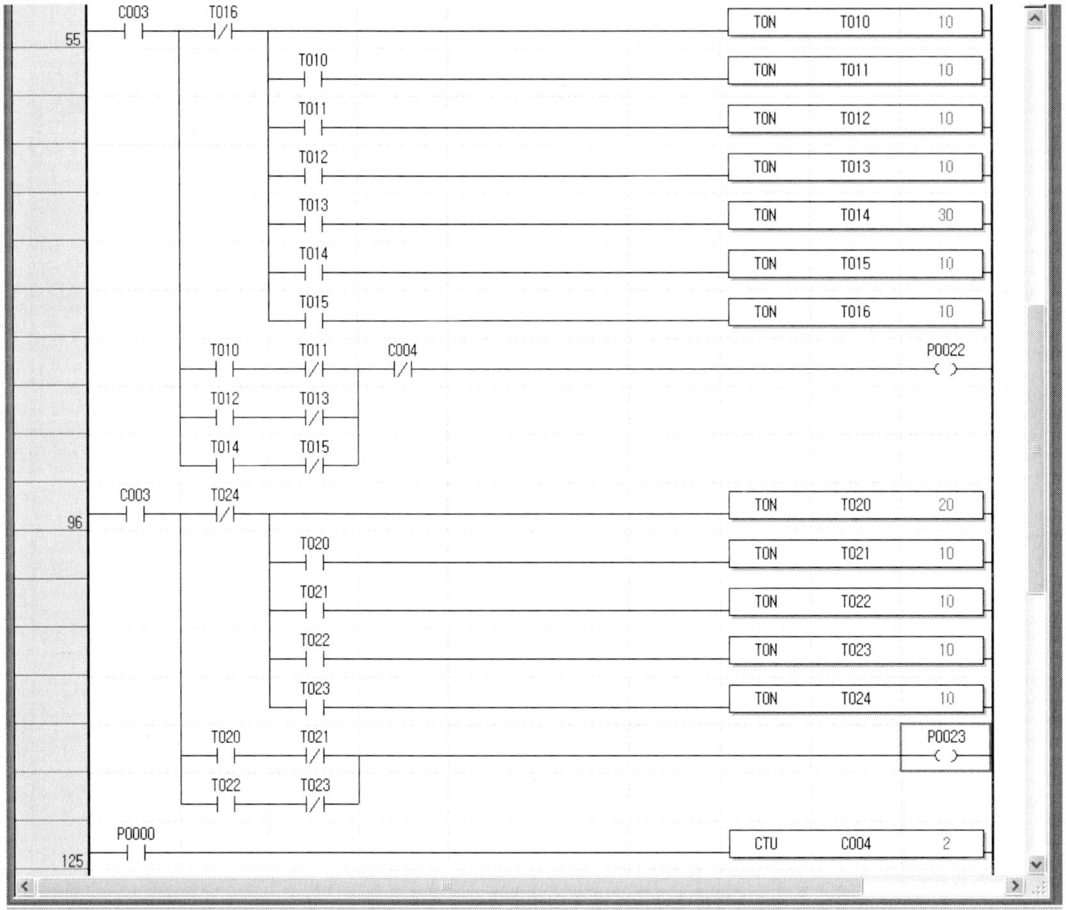

55
C003
T016
TON T010 10
T010
TON T011 10
T011
TON T012 10
T012
TON T013 10
T013
TON T014 30
T014
TON T015 10
T015
TON T016 10
T010
T011
C004
P0022
T012
T013
T014
T015
96
C003
T024
TON T020 20
T020
TON T021 10
T021
TON T022 10
T022
TON T023 10
T023
TON T024 10
T020
T021
P0023
T022
T023
125
P0000
CTU C004 2

메 모

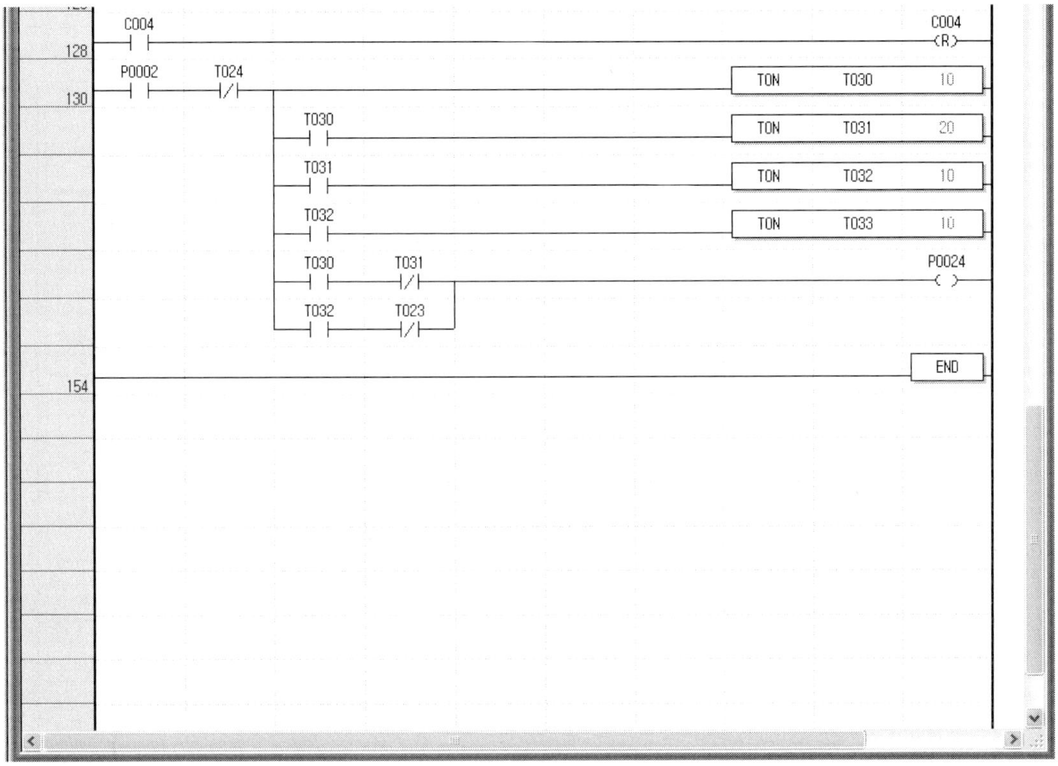
C004
128
C004
R
P0002
T024
130
TON T030 10
T030
TON T031 20
T031
TON T032 10
T032
TON T033 10
T030
T031
P0024
T032
T023
END
154

메 모

타임차트_27

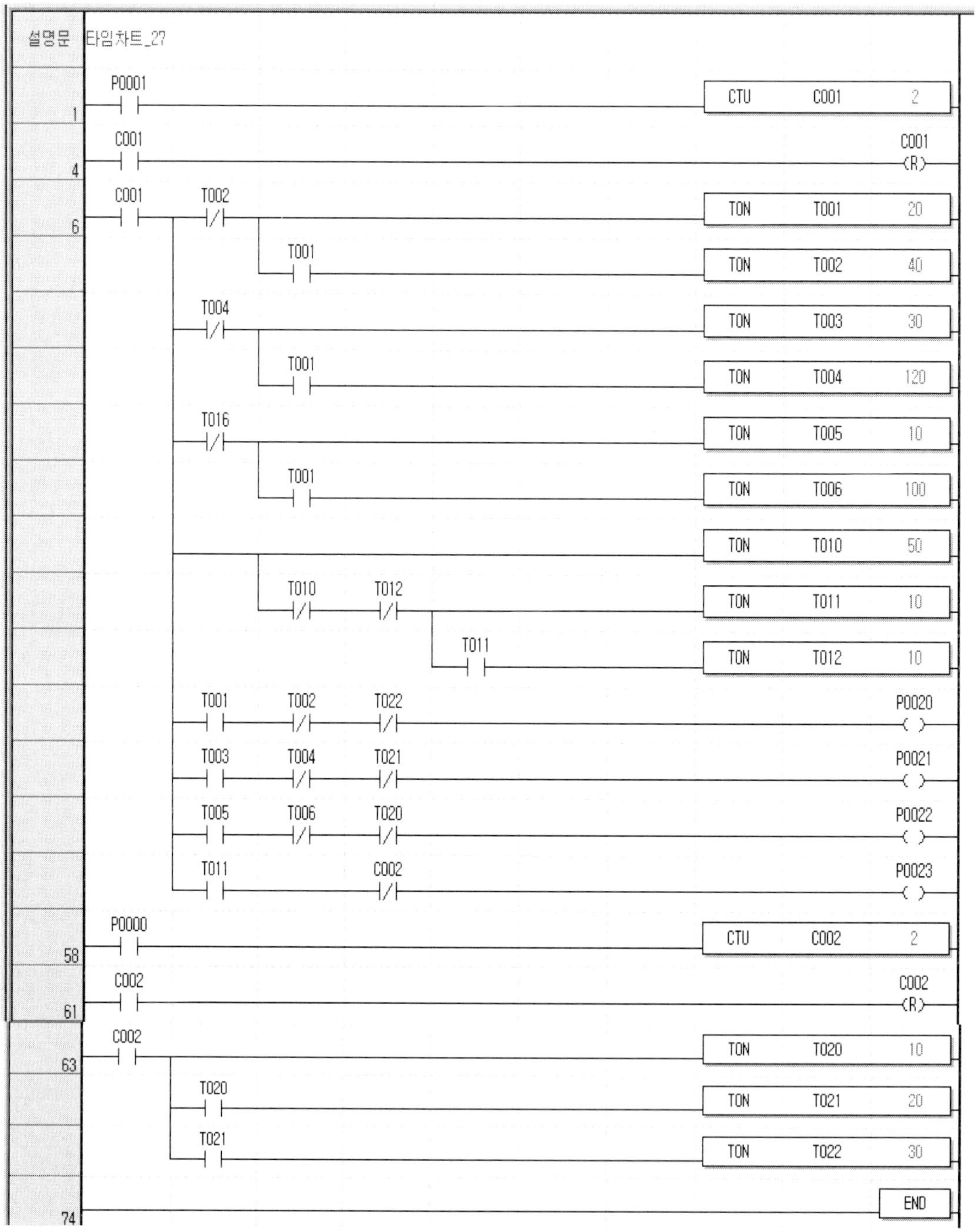
설명문 타임차트_27
1 P0001 CTU C001 2
4 C001 C001 (R)
6 C001 T002 TON T001 20
T001 TON T002 40
T004 TON T003 30
T001 TON T004 120
T016 TON T005 10
T001 TON T006 100
TON T010 50
T010 T012 TON T011 10
T011 TON T012 10
T001 T002 T022 P0020
T003 T004 T021 P0021
T005 T006 T020 P0022
T011 C002 P0023
58 P0000 CTU C002 2
61 C002 C002 (R)
63 C002 TON T020 10
T020 TON T021 20
T021 TON T022 30
74 END

타임차트_28

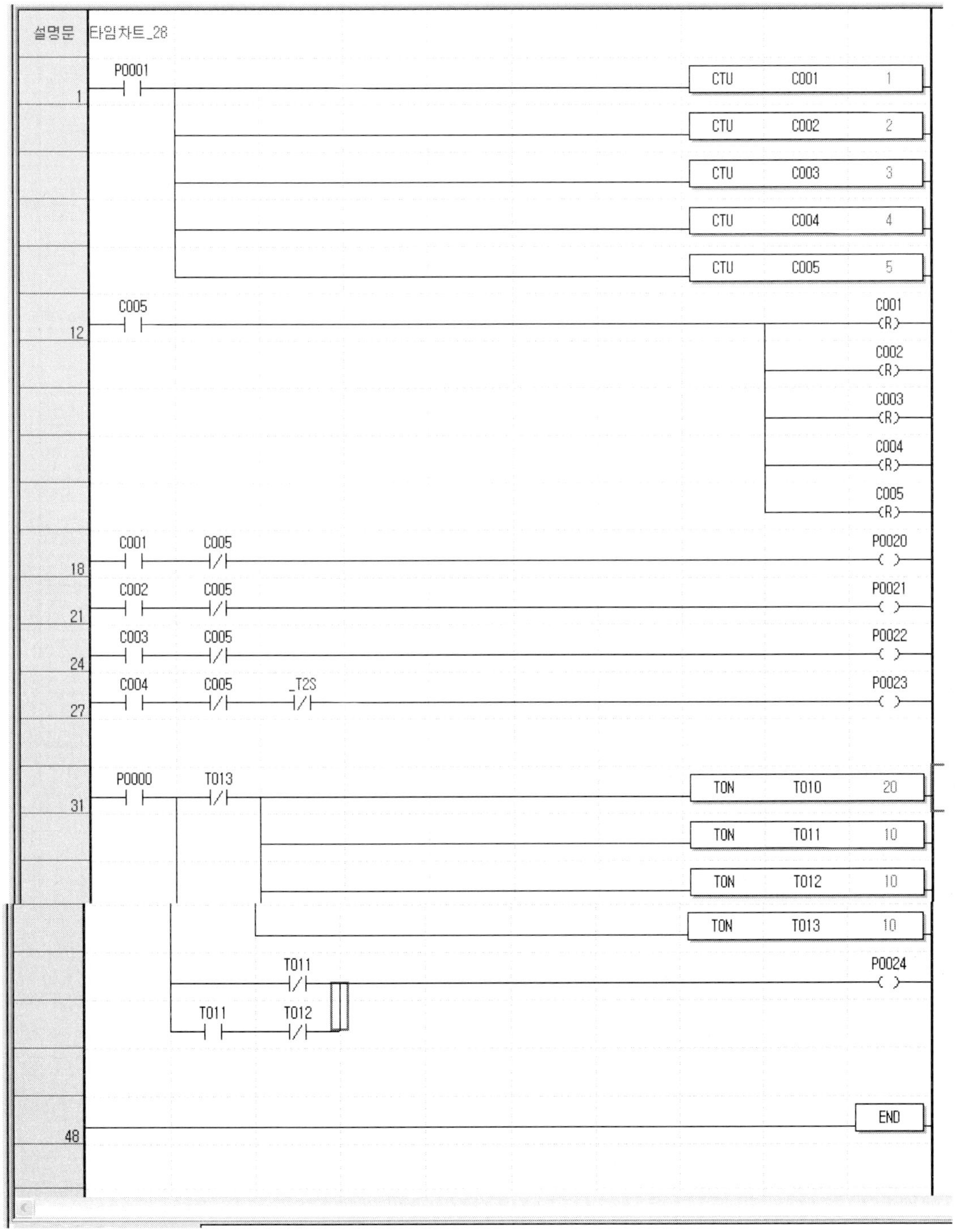
설명문 타임차트_28
P0001
CTU C001 1
CTU C002 2
CTU C003 3
CTU C004 4
CTU C005 5
C005
C001 (R)
C002 (R)
C003 (R)
C004 (R)
C005 (R)
C001 C005 P0020
C002 C005 P0021
C003 C005 P0022
C004 C005 _T2S P0023
P0000 T013
TON T010 20
TON T011 10
TON T012 10
TON T013 10
T011 P0024
T011 T012
END
1
12
18
21
24
27
31
48

타임차트_29

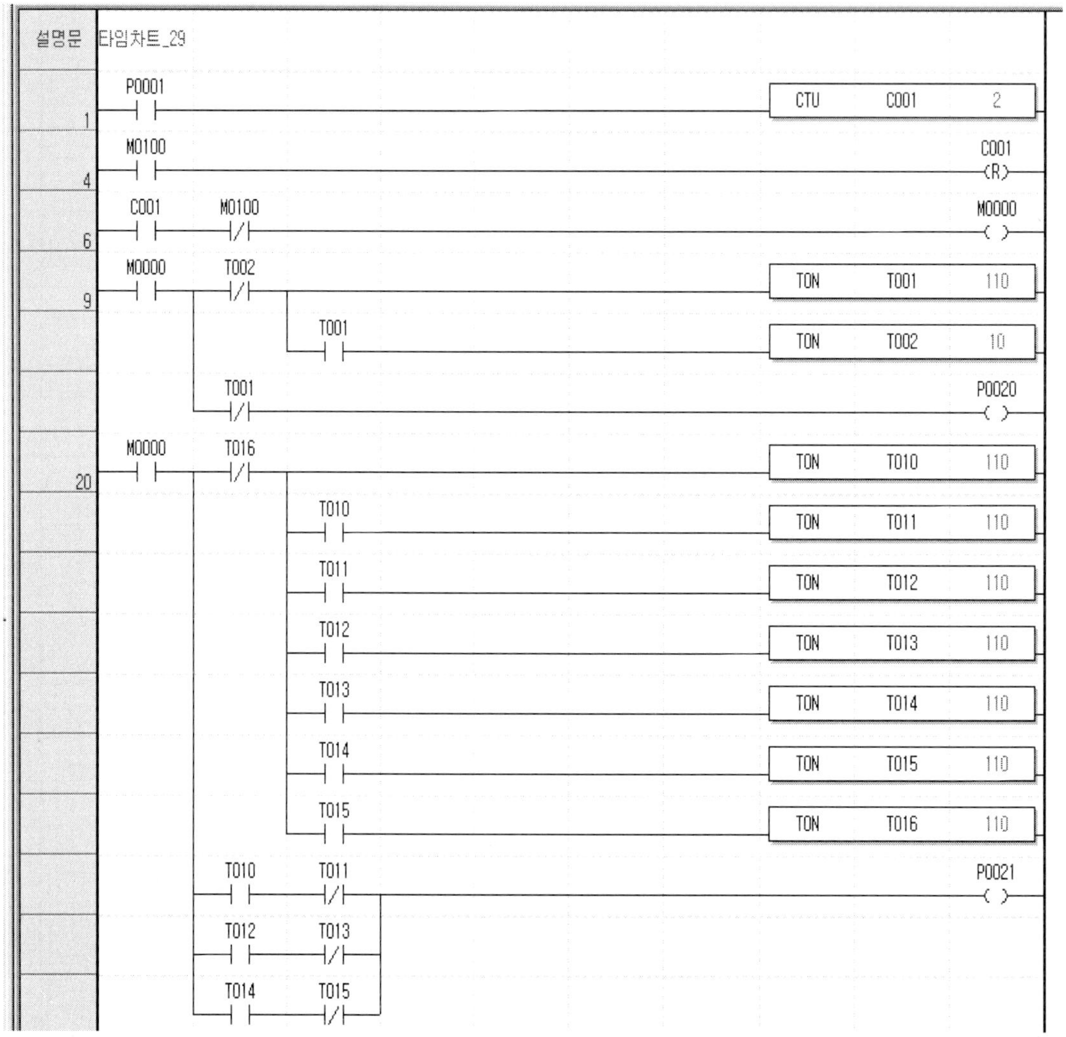
설명문 타임차트_29
1
P0001
CTU C001 2
4
M0100
C001
(R)
6
C001 M0100
M0000
9
M0000 T002
TON T001 110
T001
TON T002 10
T001
P0020
20
M0000 T016
TON T010 110
T010
TON T011 110
T011
TON T012 110
T012
TON T013 110
T013
TON T014 110
T014
TON T015 110
T015
TON T016 110
T010 T011
P0021
T012 T013
T014 T015

메 모

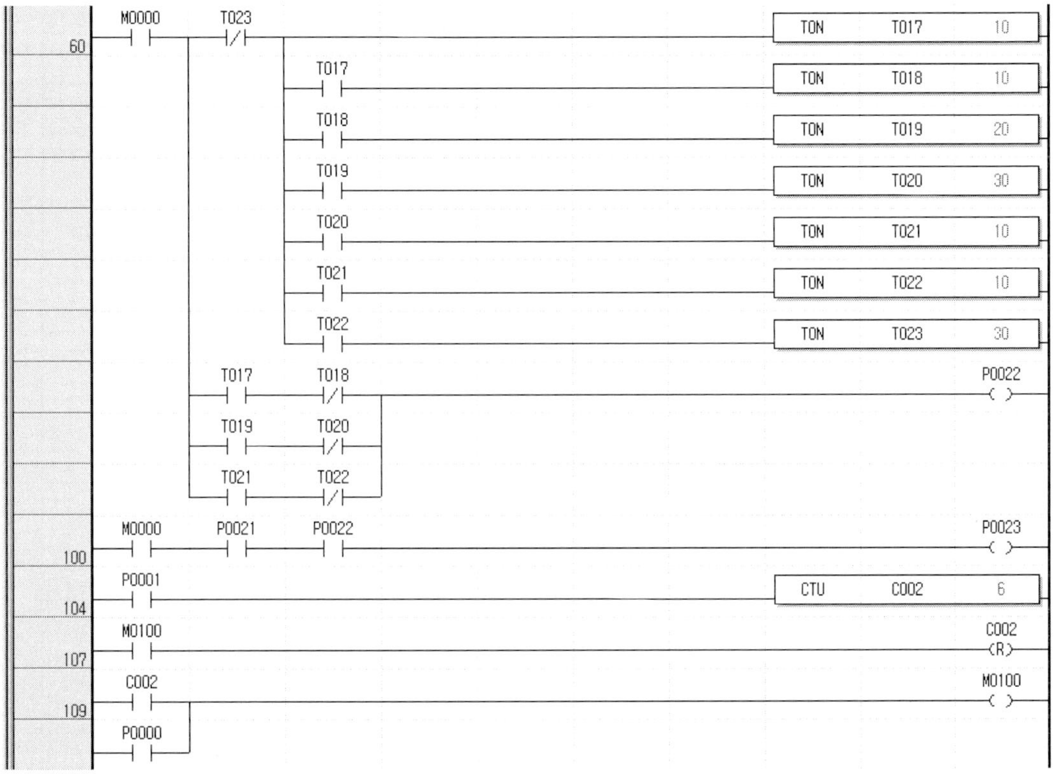
60
M0000
T023
TON T017 10
T017
TON T018 10
T018
TON T019 20
T019
TON T020 30
T020
TON T021 10
T021
TON T022 10
T022
TON T023 30
T017
T018
P0022
T019
T020
T021
T022
100
M0000
P0021
P0022
P0023
104
P0001
CTU C002 6
107
M0100
C002
R
109
C002
M0100
P0000

메 모

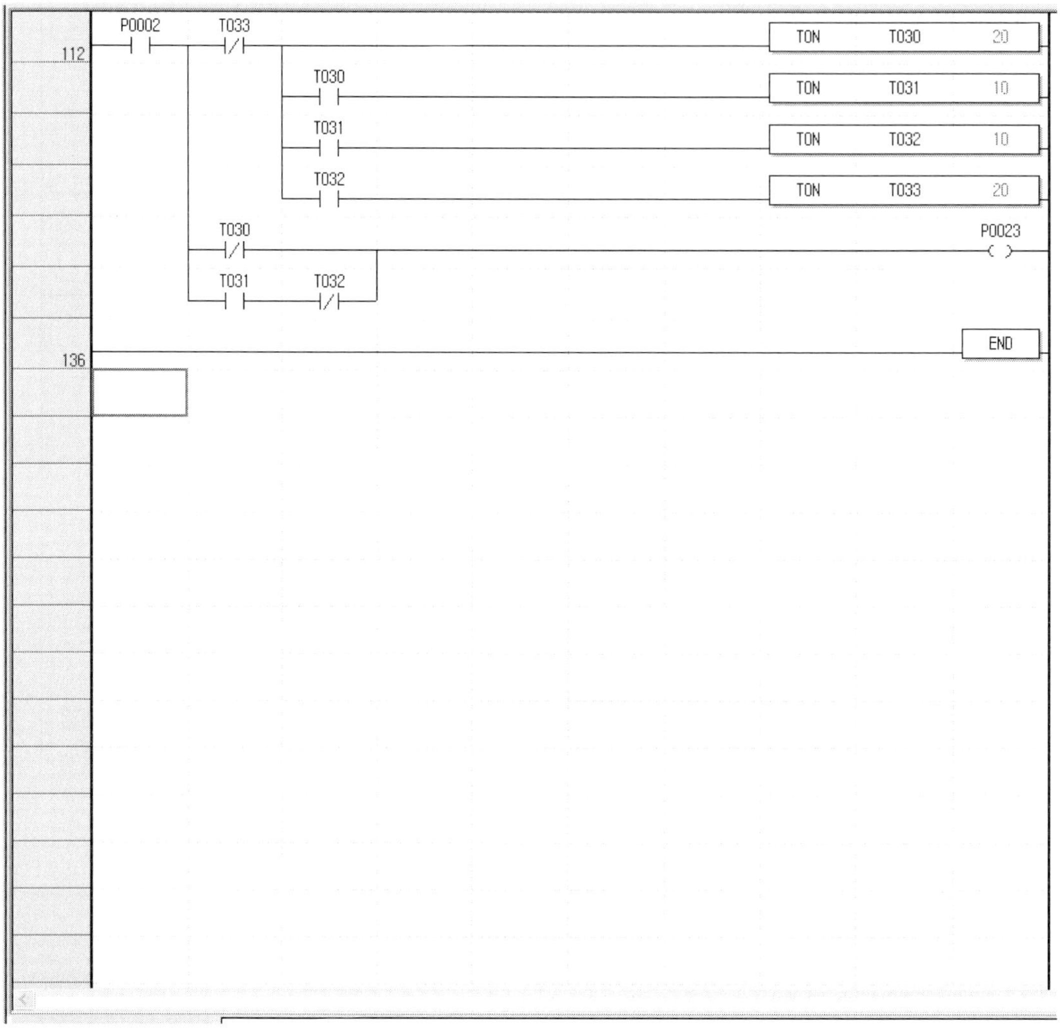
112
P0002
T033
TON T030 20
T030
TON T031 10
T031
TON T032 10
T032
TON T033 20
T030
P0023
T031
T032
136
END

메 모

타임차트_30

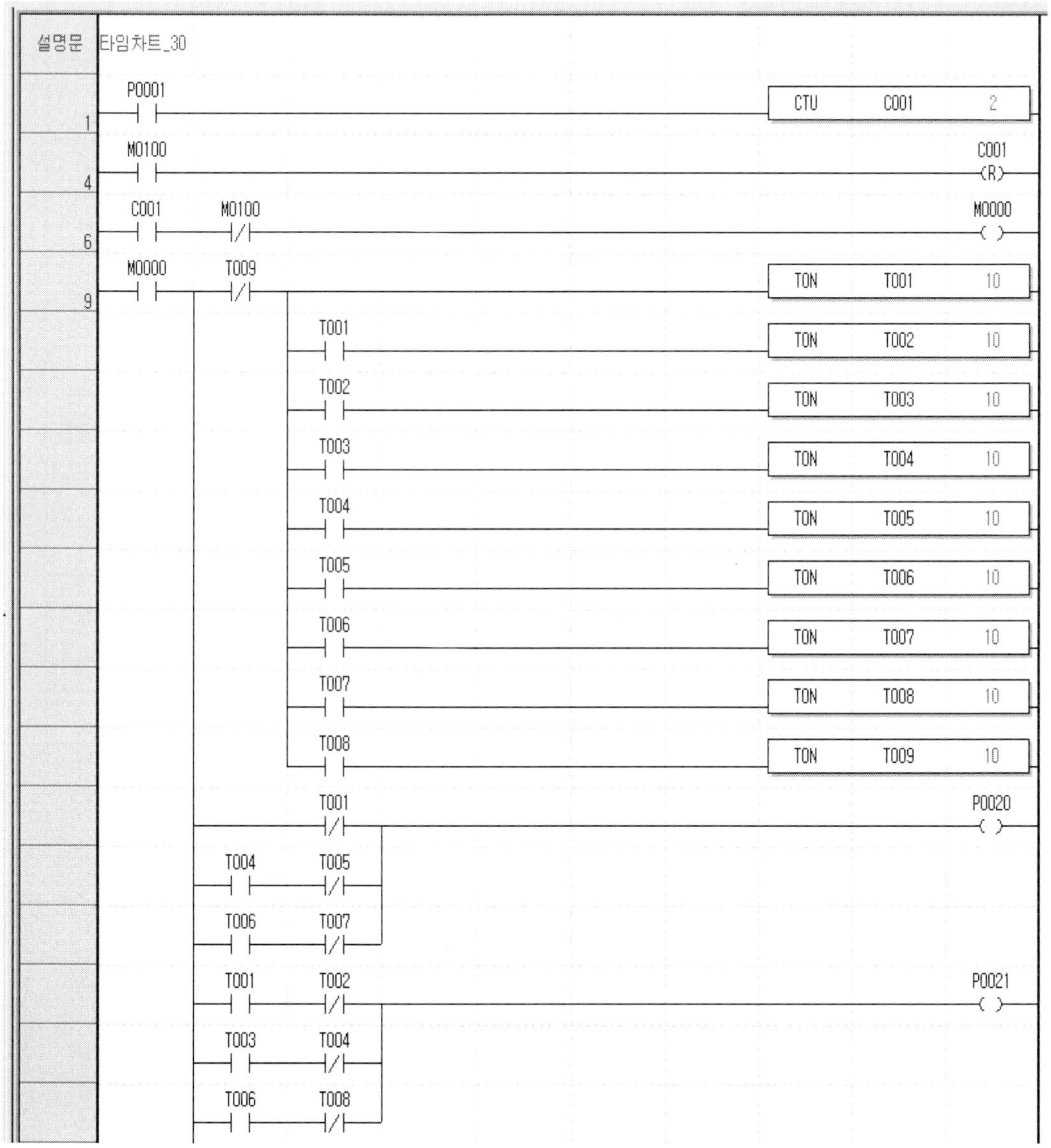
설명문 타임차트_30
P0001
CTU C001 2
M0100
C001
(R)
C001 M0100
M0000
M0000 T009
TON T001 10
T001
TON T002 10
T002
TON T003 10
T003
TON T004 10
T004
TON T005 10
T005
TON T006 10
T006
TON T007 10
T007
TON T008 10
T008
TON T009 10
T001
P0020
T004 T005
T006 T007
T001 T002
P0021
T003 T004
T006 T008
1
4
6
9

메 모

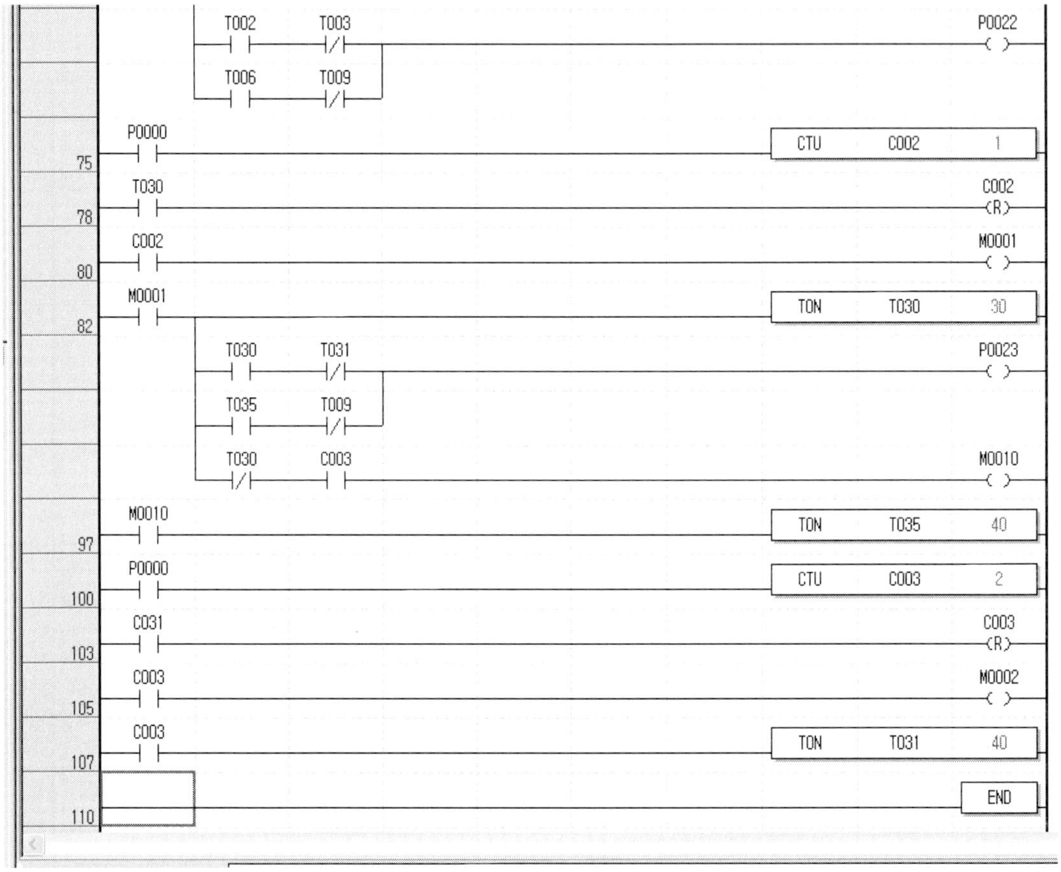
T002
T003
P0022
T006
T009
P0000
75
CTU
C002
1
T030
78
C002
C002
80
M0001
M0001
82
TON
T030
30
T030
T031
P0023
T035
T009
T030
C003
M0010
M0010
97
TON
T035
40
P0000
100
CTU
C003
2
C031
103
C003
C003
105
M0002
C003
107
TON
T031
40
110
END

메 모

타임차트_31

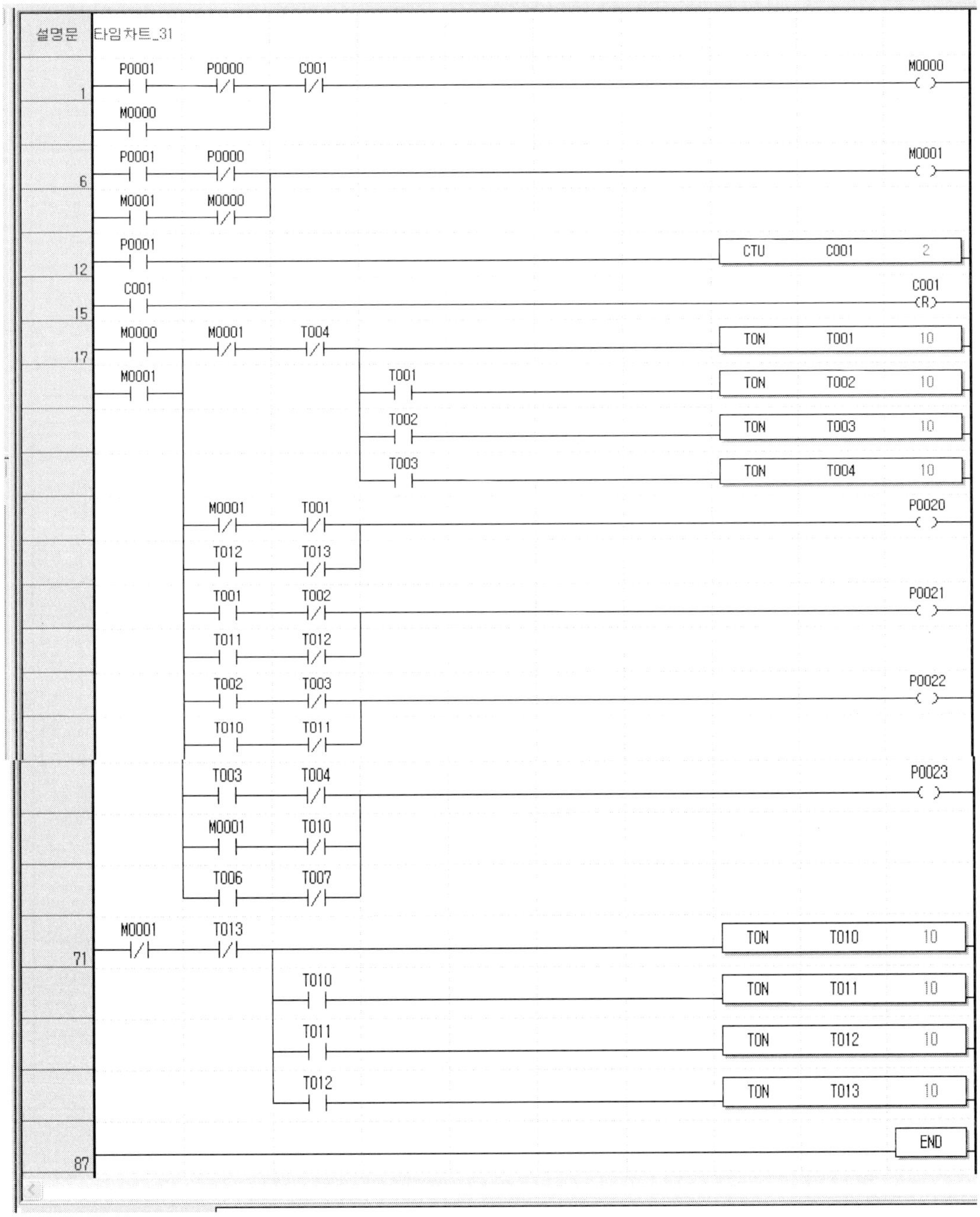
설명문
타임차트_31
P0001
P0000
C001
M0000
1
M0000
P0001
P0000
M0001
6
M0001
M0000
P0001
12
CTU
C001
2
C001
15
C001
(R)
M0000
M0001
T004
17
TON
T001
10
M0001
T001
TON
T002
10
T002
TON
T003
10
T003
TON
T004
10
M0001
T001
P0020
T012
T013
T001
T002
P0021
T011
T012
T002
T003
P0022
T010
T011
T003
T004
P0023
M0001
T010
T006
T007
M0001
T013
71
TON
T010
10
T010
TON
T011
10
T011
TON
T012
10
T012
TON
T013
10
87
END

타임차트_32

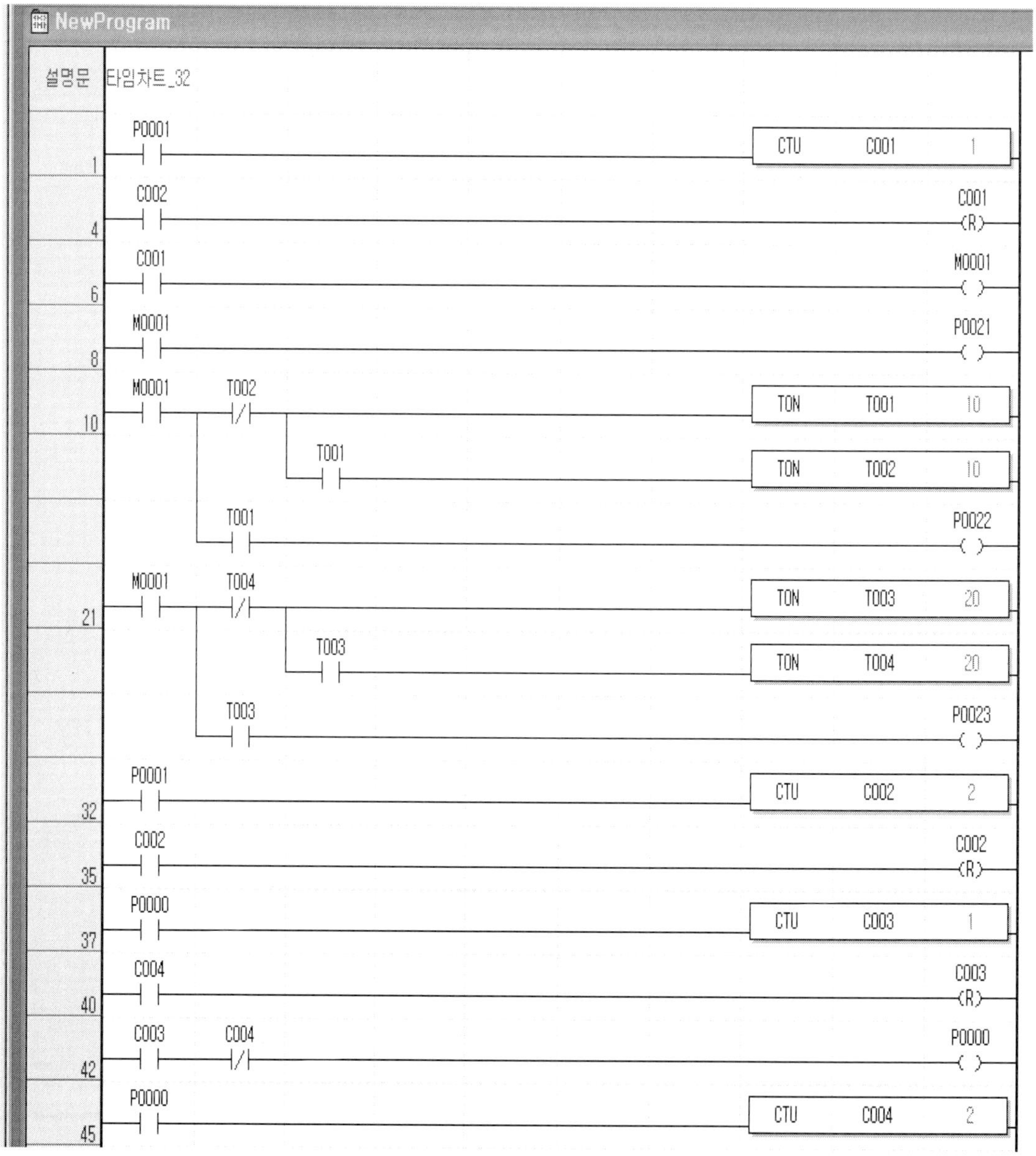
NewProgram
설명문 타임차트_32
1 P0001 CTU C001 1
4 C002 C001 (R)
6 C001 M0001 ( )
8 M0001 P0021 ( )
10 M0001 T002 TON T001 10
T001 TON T002 10
T001 P0022 ( )
21 M0001 T004 TON T003 20
T003 TON T004 20
T003 P0023 ( )
32 P0001 CTU C002 2
35 C002 C002 (R)
37 P0000 CTU C003 1
40 C004 C003 (R)
42 C003 C004 P0000 ( )
45 P0000 CTU C004 2

메 모

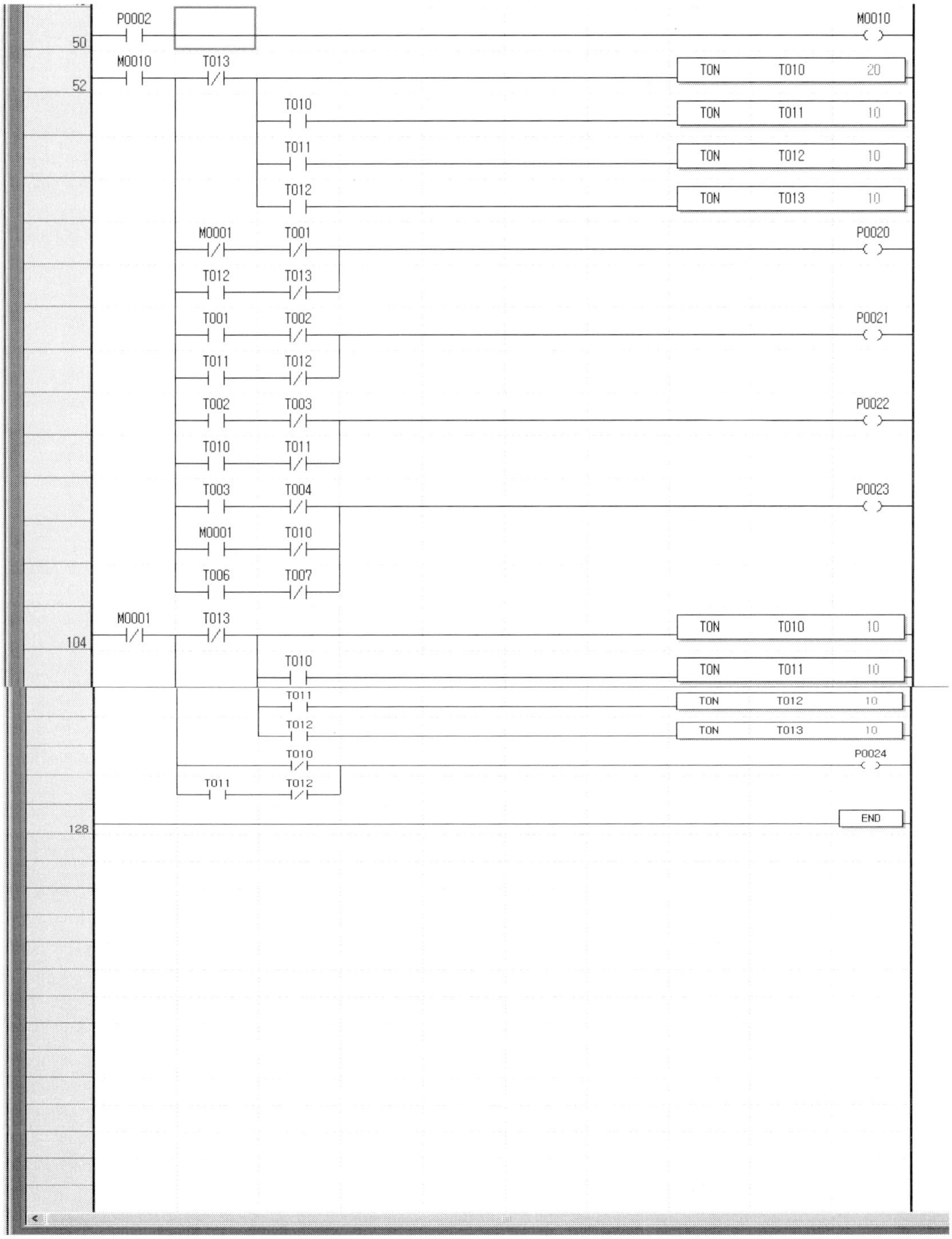
50
P0002
M0010
52
M0010
T013
TON T010 20
T010
TON T011 10
T011
TON T012 10
T012
TON T013 10
M0001
T001
P0020
T012
T013
T001
T002
P0021
T011
T012
T002
T003
P0022
T010
T011
T003
T004
P0023
M0001
T010
T006
T007
104
M0001
T013
TON T010 10
T010
TON T011 10
T011
TON T012 10
T012
TON T013 10
T010
P0024
T011
T012
128
END

부 록

3. MASTER_K 120S PLC프로그램

타임차트_1

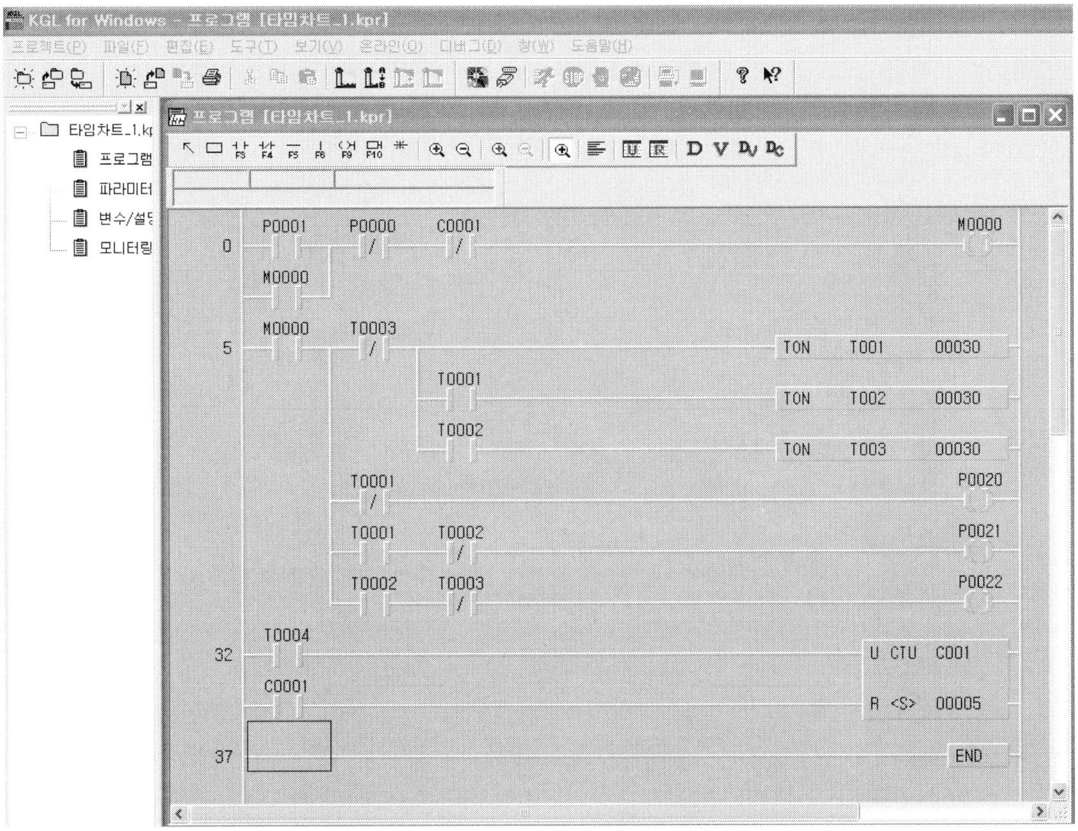
KGL for Windows - 프로그램 [타임차트_1.kpr]
프로그램 [타임차트_1.kpr]
타임차트_1.k
프로그램
파라미터
모니터링
P0001
P0000
C0001
M0000
M0000
T0003
TON T001 00030
T0001
TON T002 00030
T0002
TON T003 00030
T0001
P0020
T0001
T0002
P0021
T0002
T0003
P0022
T0004
U CTU C001
C0001
R <S> 00005
END

메 모

타임차트_2

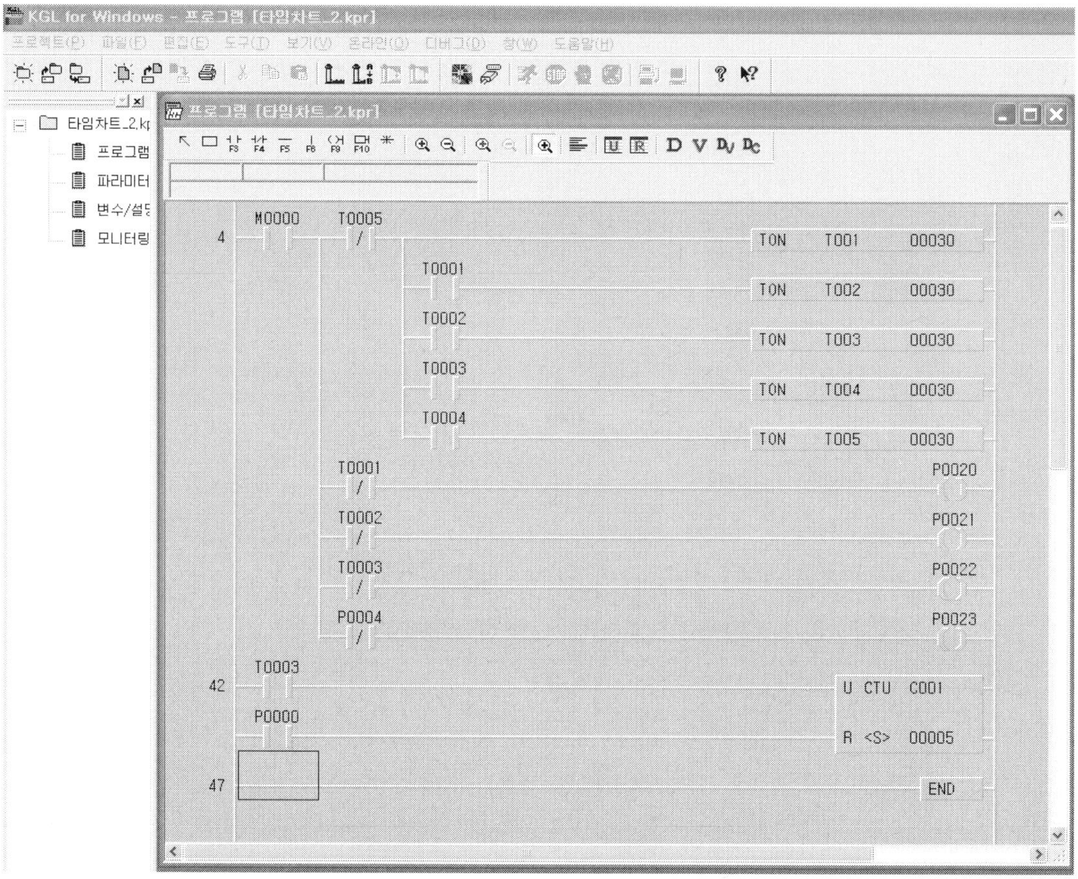
KGL for Windows - 프로그램 [타임차트_2.kpr]
프로그램 [타임차트_2.kpr]
타임차트_2.kp
프로그램
파라미터
변수/설
모니터링
M0000
T0005
TON T001 00030
T0001
TON T002 00030
T0002
TON T003 00030
T0003
TON T004 00030
T0004
TON T005 00030
T0001
P0020
T0002
P0021
T0003
P0022
P0004
P0023
T0003
U CTU C001
P0000
R <S> 00005
END

메 모

타임차트_3

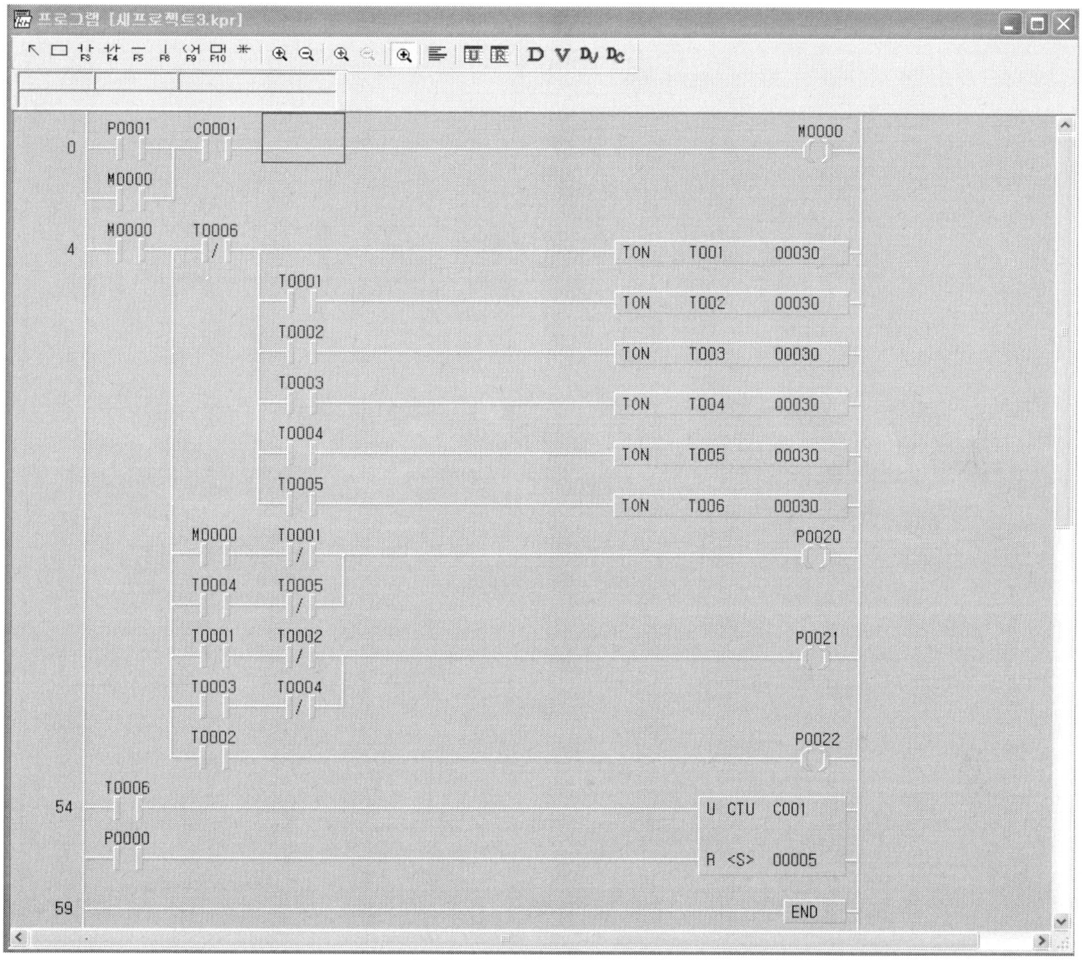

P0001
C0001
M0000
M0000
T0006
TON T001 00030
T0001
TON T002 00030
T0002
TON T003 00030
T0003
TON T004 00030
T0004
TON T005 00030
T0005
TON T006 00030
M0000
T0001
P0020
T0004
T0005
T0001
T0002
P0021
T0003
T0004
T0002
P0022
T0006
U CTU C001
P0000
R <S> 00005
END

메 모

타임차트_4

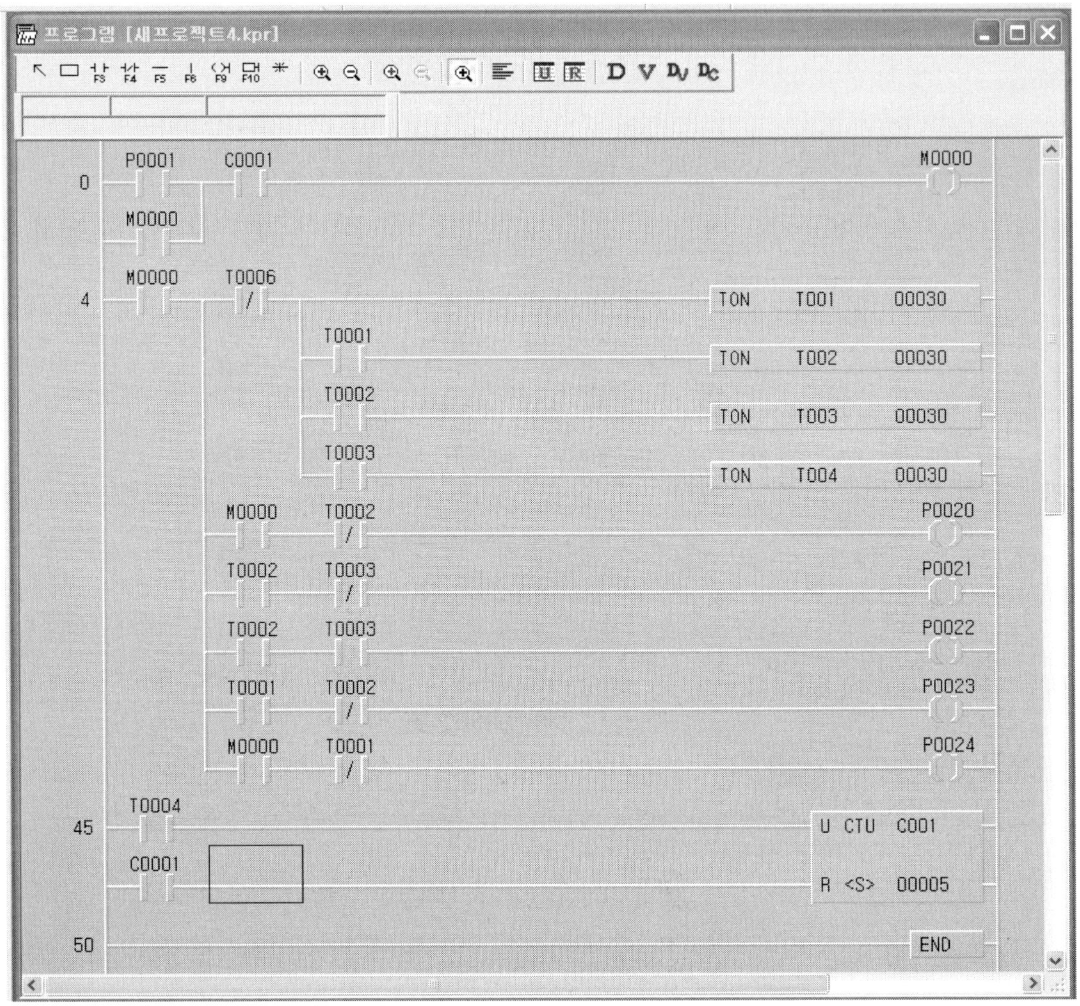
프로그램 [새프로젝트4.kpr]
0
P0001
C0001
M0000
M0000
4
M0000
T0006
TON T001 00030
T0001
TON T002 00030
T0002
TON T003 00030
T0003
TON T004 00030
M0000
T0002
P0020
T0002
T0003
P0021
T0002
T0003
P0022
T0001
T0002
P0023
M0000
T0001
P0024
45
T0004
U CTU C001
C0001
R <S> 00005
50
END

메 모

타임차트_5

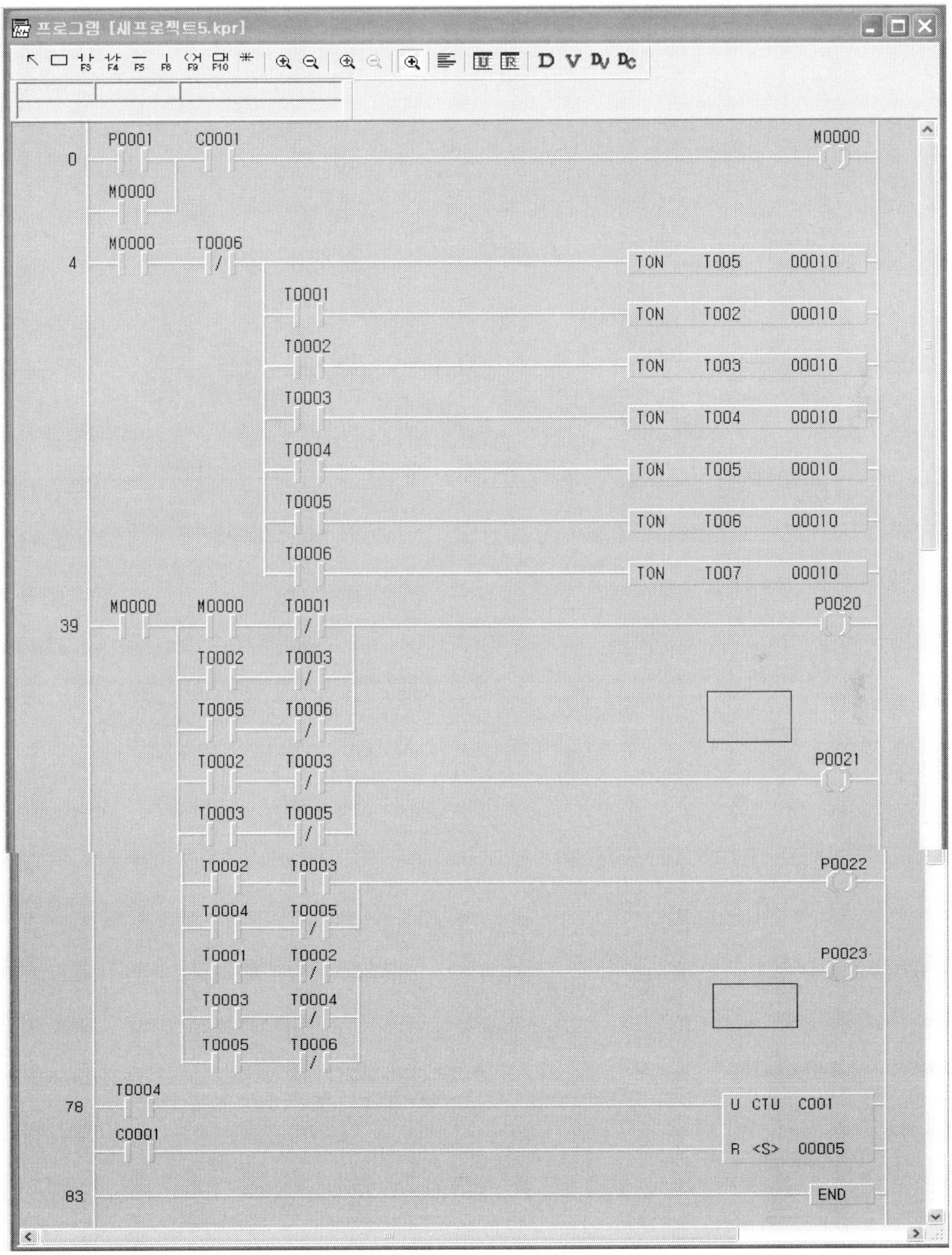
프로그램 [새프로젝트5.kpr]
0
P0001
C0001
M0000
M0000
4
M0000
T0006
TON T005 00010
T0001
TON T002 00010
T0002
TON T003 00010
T0003
TON T004 00010
T0004
TON T005 00010
T0005
TON T006 00010
T0006
TON T007 00010
39
M0000
M0000
T0001
P0020
T0002
T0003
T0005
T0006
T0002
T0003
P0021
T0003
T0005
T0002
T0003
P0022
T0004
T0005
T0001
T0002
P0023
T0003
T0004
T0005
T0006
78
T0004
U CTU C001
C0001
R <S> 00005
83
END

타임차트_6

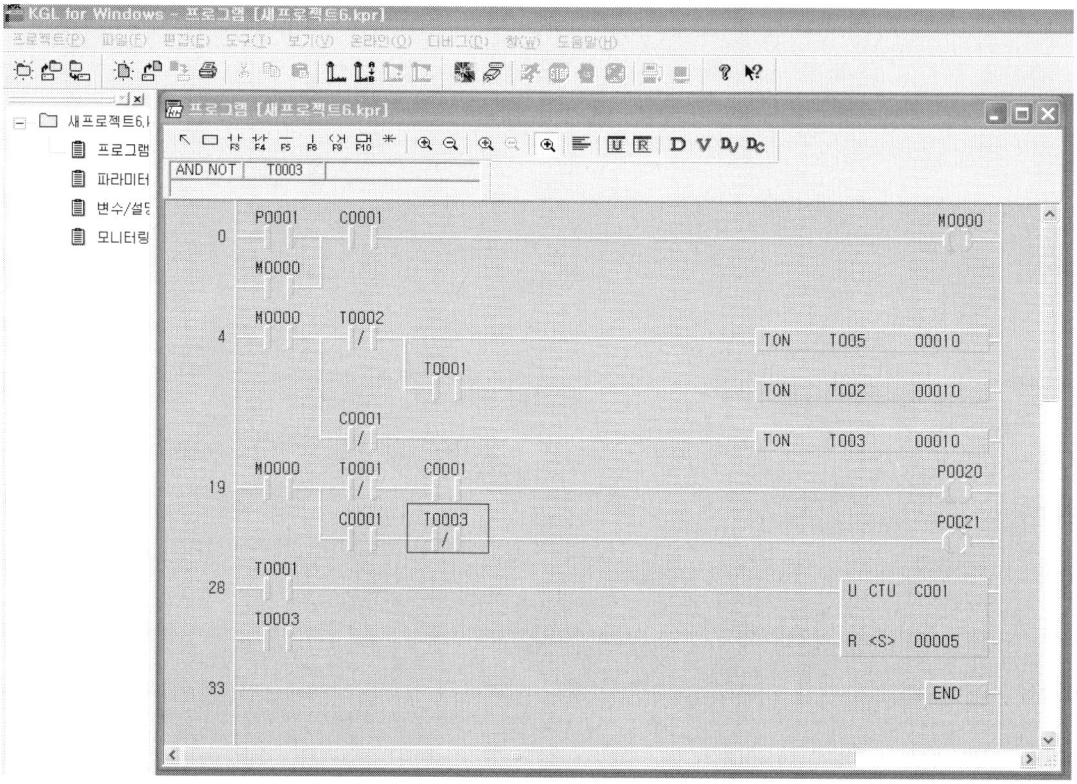

메 모

타임차트_7

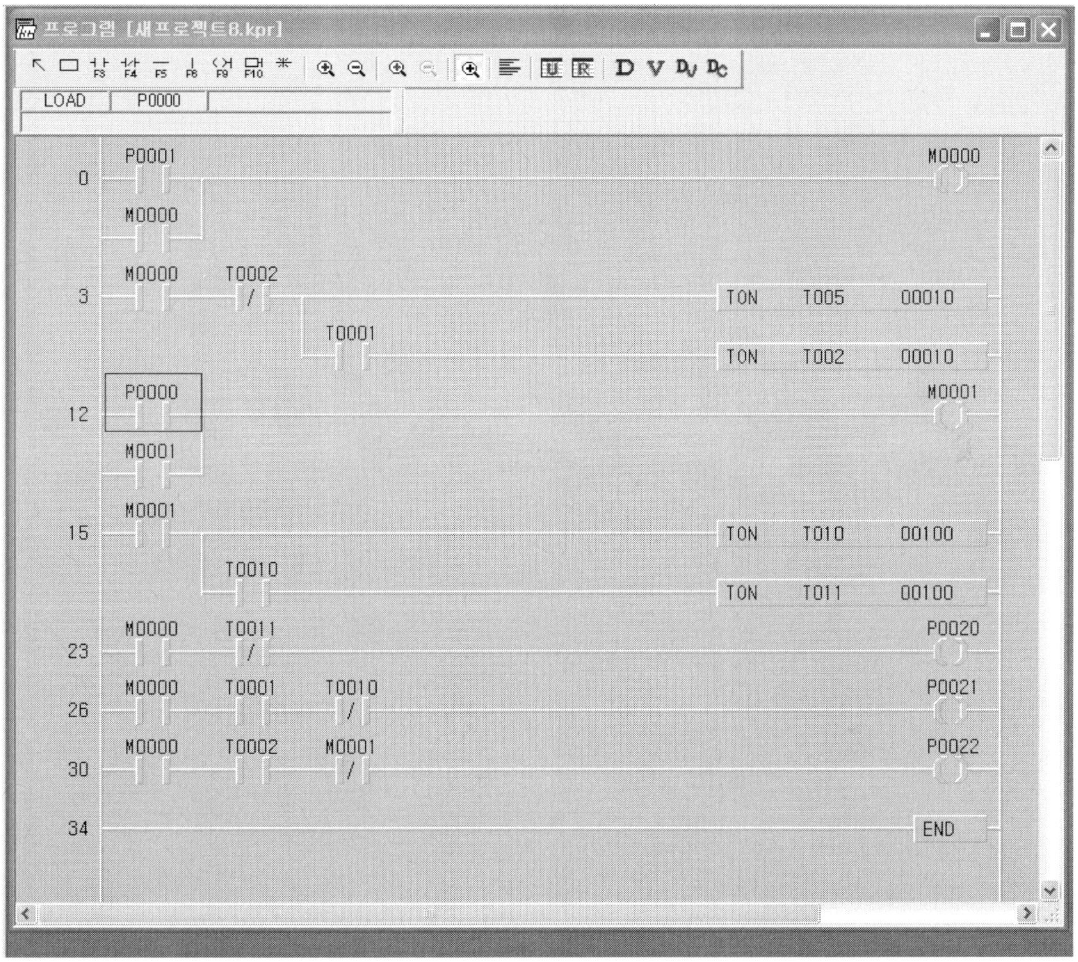
프로그램 [새프로젝트8.kpr]
LOAD
P0000
0
P0001
M0000
M0000
3
M0000
T0002
TON T005 00010
T0001
TON T002 00010
12
P0000
M0001
M0001
15
M0001
TON T010 00100
T0010
TON T011 00100
23
M0000
T0011
P0020
26
M0000
T0001
T0010
P0021
30
M0000
T0002
M0001
P0022
34
END

메 모

타임차트_8

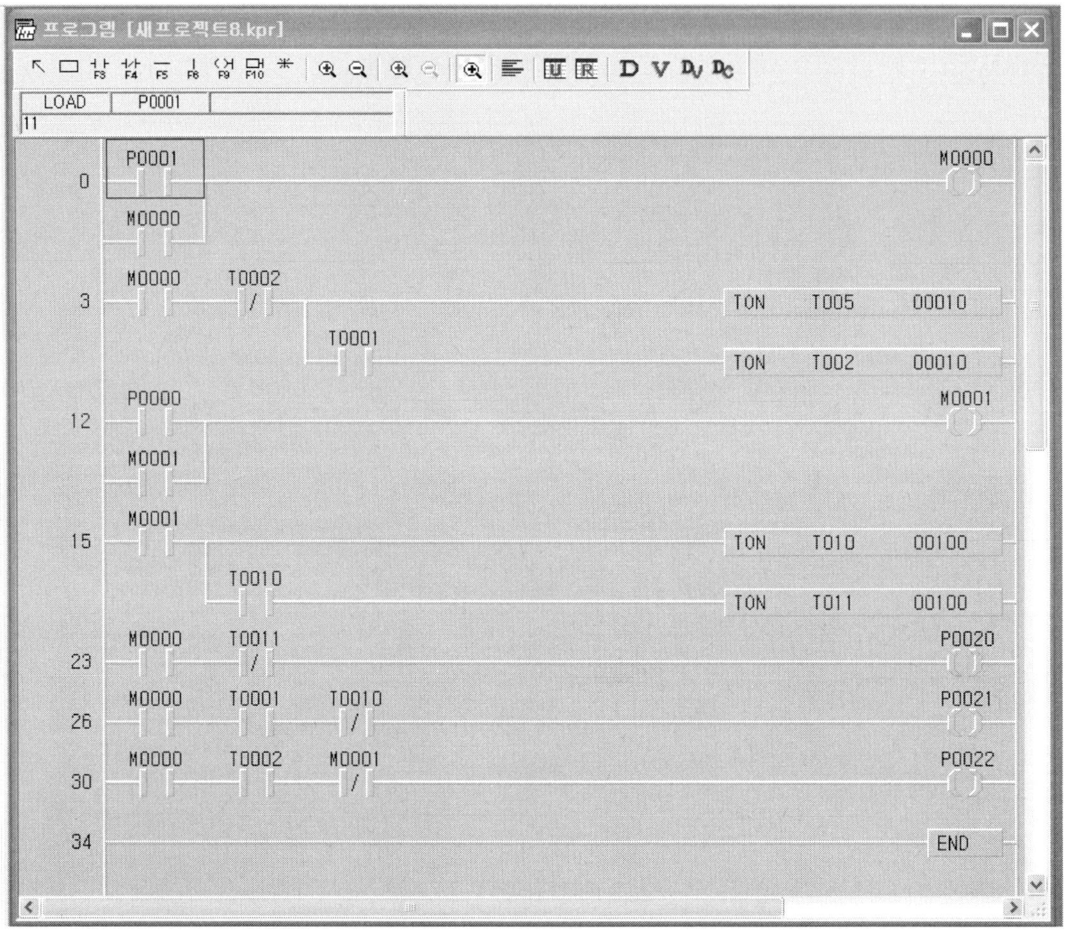

프로그램 [새프로젝트8.kpr]
LOAD
P0001
11
0
P0001
M0000
M0000
3
M0000
T0002
TON T005 00010
T0001
TON T002 00010
12
P0000
M0001
M0001
15
M0001
TON T010 00100
T0010
TON T011 00100
23
M0000
T0011
P0020
26
M0000
T0001
T0010
P0021
30
M0000
T0002
M0001
P0022
34
END

메 모

타임차트_9

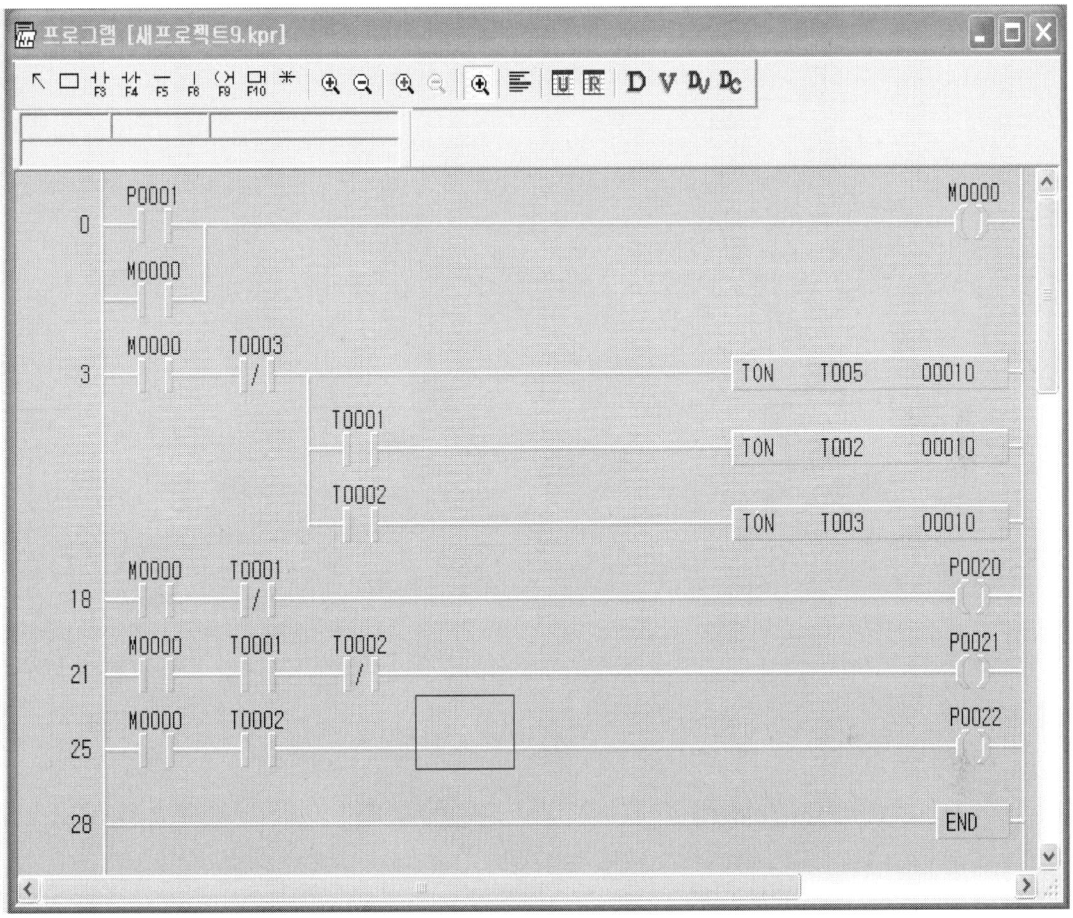
프로그램 [새프로젝트9.kpr]
P0001
M0000
M0000
T0003
TON T005 00010
T0001
TON T002 00010
T0002
TON T003 00010
M0000
T0001
P0020
M0000
T0001
T0002
P0021
M0000
T0002
P0022
END
0
3
18
21
25
28

메 모

타임차트_10

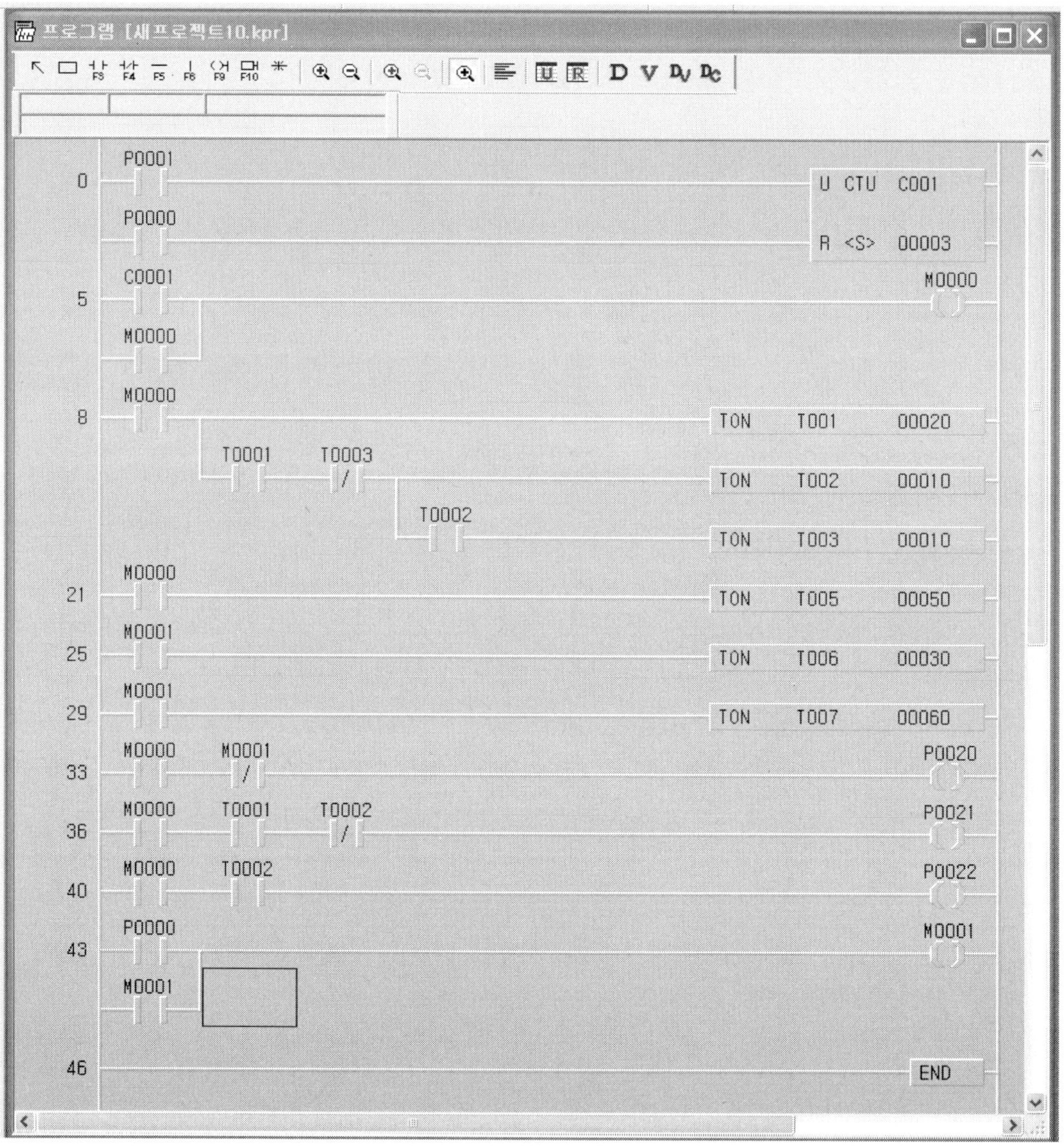
프로그램 [새프로젝트10.kpr]
0 P0001 U CTU C001
P0000 R <S> 00003
5 C0001 M0000
M0000
8 M0000 TON T001 00020
T0001 T0003 TON T002 00010
T0002 TON T003 00010
21 M0000 TON T005 00050
25 M0001 TON T006 00030
29 M0001 TON T007 00060
33 M0000 M0001 P0020
36 M0000 T0001 T0002 P0021
40 M0000 T0002 P0022
43 P0000 M0001
M0001
46 END

메 모

타임차트_11

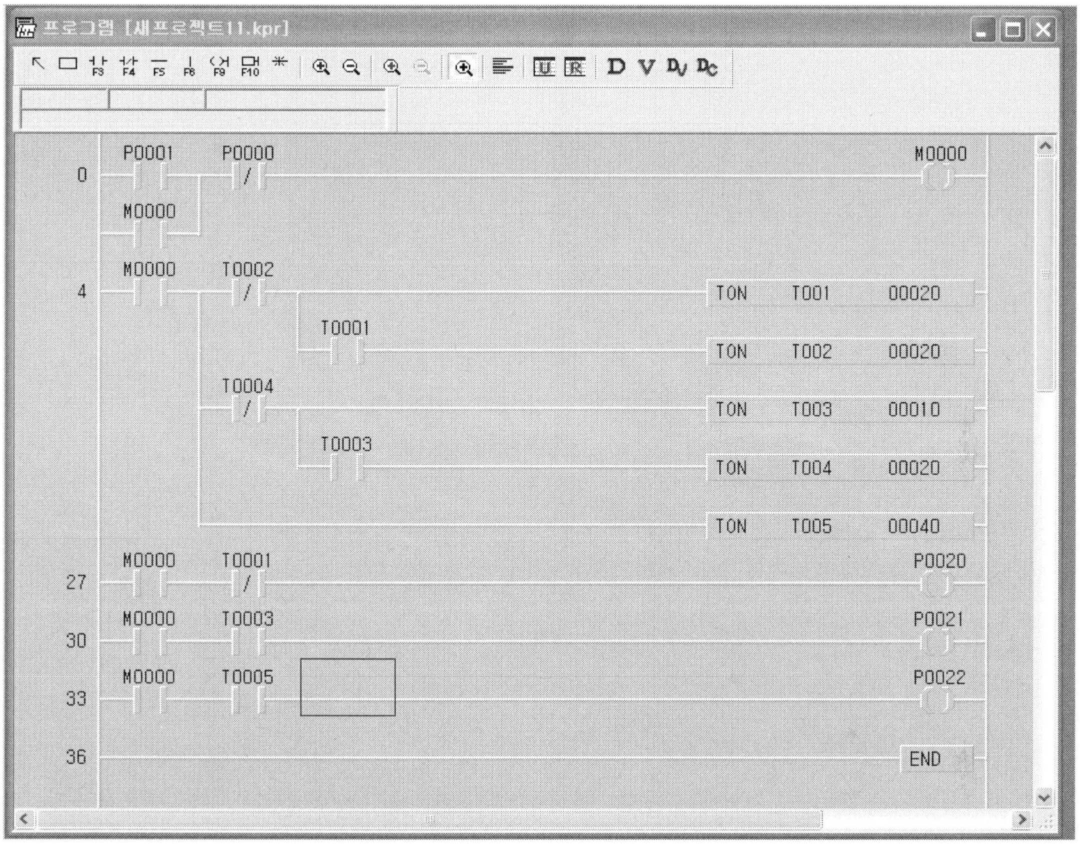
프로그램 [새프로젝트11.kpr]
P0001
P0000
M0000
M0000
M0000
T0002
TON T001 00020
T0001
TON T002 00020
T0004
TON T003 00010
T0003
TON T004 00020
TON T005 00040
M0000
T0001
P0020
M0000
T0003
P0021
M0000
T0005
P0022
END

메 모

타임차트_12

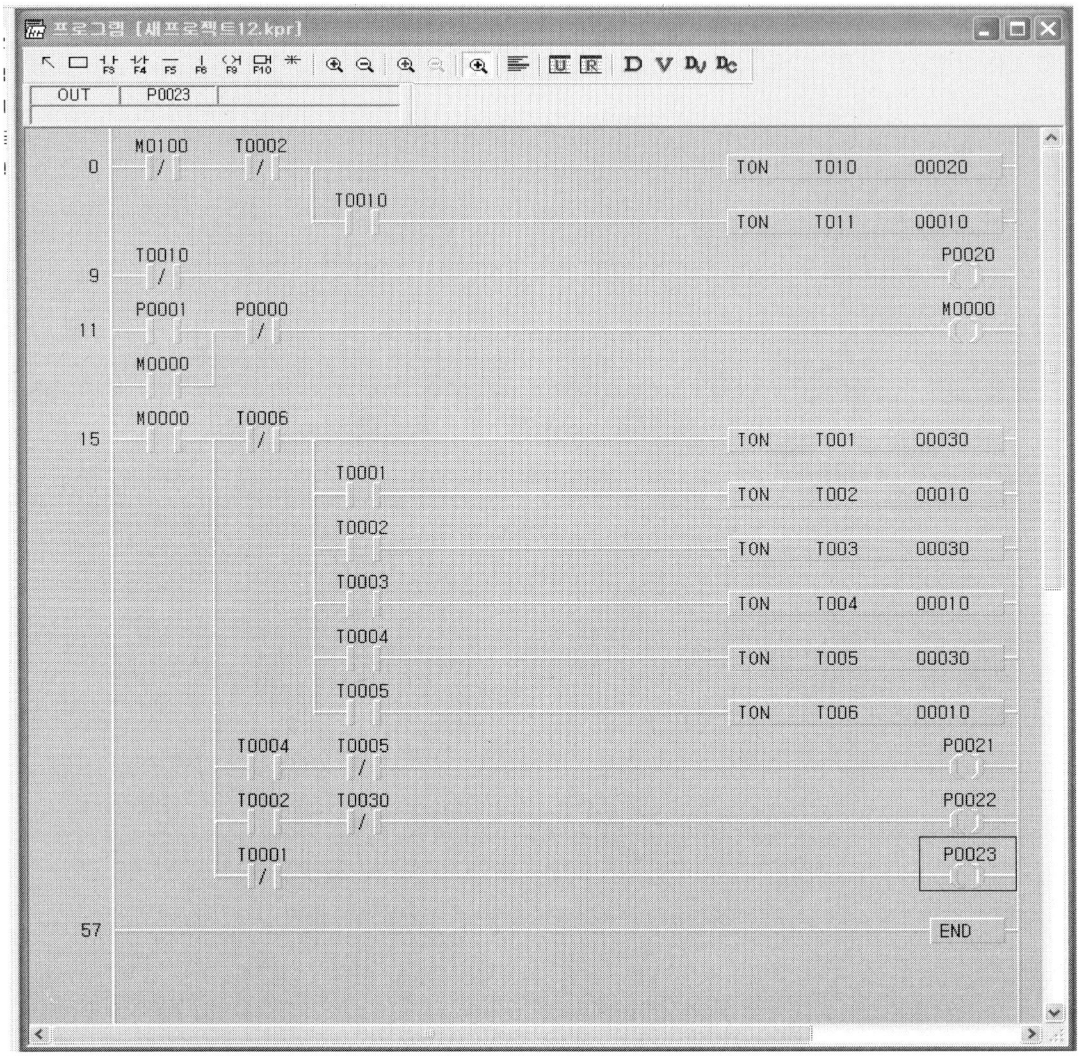
프로그램 [새프로젝트12.kpr]
OUT P0023
0 M0100 T0002 TON T010 00020
T0010 TON T011 00010
9 T0010 P0020
11 P0001 P0000 M0000
M0000
15 M0000 T0006 TON T001 00030
T0001 TON T002 00010
T0002 TON T003 00030
T0003 TON T004 00010
T0004 TON T005 00030
T0005 TON T006 00010
T0004 T0005 P0021
T0002 T0030 P0022
T0001 P0023
57 END

메 모

타임차트_13

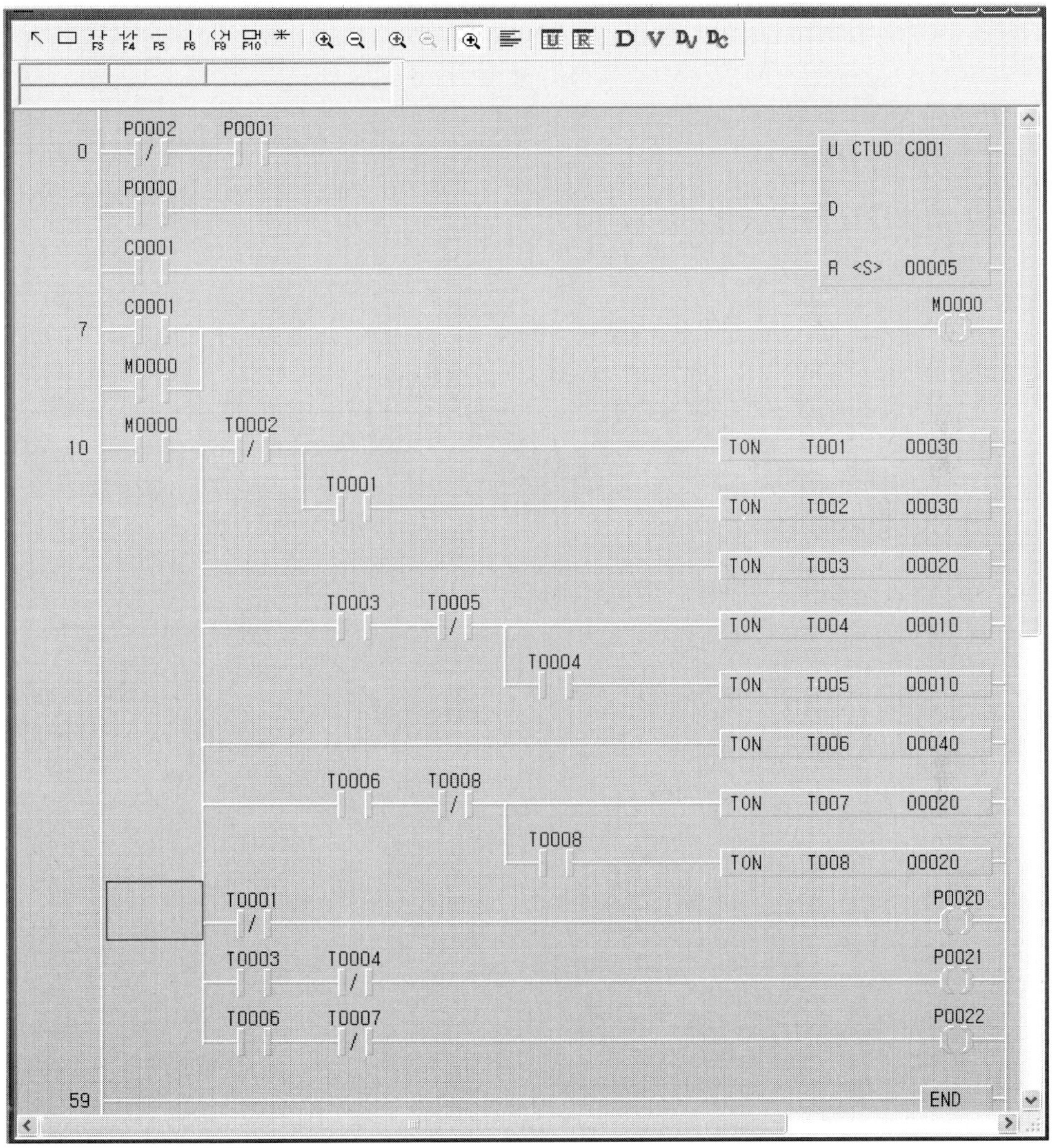
0
P0002
P0001
U CTUD C001
P0000
D
C0001
R <S> 00005
7
C0001
M0000
M0000
10
M0000
T0002
TON T001 00030
T0001
TON T002 00030
TON T003 00020
T0003
T0005
TON T004 00010
T0004
TON T005 00010
TON T006 00040
T0006
T0008
TON T007 00020
T0008
TON T008 00020
T0001
P0020
T0003
T0004
P0021
T0006
T0007
P0022
59
END

메 모

타임차트_14

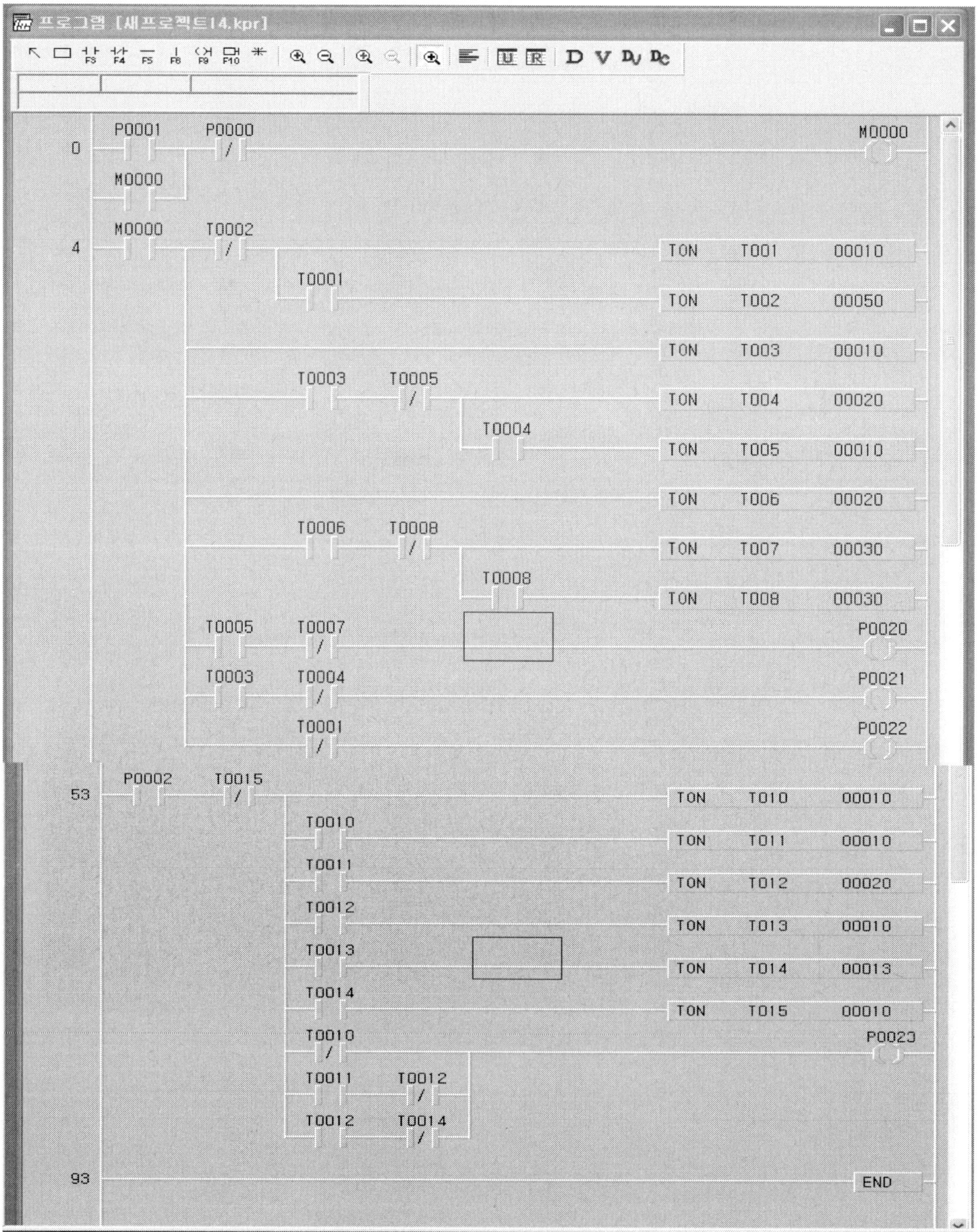
프로그램 [새프로젝트14.kpr]
0
P0001
P0000
M0000
M0000
4
M0000
T0002
TON T001 00010
T0001
TON T002 00050
TON T003 00010
T0003
T0005
TON T004 00020
T0004
TON T005 00010
TON T006 00020
T0006
T0008
TON T007 00030
T0008
TON T008 00030
T0005
T0007
P0020
T0003
T0004
P0021
T0001
P0022
53
P0002
T0015
TON T010 00010
T0010
TON T011 00010
T0011
TON T012 00020
T0012
TON T013 00010
T0013
TON T014 00013
T0014
TON T015 00010
T0010
P0023
T0011
T0012
T0012
T0014
93
END

타임차트_15

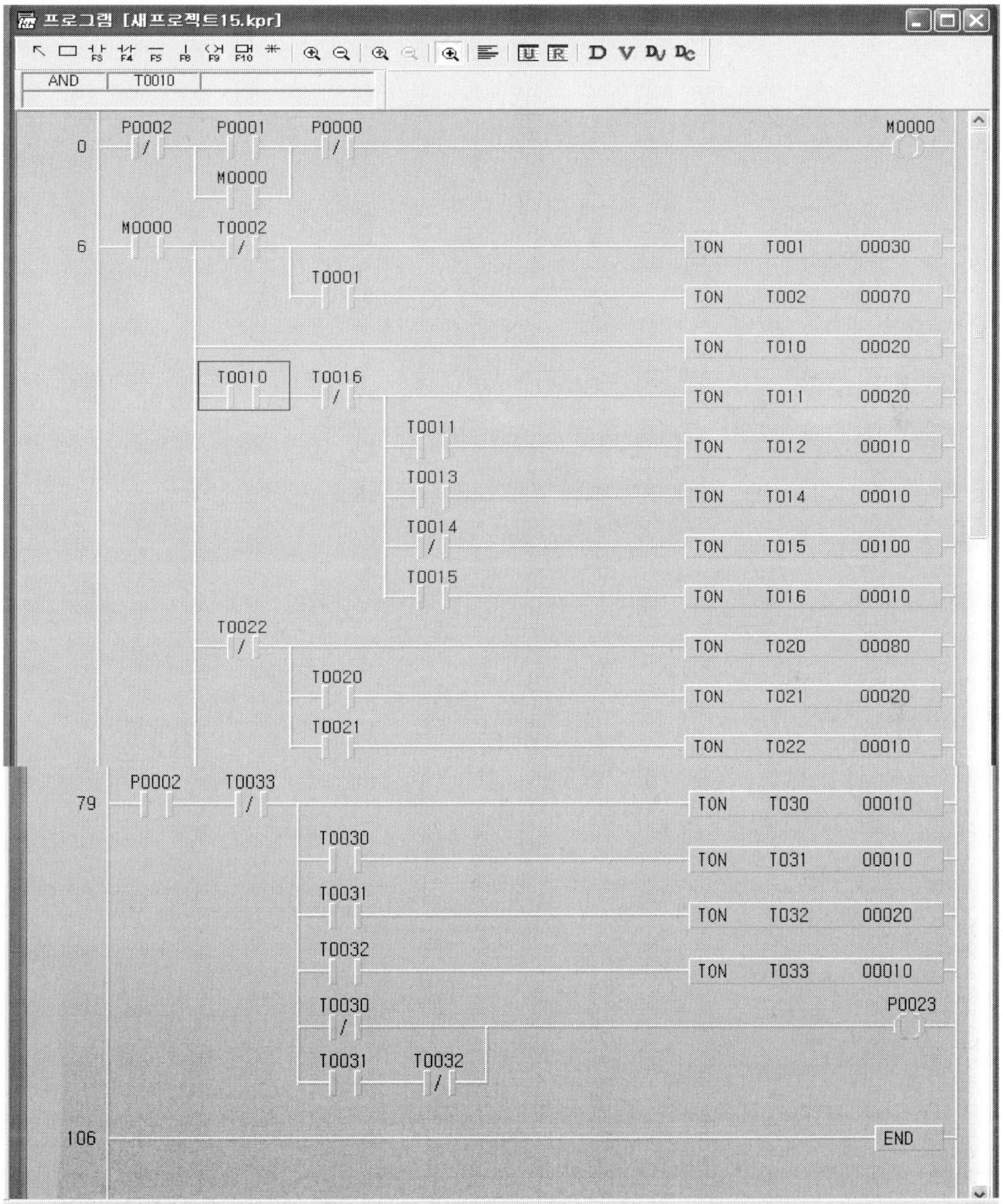
프로그램 [새프로젝트15.kpr]
AND T0010
0 P0002 P0001 P0000 M0000
M0000
6 M0000 T0002 TON T001 00030
T0001 TON T002 00070
TON T010 00020
T0010 T0016 TON T011 00020
T0011 TON T012 00010
T0013 TON T014 00010
T0014 TON T015 00100
T0015 TON T016 00010
T0022 TON T020 00080
T0020 TON T021 00020
T0021 TON T022 00010
79 P0002 T0033 TON T030 00010
T0030 TON T031 00010
T0031 TON T032 00020
T0032 TON T033 00010
T0030 P0023
T0031 T0032
106 END

타임차트_16

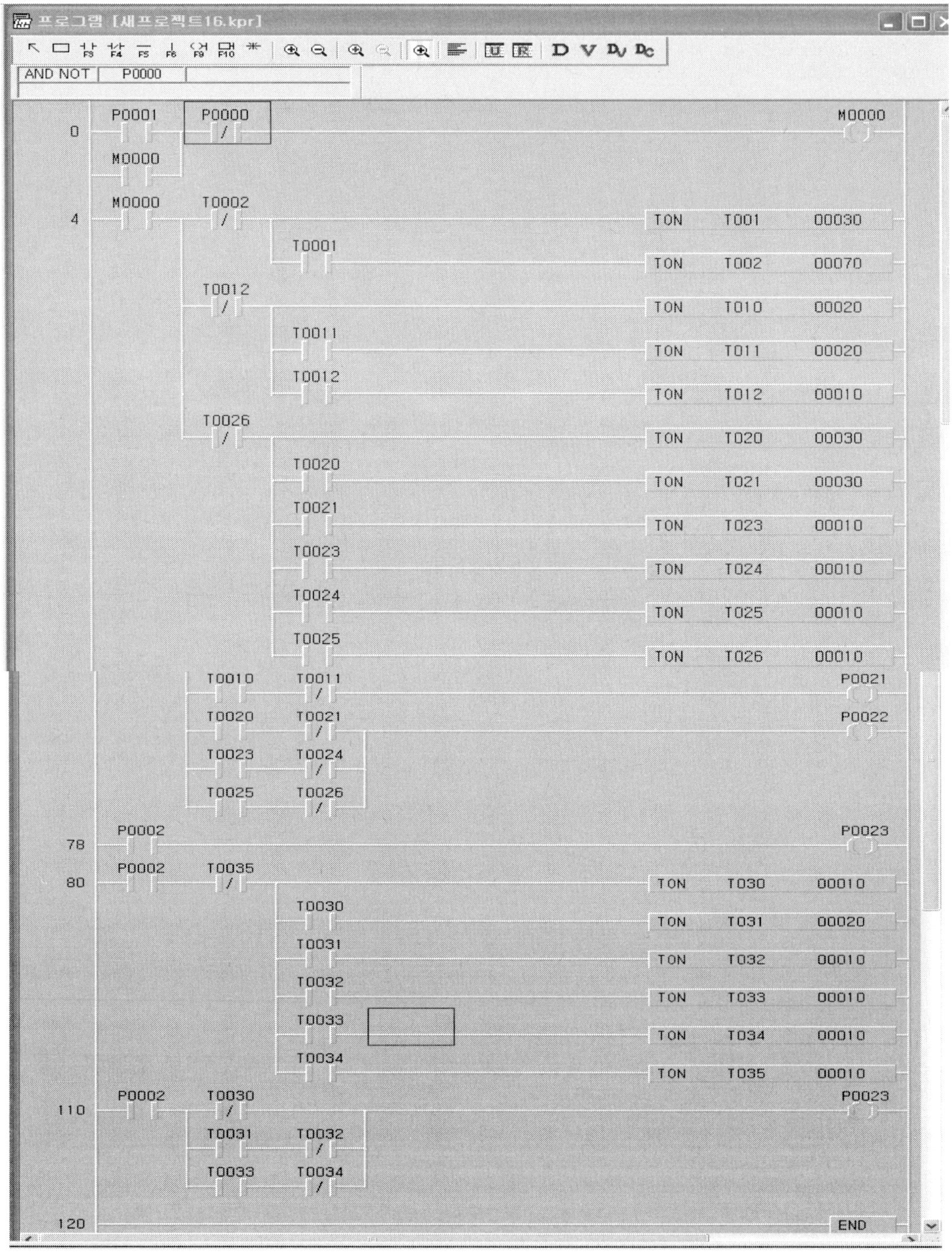
프로그램 [새프로젝트16.kpr]
AND NOT
P0000
0
P0001
P0000
M0000
M0000
4
M0000
T0002
TON T001 00030
T0001
TON T002 00070
T0012
TON T010 00020
T0011
TON T011 00020
T0012
TON T012 00010
T0026
TON T020 00030
T0020
TON T021 00030
T0021
TON T023 00010
T0023
TON T024 00010
T0024
TON T025 00010
T0025
TON T026 00010
T0010
T0011
P0021
T0020
T0021
P0022
T0023
T0024
T0025
T0026
78
P0002
P0023
80
P0002
T0035
TON T030 00010
T0030
TON T031 00020
T0031
TON T032 00010
T0032
TON T033 00010
T0033
TON T034 00010
T0034
TON T035 00010
110
P0002
T0030
P0023
T0031
T0032
T0033
T0034
120
END

타임차트_17

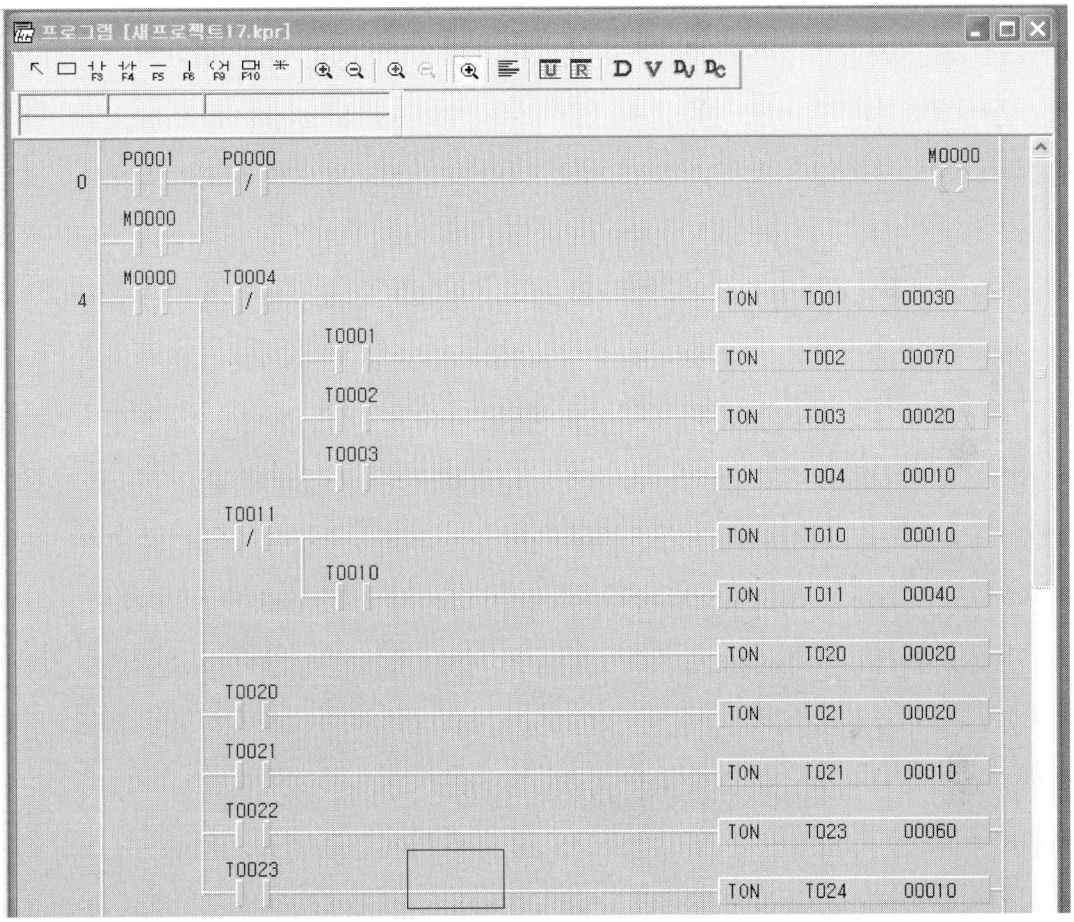
프로그램 [새프로젝트17.kpr]
0
P0001
P0000
M0000
M0000
4
M0000
T0004
TON T001 00030
T0001
TON T002 00070
T0002
TON T003 00020
T0003
TON T004 00010
T0011
TON T010 00010
T0010
TON T011 00040
TON T020 00020
T0020
TON T021 00020
T0021
TON T021 00010
T0022
TON T023 00060
T0023
TON T024 00010

메 모

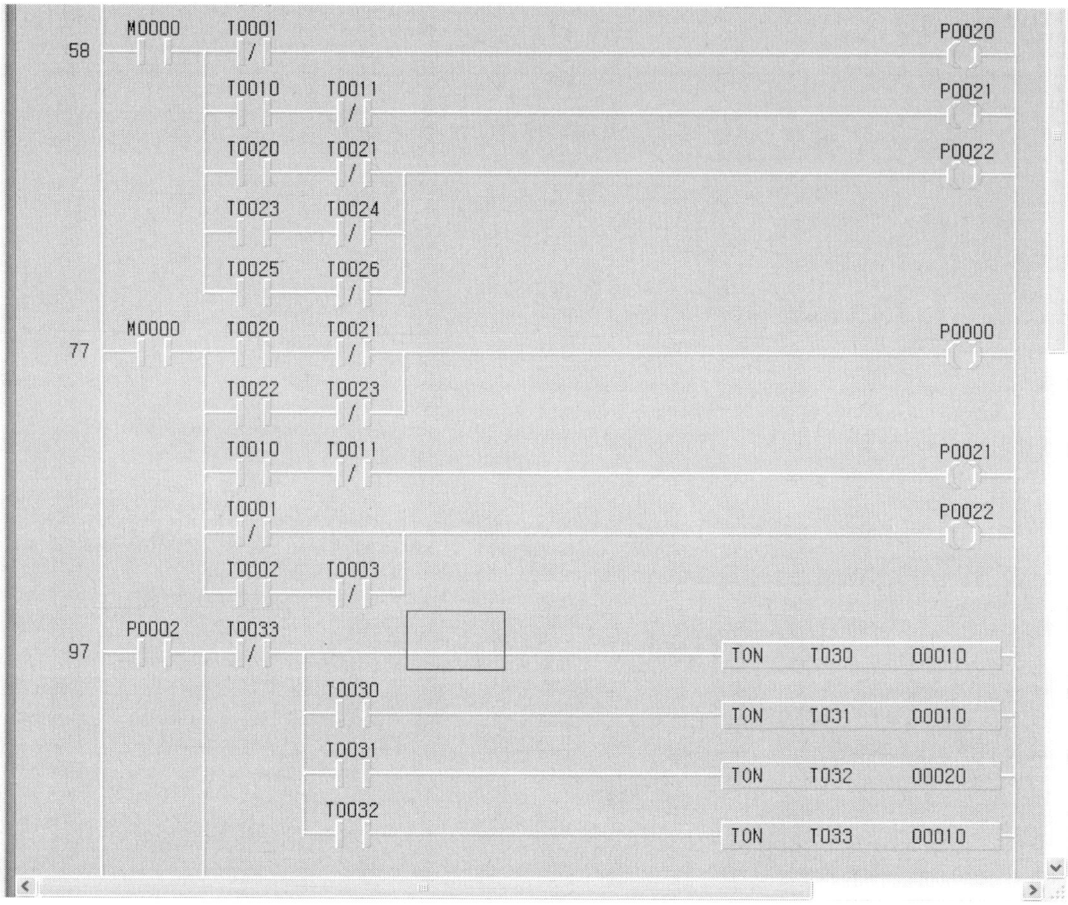
58
M0000
T0001
P0020
T0010
T0011
P0021
T0020
T0021
P0022
T0023
T0024
T0025
T0026
77
M0000
T0020
T0021
P0000
T0022
T0023
T0010
T0011
P0021
T0001
P0022
T0002
T0003
97
P0002
T0033
TON T030 00010
T0030
TON T031 00010
T0031
TON T032 00020
T0032
TON T033 00010

메 모

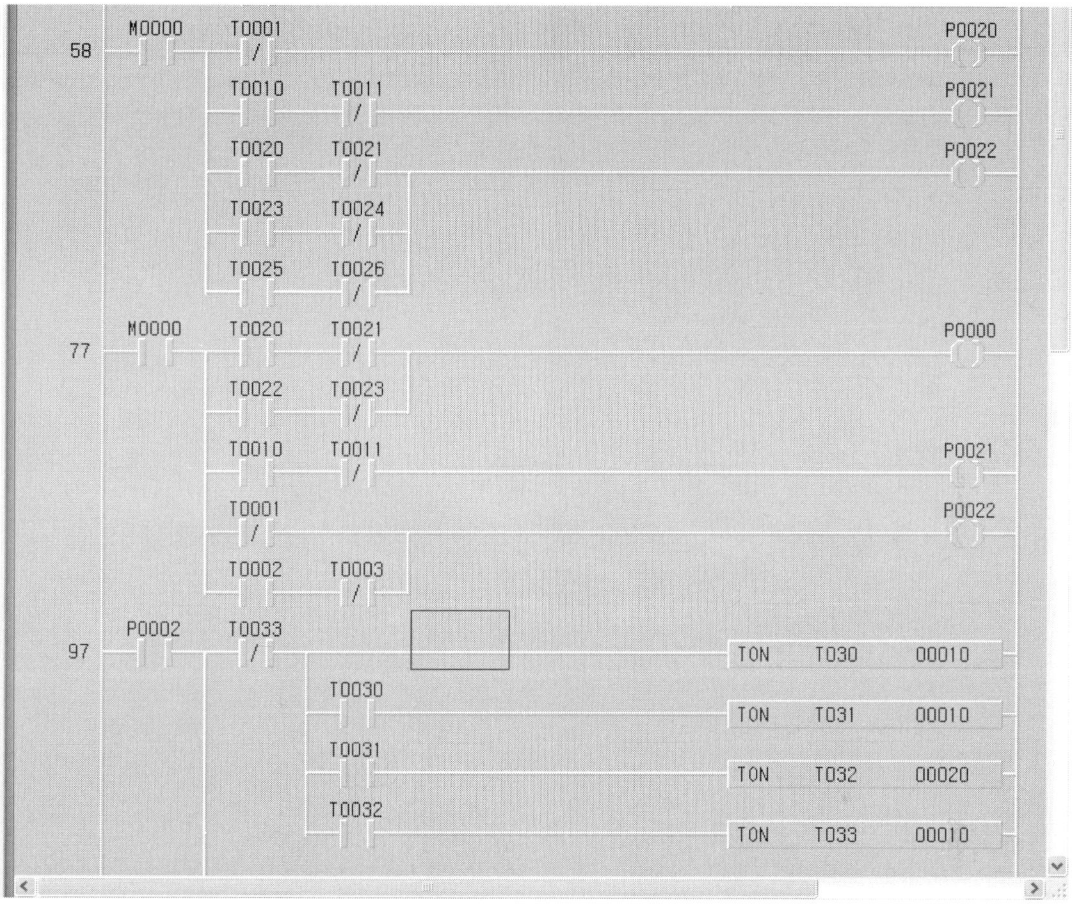
58
M0000
T0001
P0020
T0010
T0011
P0021
T0020
T0021
P0022
T0023
T0024
T0025
T0026
77
M0000
T0020
T0021
P0000
T0022
T0023
T0010
T0011
P0021
T0001
P0022
T0002
T0003
97
P0002
T0033
TON T030 00010
T0030
TON T031 00010
T0031
TON T032 00020
T0032
TON T033 00010

메 모

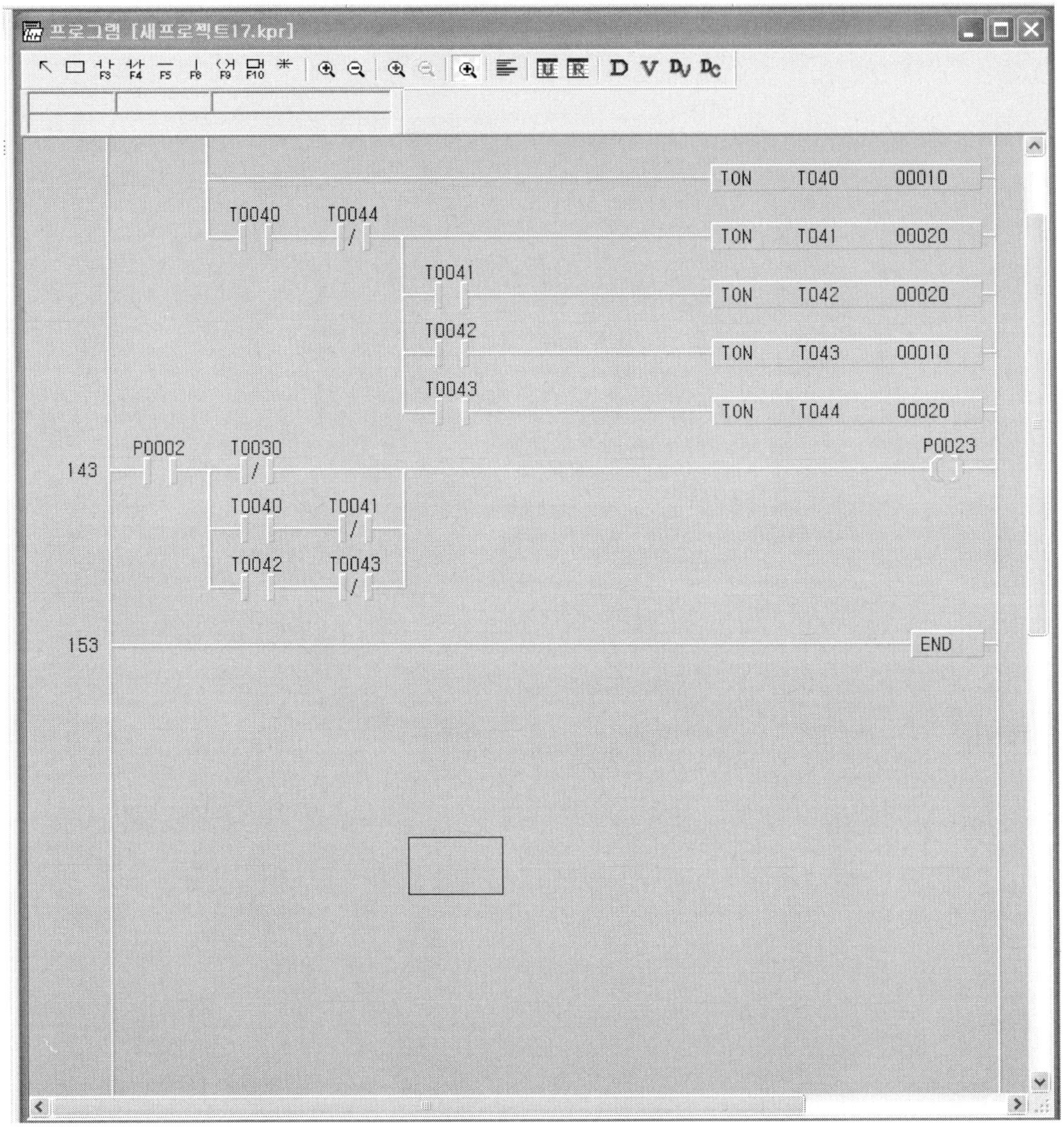
프로그램 [새프로젝트17.kpr]
TON T040 00010
T0040 T0044
TON T041 00020
T0041
TON T042 00020
T0042
TON T043 00010
T0043
TON T044 00020
143 P0002 T0030 P0023
T0040 T0041
T0042 T0043
153 END

메 모

타임차트_18

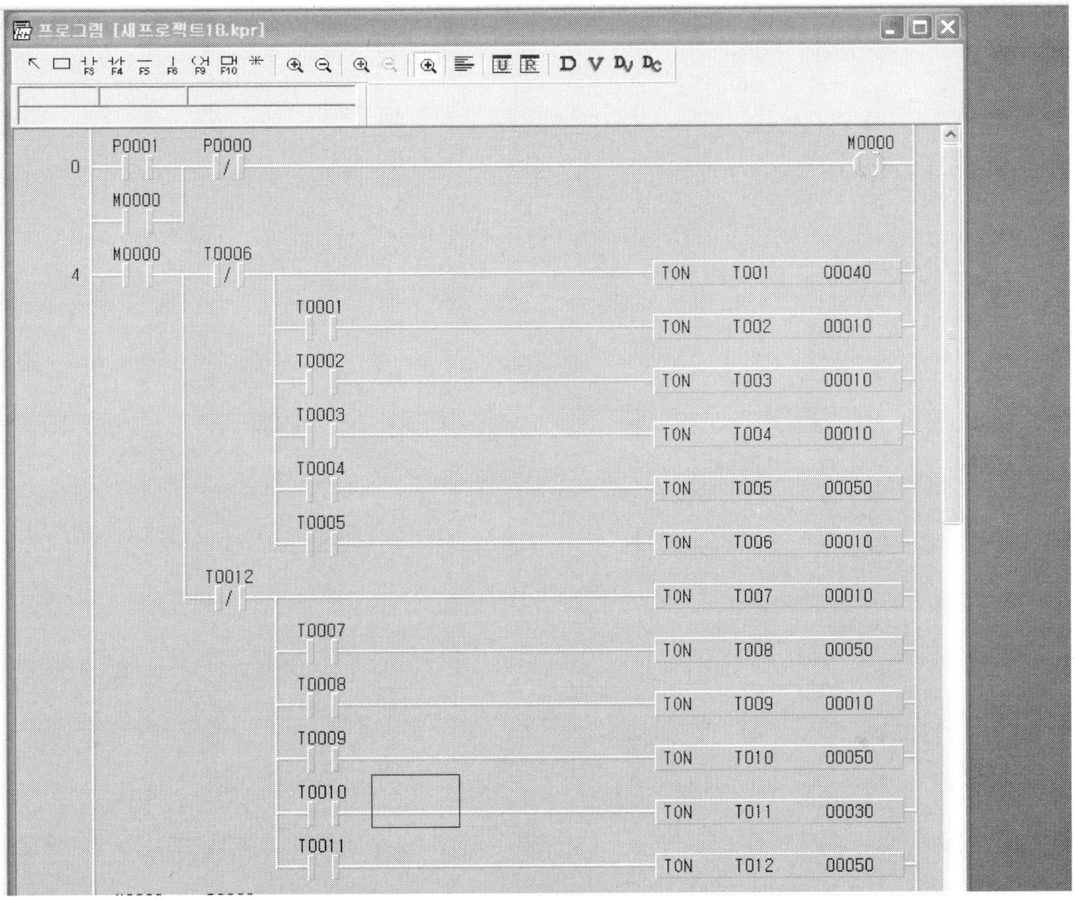
프로그램 [새프로젝트18.kpr]
0
P0001
P0000
M0000
M0000
4
M0000
T0006
TON T001 00040
T0001
TON T002 00010
T0002
TON T003 00010
T0003
TON T004 00010
T0004
TON T005 00050
T0005
TON T006 00010
T0012
TON T007 00010
T0007
TON T008 00050
T0008
TON T009 00010
T0009
TON T010 00050
T0010
TON T011 00030
T0011
TON T012 00050

메모

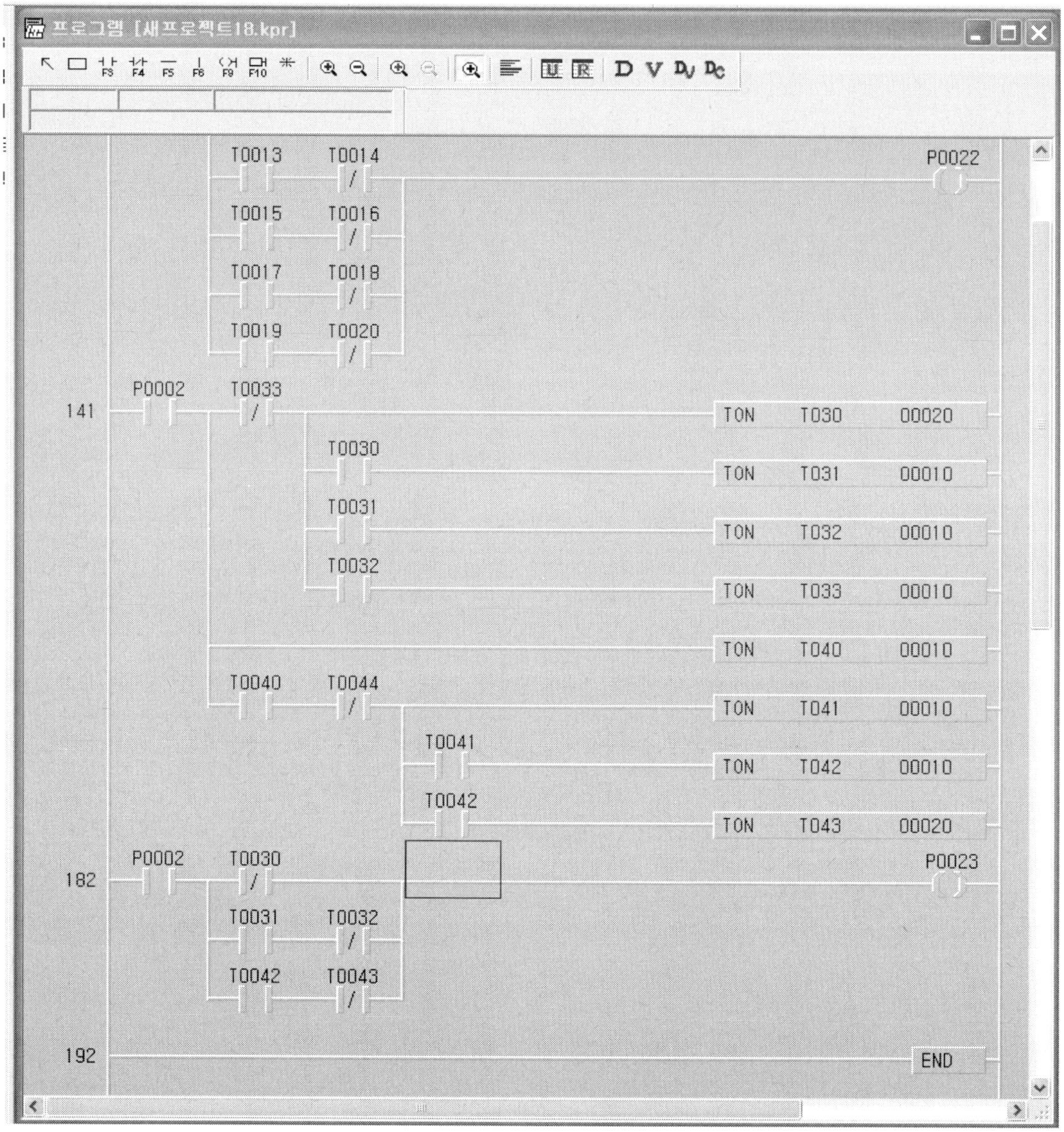
프로그램 [새프로젝트18.kpr]
T0013
T0014
P0022
T0015
T0016
T0017
T0018
T0019
T0020
141
P0002
T0033
TON T030 00020
T0030
TON T031 00010
T0031
TON T032 00010
T0032
TON T033 00010
TON T040 00010
T0040
T0044
TON T041 00010
T0041
TON T042 00010
T0042
TON T043 00020
182
P0002
T0030
P0023
T0031
T0032
T0042
T0043
192
END

메 모

타임차트_19

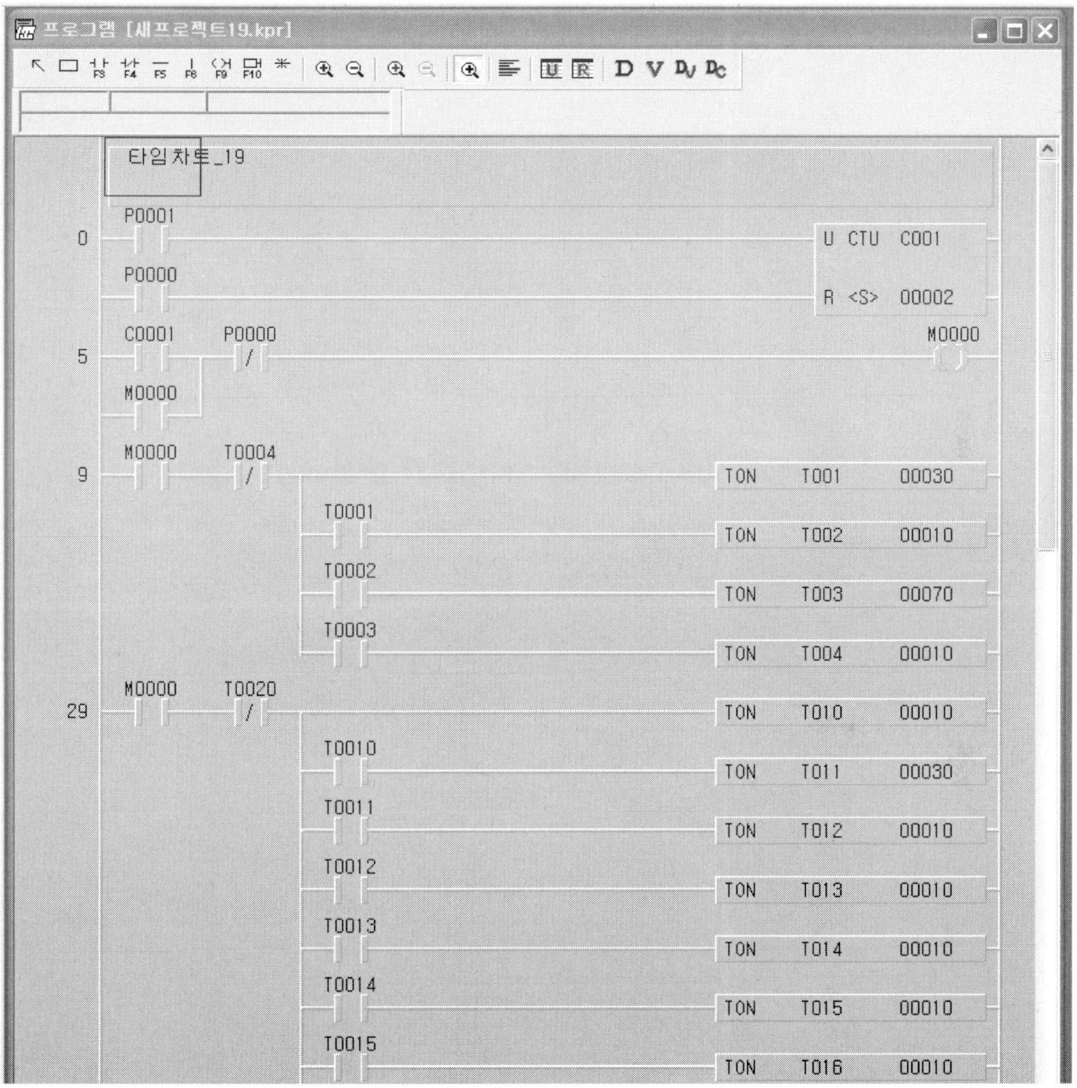
프로그램 [새프로젝트19.kpr]
타임차트_19
0 P0001 U CTU C001
P0000 R <S> 00002
5 C0001 P0000 M0000
M0000
9 M0000 T0004 TON T001 00030
T0001 TON T002 00010
T0002 TON T003 00070
T0003 TON T004 00010
29 M0000 T0020 TON T010 00010
T0010 TON T011 00030
T0011 TON T012 00010
T0012 TON T013 00010
T0013 TON T014 00010
T0014 TON T015 00010
T0015 TON T016 00010

메 모

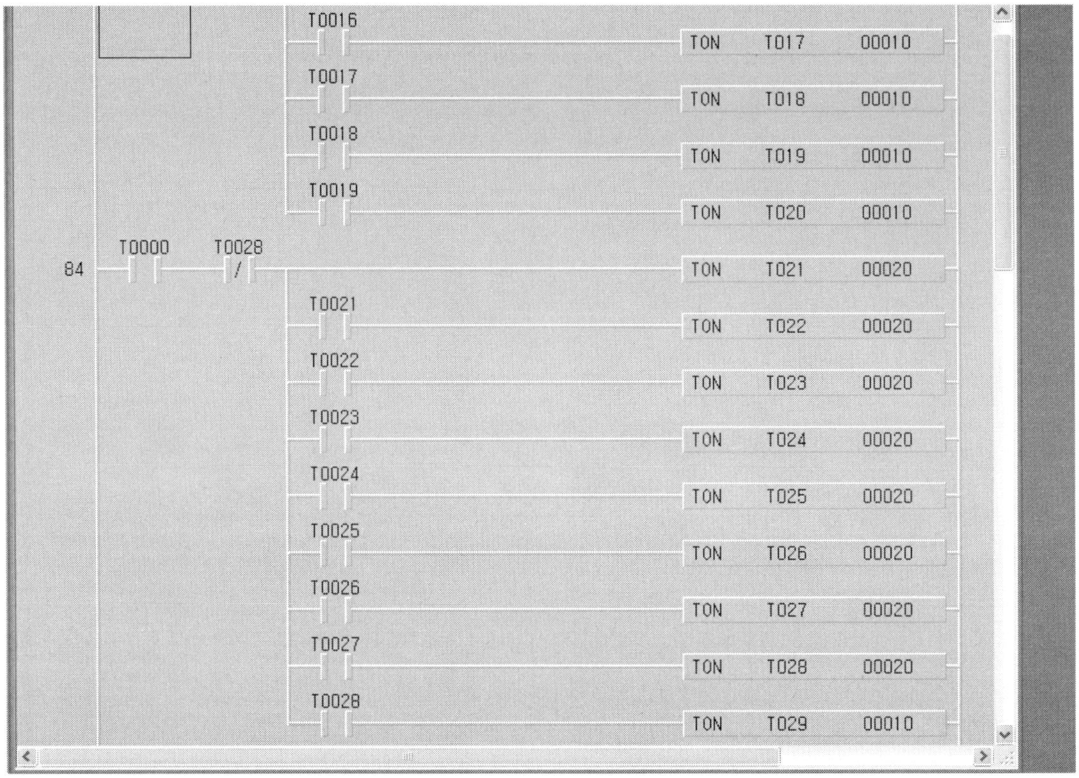
T0016
TON T017 00010
T0017
TON T018 00010
T0018
TON T019 00010
T0019
TON T020 00010
84 T0000 T0028
TON T021 00020
T0021
TON T022 00020
T0022
TON T023 00020
T0023
TON T024 00020
T0024
TON T025 00020
T0025
TON T026 00020
T0026
TON T027 00020
T0027
TON T028 00020
T0028
TON T029 00010

메 모

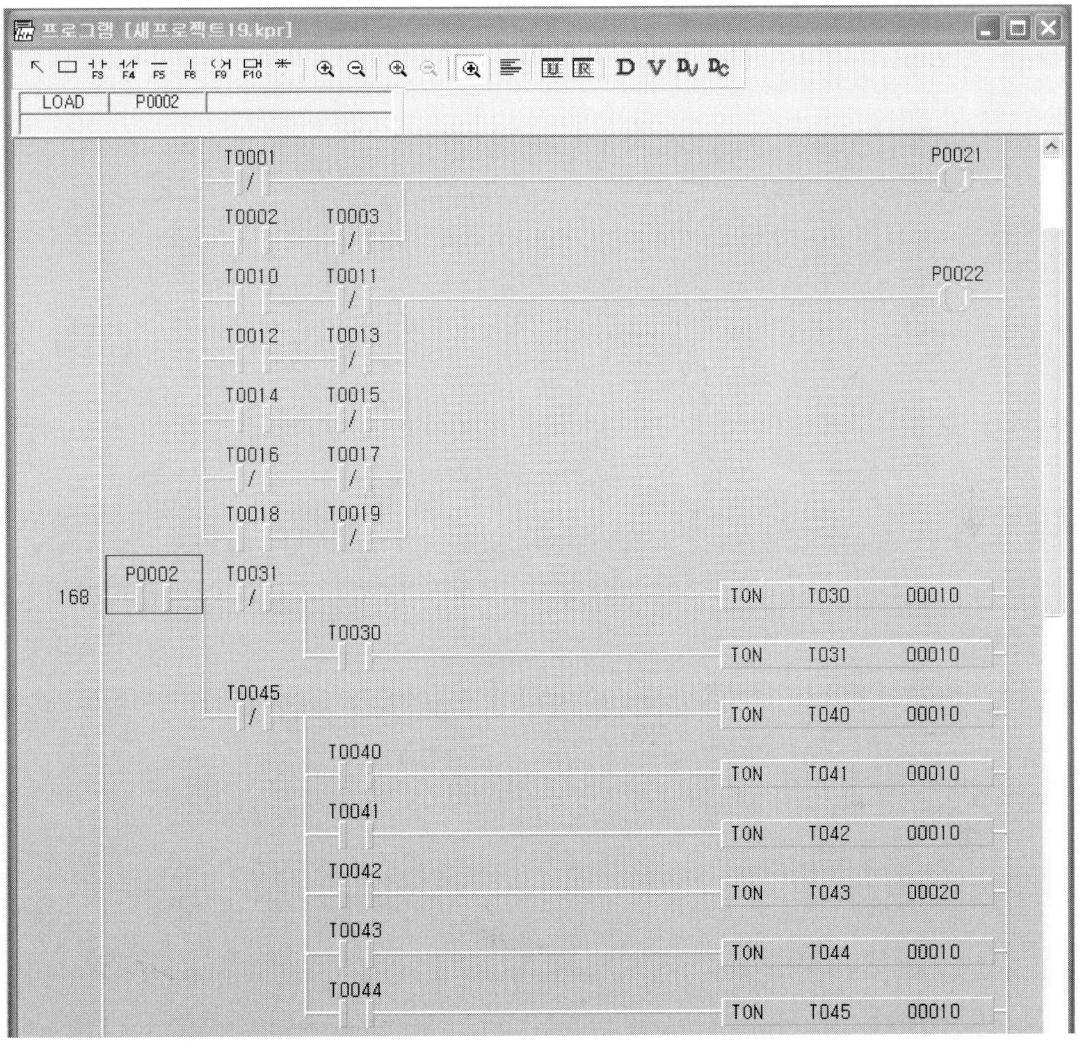
프로그램 [새프로젝트19.kpr]
LOAD
P0002
T0001
P0021
T0002
T0003
T0010
T0011
P0022
T0012
T0013
T0014
T0015
T0016
T0017
T0018
T0019
168
P0002
T0031
TON T030 00010
T0030
TON T031 00010
T0045
TON T040 00010
T0040
TON T041 00010
T0041
TON T042 00010
T0042
TON T043 00020
T0043
TON T044 00010
T0044
TON T045 00010

메 모

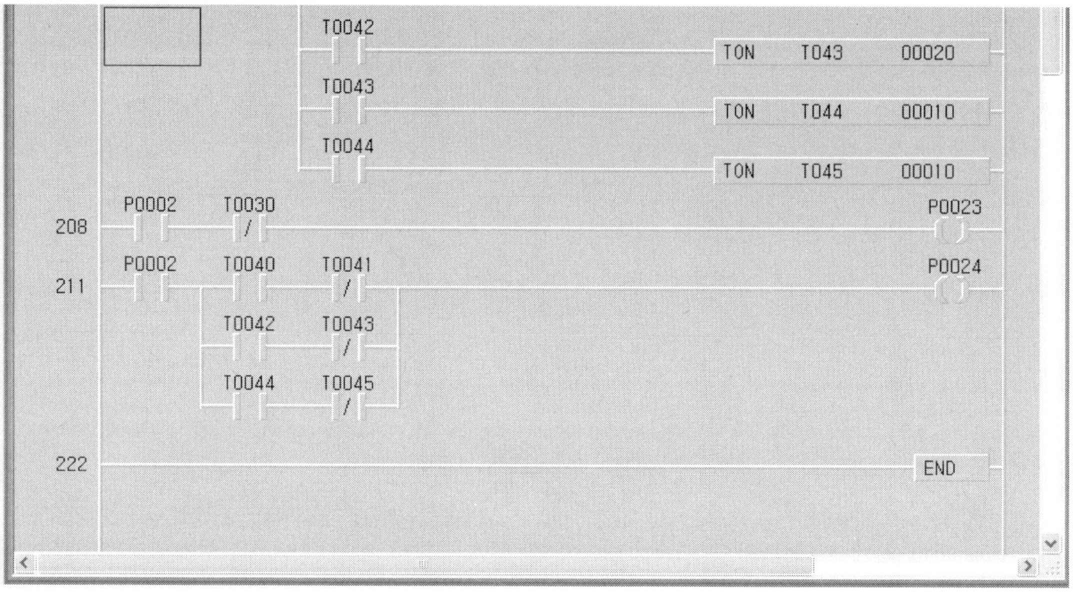
T0042
TON T043 00020
T0043
TON T044 00010
T0044
TON T045 00010
208
P0002
T0030
P0023
211
P0002
T0040
T0041
P0024
T0042
T0043
T0044
T0045
222
END

메 모

타임차트_20

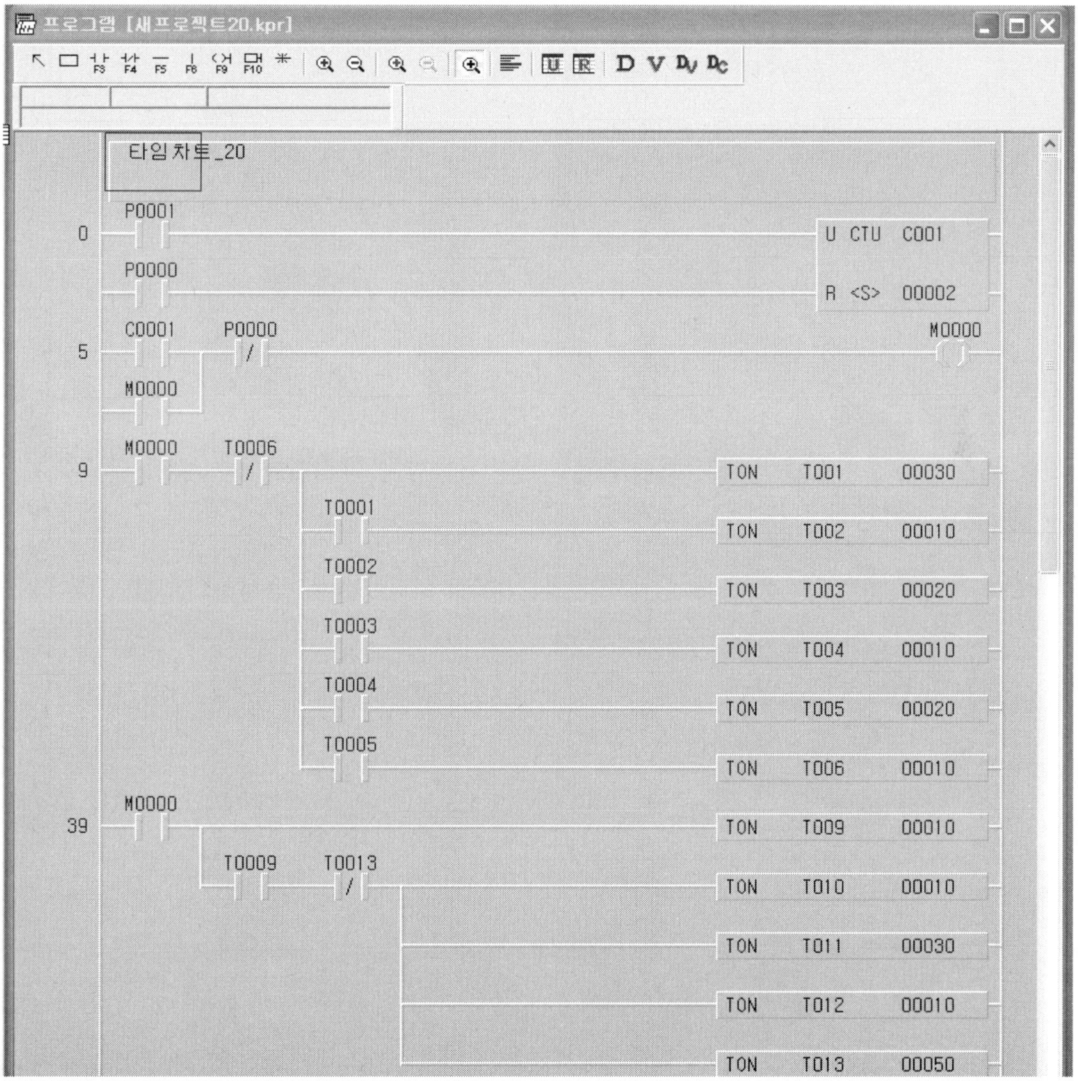
프로그램 [새프로젝트20.kpr]
타임차트_20
0
P0001
U CTU C001
P0000
R <S> 00002
5
C0001
P0000
M0000
M0000
9
M0000
T0006
TON T001 00030
T0001
TON T002 00010
T0002
TON T003 00020
T0003
TON T004 00010
T0004
TON T005 00020
T0005
TON T006 00010
39
M0000
TON T009 00010
T0009
T0013
TON T010 00010
TON T011 00030
TON T012 00010
TON T013 00050

메 모

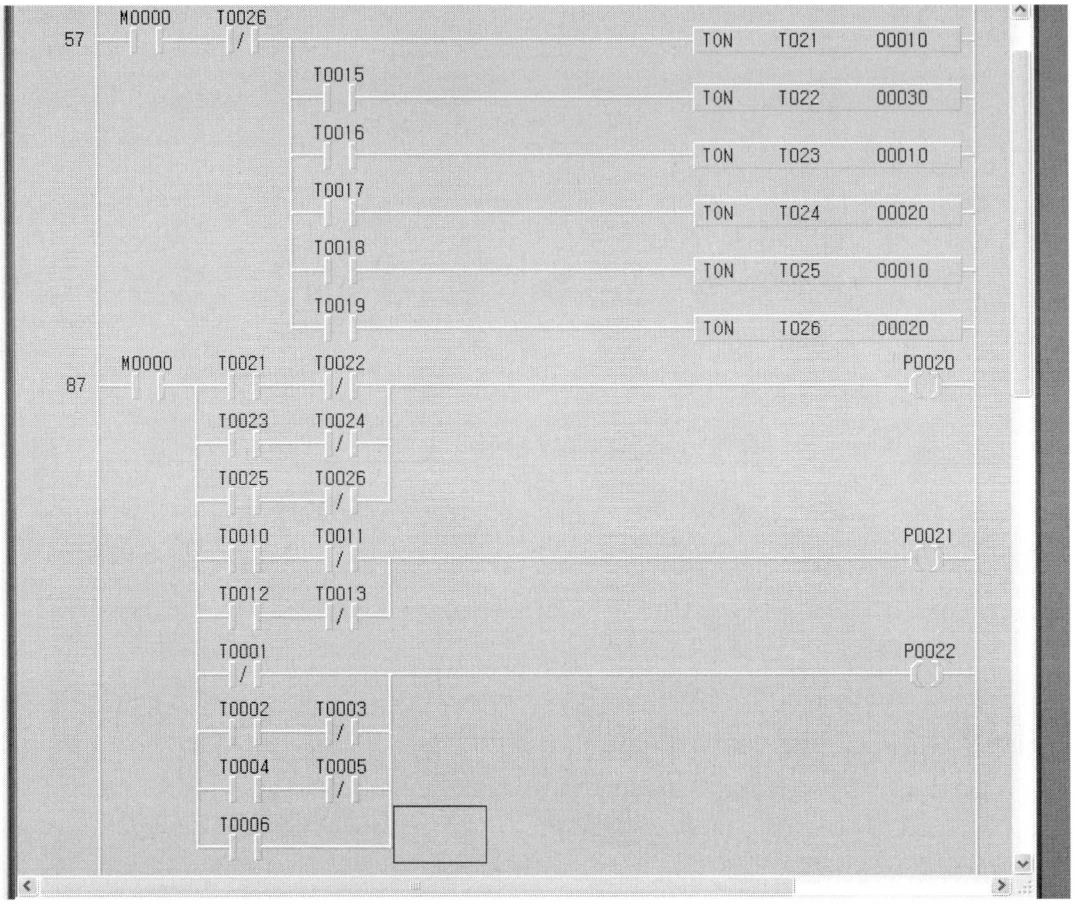
57
M0000
T0026
TON T021 00010
T0015
TON T022 00030
T0016
TON T023 00010
T0017
TON T024 00020
T0018
TON T025 00010
T0019
TON T026 00020
87
M0000
T0021
T0022
P0020
T0023
T0024
T0025
T0026
T0010
T0011
P0021
T0012
T0013
T0001
P0022
T0002
T0003
T0004
T0005
T0006

메 모

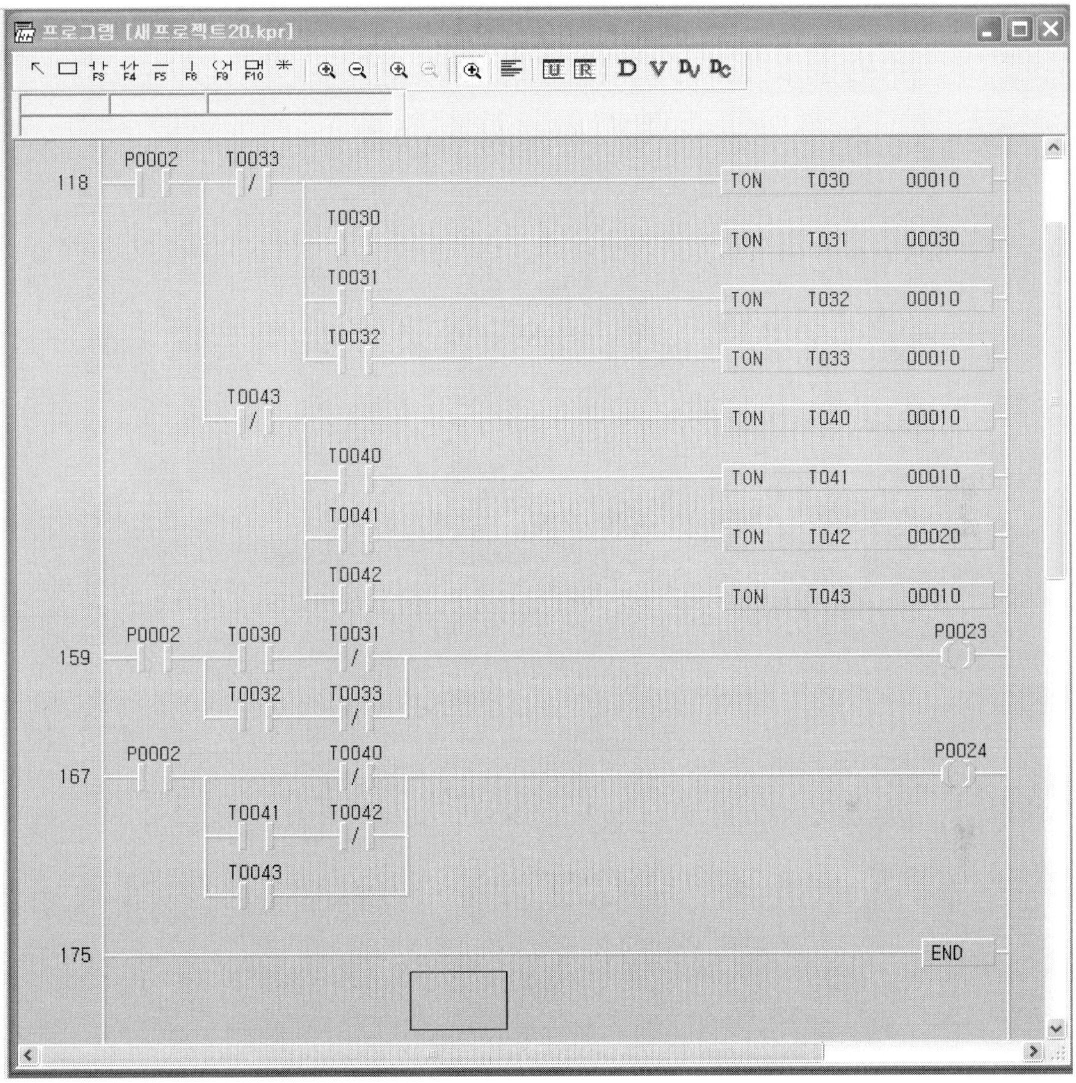
프로그램 [새프로젝트20.kpr]
118
P0002
T0033
TON T030 00010
T0030
TON T031 00030
T0031
TON T032 00010
T0032
TON T033 00010
T0043
TON T040 00010
T0040
TON T041 00010
T0041
TON T042 00020
T0042
TON T043 00010
159
P0002
T0030
T0031
P0023
T0032
T0033
167
P0002
T0040
P0024
T0041
T0042
T0043
175
END

메 모

타임차트_21

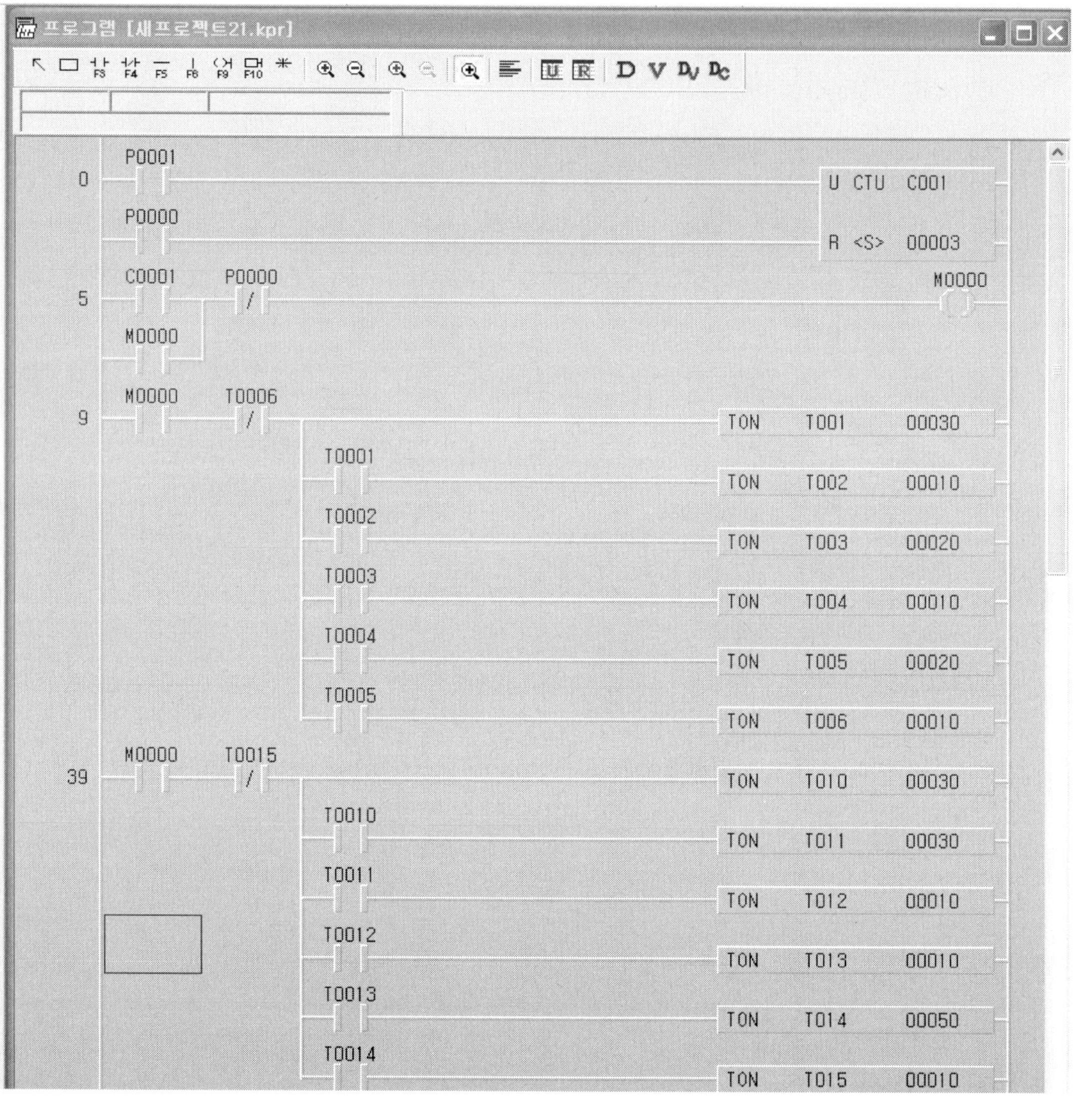
프로그램 [새프로젝트21.kpr]
0
P0001
U CTU C001
P0000
R <S> 00003
5
C0001
P0000
M0000
M0000
9
M0000
T0006
TON T001 00030
T0001
TON T002 00010
T0002
TON T003 00020
T0003
TON T004 00010
T0004
TON T005 00020
T0005
TON T006 00010
39
M0000
T0015
TON T010 00030
T0010
TON T011 00030
T0011
TON T012 00010
T0012
TON T013 00010
T0013
TON T014 00050
T0014
TON T015 00010

메 모

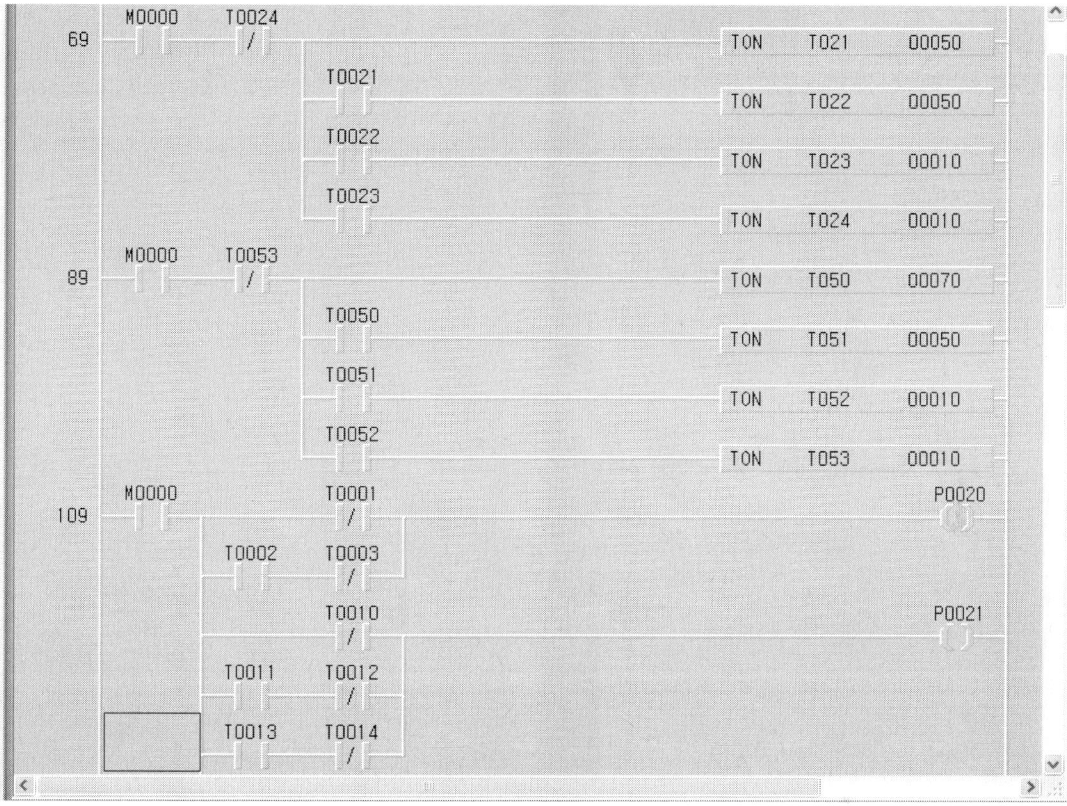
69
M0000
T0024
TON T021 00050
T0021
TON T022 00050
T0022
TON T023 00010
T0023
TON T024 00010
89
M0000
T0053
TON T050 00070
T0050
TON T051 00050
T0051
TON T052 00010
T0052
TON T053 00010
109
M0000
T0001
P0020
T0002
T0003
T0010
P0021
T0011
T0012
T0013
T0014

메 모

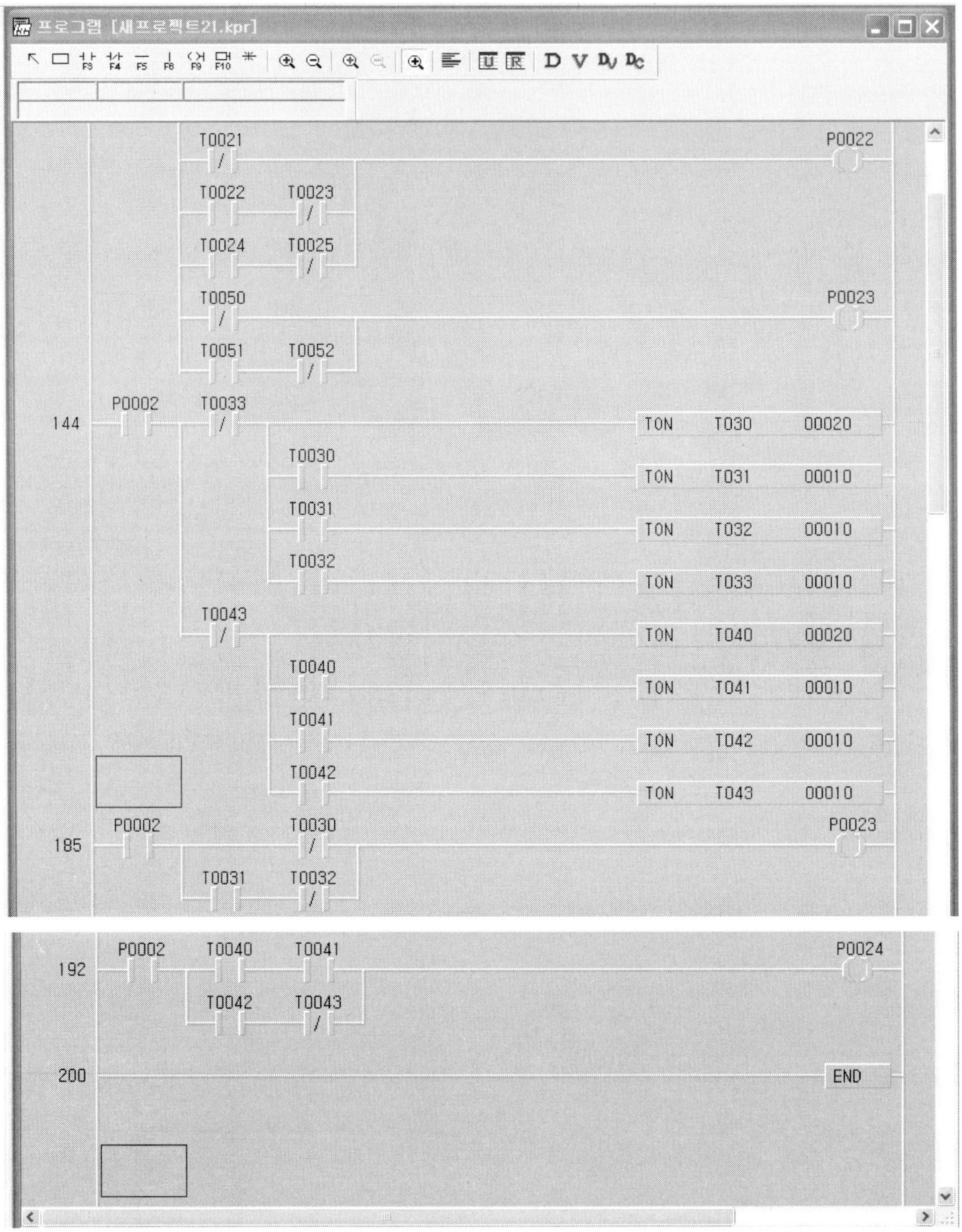
프로그램 [새프로젝트21.kpr]
T0021
P0022
T0022
T0023
T0024
T0025
T0050
P0023
T0051
T0052
144
P0002
T0033
TON T030 00020
T0030
TON T031 00010
T0031
TON T032 00010
T0032
TON T033 00010
T0043
TON T040 00020
T0040
TON T041 00010
T0041
TON T042 00010
T0042
TON T043 00010
185
P0002
T0030
P0023
T0031
T0032
192
P0002
T0040
T0041
P0024
T0042
T0043
200
END

타임차트_22

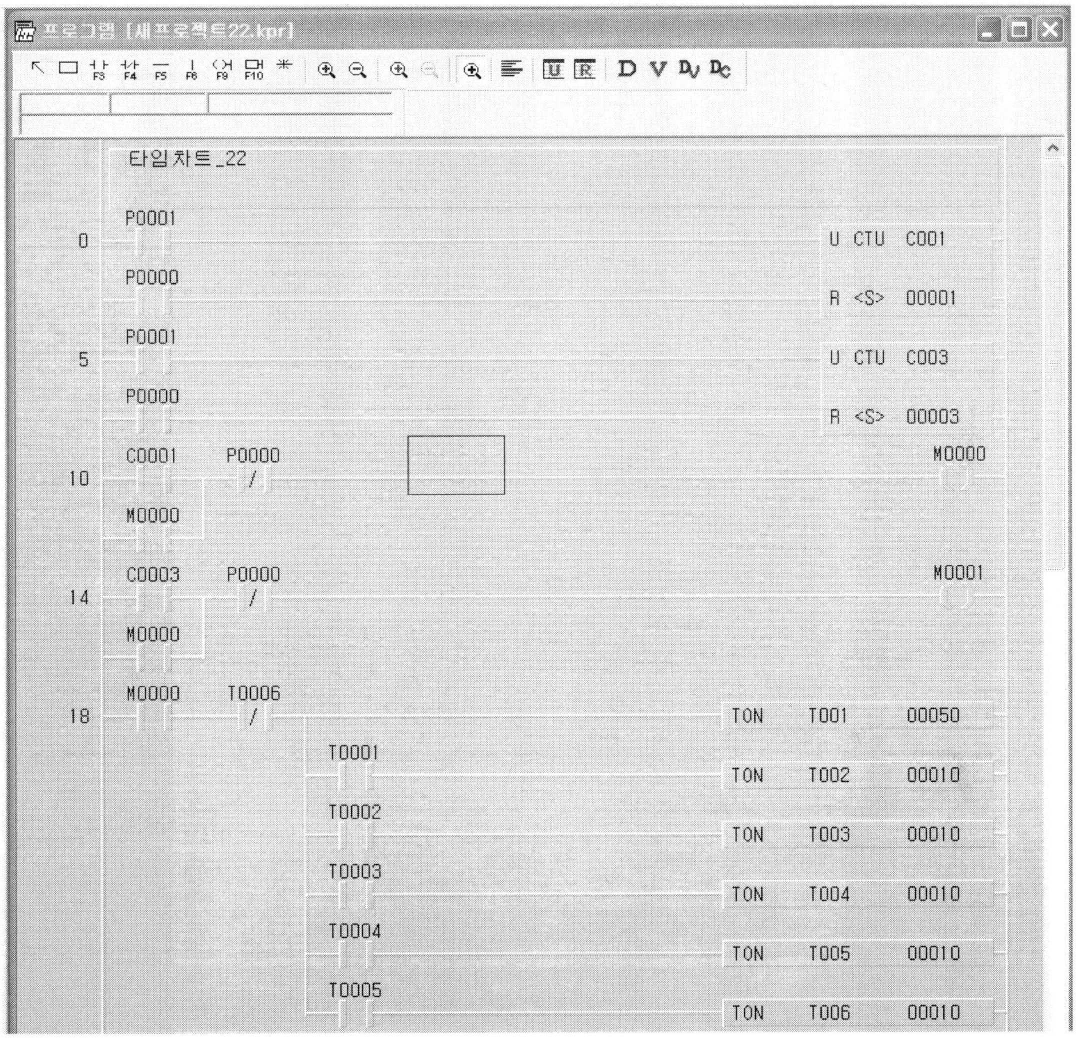
프로그램 [새프로젝트22.kpr]
타임차트_22
P0001
U CTU C001
P0000
R <S> 00001
P0001
U CTU C003
P0000
R <S> 00003
C0001
P0000
M0000
M0000
C0003
P0000
M0001
M0000
M0000
T0006
TON T001 00050
T0001
TON T002 00010
T0002
TON T003 00010
T0003
TON T004 00010
T0004
TON T005 00010
T0005
TON T006 00010

메 모

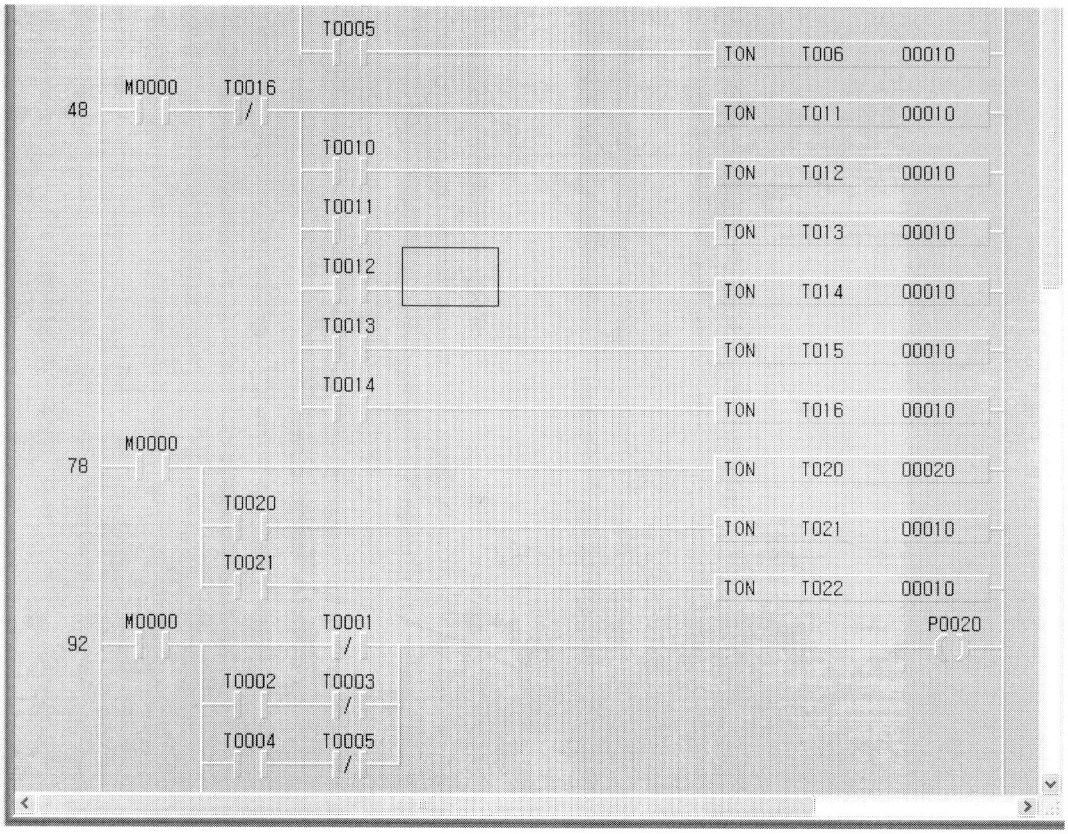
T0005
TON T006 00010
48
M0000 T0016
TON T011 00010
T0010
TON T012 00010
T0011
TON T013 00010
T0012
TON T014 00010
T0013
TON T015 00010
T0014
TON T016 00010
78
M0000
TON T020 00020
T0020
TON T021 00010
T0021
TON T022 00010
92
M0000 T0001
P0020
T0002 T0003
T0004 T0005

메 모

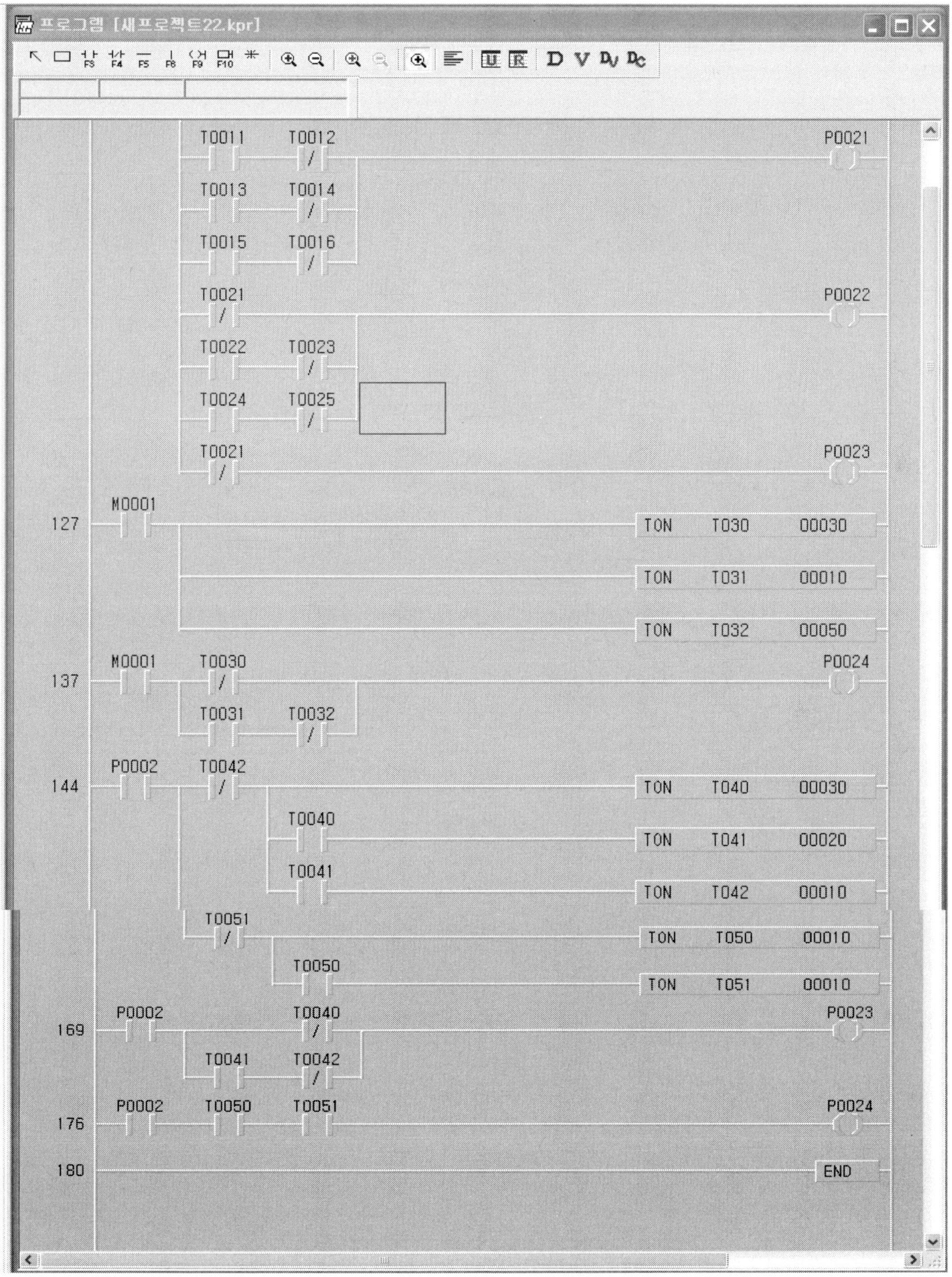
프로그램 [새프로젝트22.kpr]
T0011 T0012 P0021
T0013 T0014
T0015 T0016
T0021 P0022
T0022 T0023
T0024 T0025
T0021 P0023
127 M0001 TON T030 00030
TON T031 00010
TON T032 00050
137 M0001 T0030 P0024
T0031 T0032
144 P0002 T0042 TON T040 00030
T0040 TON T041 00020
T0041 TON T042 00010
T0051 TON T050 00010
T0050 TON T051 00010
169 P0002 T0040 P0023
T0041 T0042
176 P0002 T0050 T0051 P0024
180 END

타임차트_23

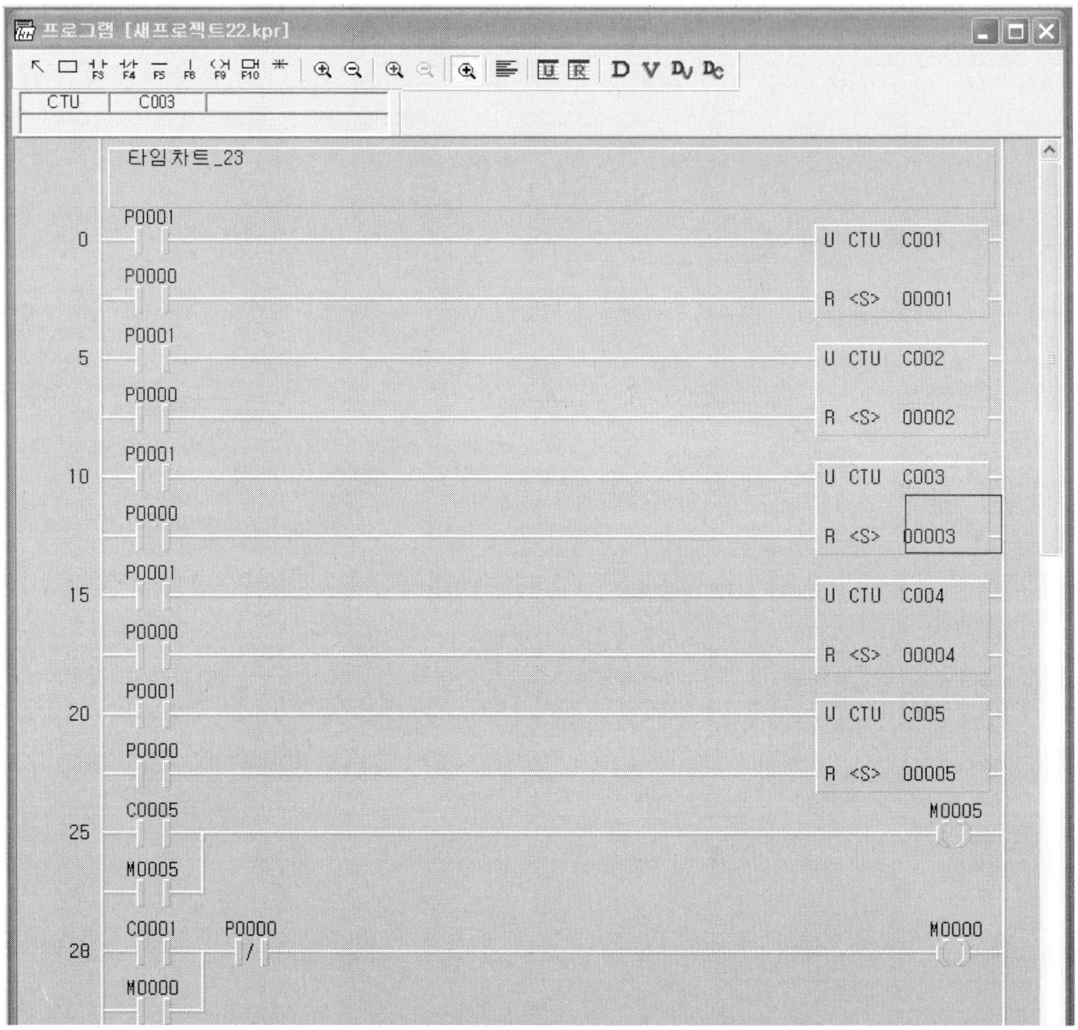
프로그램 [새프로젝트22.kpr]
CTU
C003
타임차트_23
P0001
P0000
U CTU C001
R <S> 00001
U CTU C002
R <S> 00002
U CTU C003
R <S> 00003
U CTU C004
R <S> 00004
U CTU C005
R <S> 00005
C0005
M0005
C0001
P0000
M0000

메 모

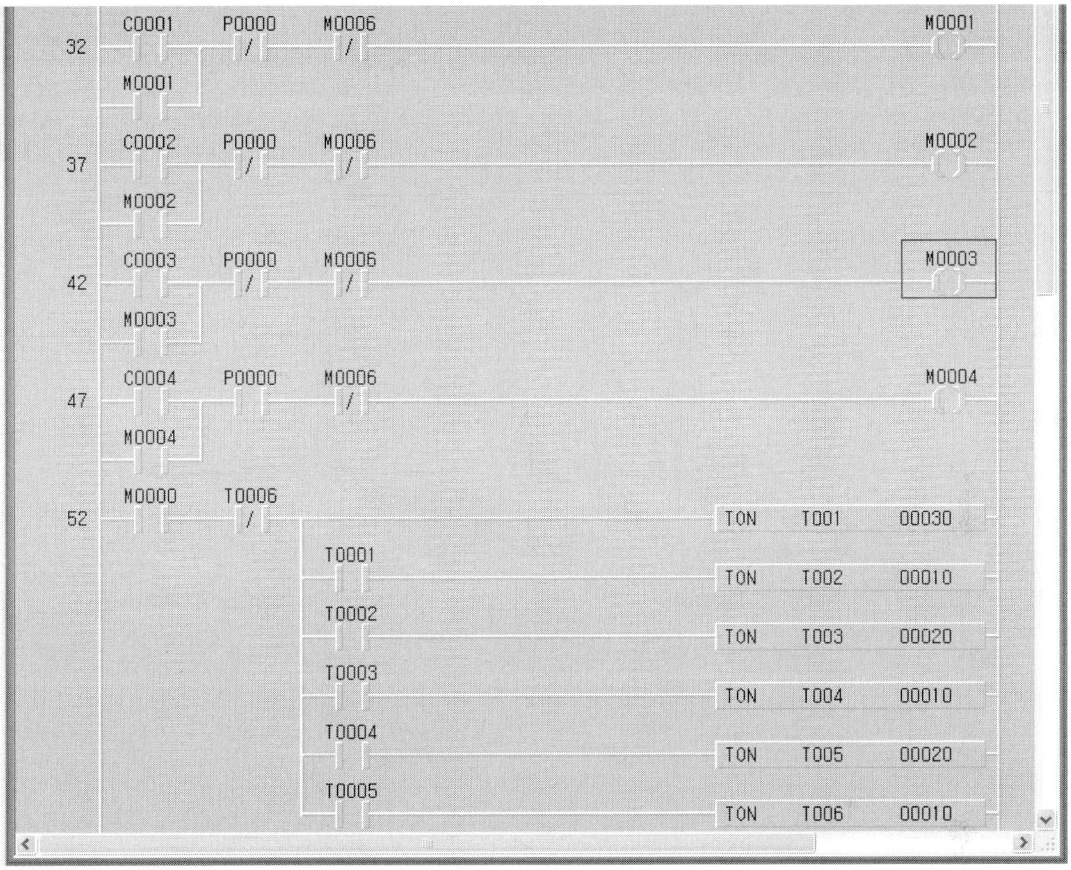
32
C0001
P0000
M0006
M0001
M0001
37
C0002
P0000
M0006
M0002
M0002
42
C0003
P0000
M0006
M0003
M0003
47
C0004
P0000
M0006
M0004
M0004
52
M0000
T0006
TON T001 00030
T0001
TON T002 00010
T0002
TON T003 00020
T0003
TON T004 00010
T0004
TON T005 00020
T0005
TON T006 00010

메 모

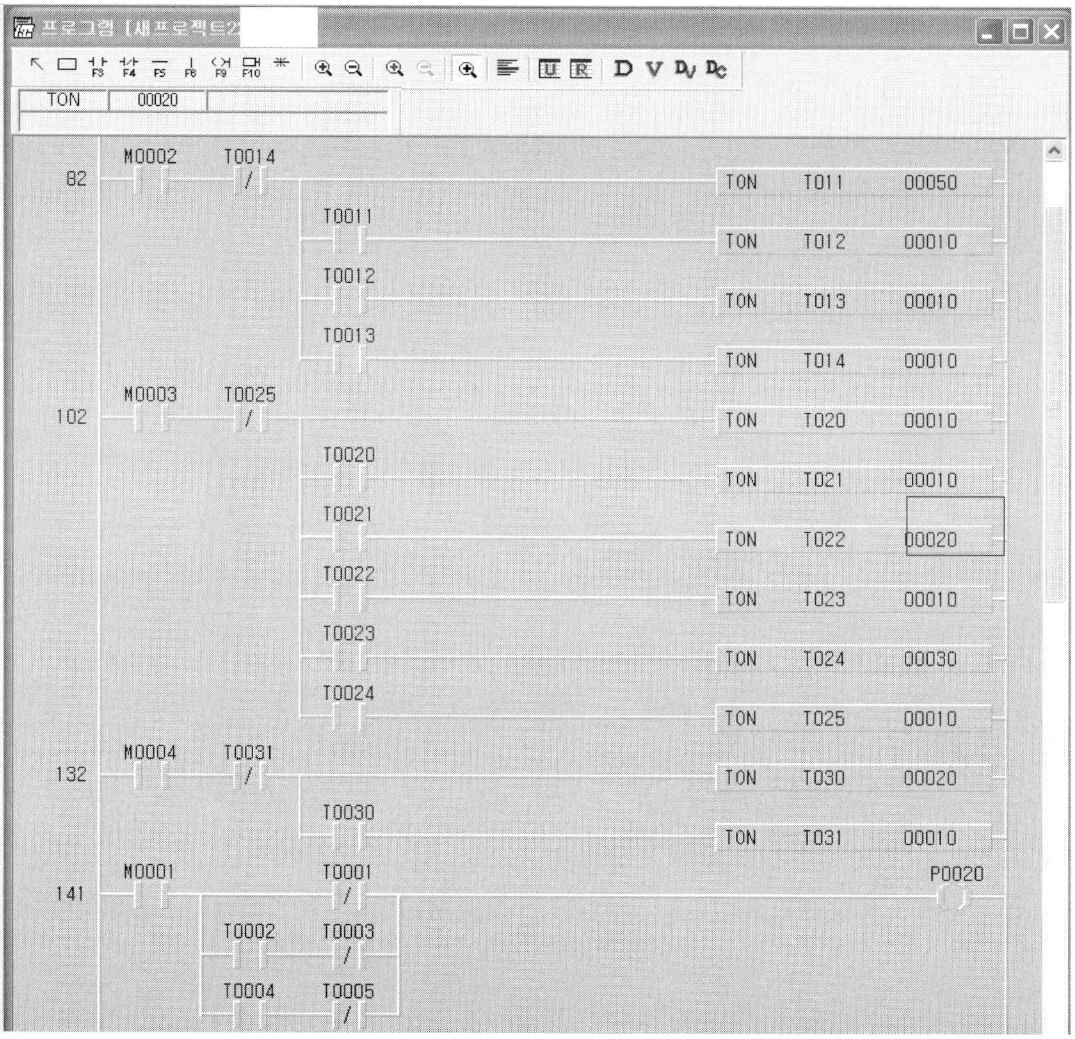

프로그램 [새프로젝트2
TON 00020
82 M0002 T0014 TON T011 00050
T0011 TON T012 00010
T0012 TON T013 00010
T0013 TON T014 00010
102 M0003 T0025 TON T020 00010
T0020 TON T021 00010
T0021 TON T022 00020
T0022 TON T023 00010
T0023 TON T024 00030
T0024 TON T025 00010
132 M0004 T0031 TON T030 00020
T0030 TON T031 00010
141 M0001 T0001 P0020
T0002 T0003
T0004 T0005

메 모

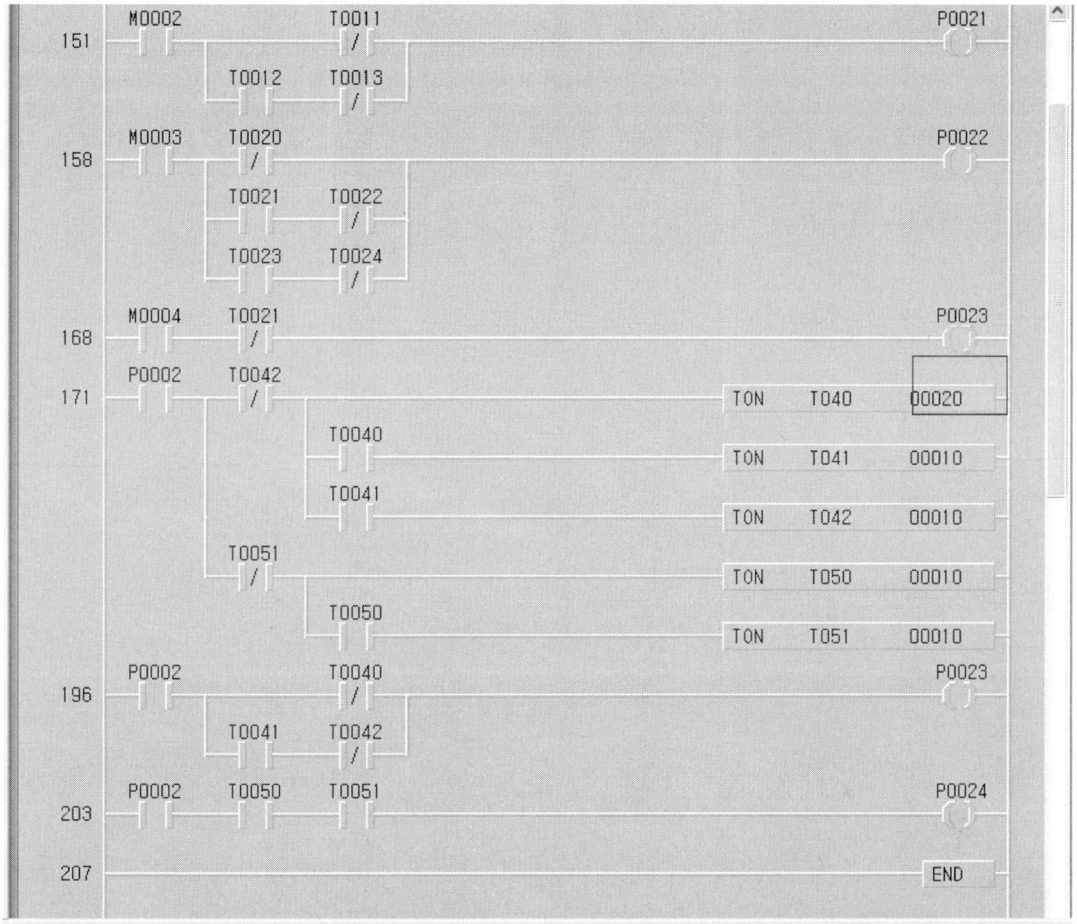
151
M0002
T0011
P0021
T0012
T0013
158
M0003
T0020
P0022
T0021
T0022
T0023
T0024
168
M0004
T0021
P0023
171
P0002
T0042
TON T040 00020
T0040
TON T041 00010
T0041
TON T042 00010
T0051
TON T050 00010
T0050
TON T051 00010
196
P0002
T0040
P0023
T0041
T0042
203
P0002
T0050
T0051
P0024
207
END

메 모

타임차트_24

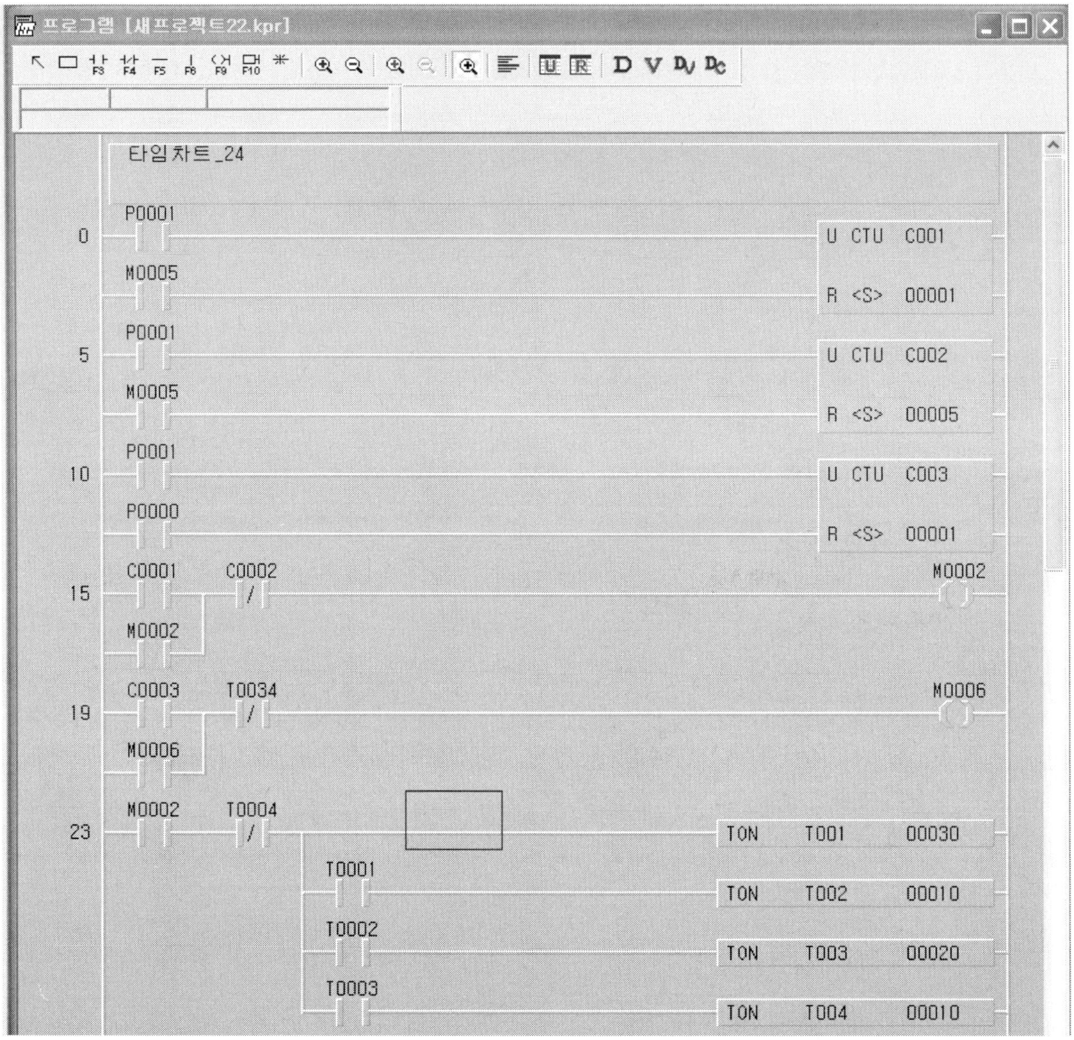
프로그램 [새프로젝트22.kpr]
타임차트_24
0
P0001
U CTU C001
M0005
R <S> 00001
5
P0001
U CTU C002
M0005
R <S> 00005
10
P0001
U CTU C003
P0000
R <S> 00001
15
C0001
C0002
M0002
M0002
19
C0003
T0034
M0006
M0006
23
M0002
T0004
TON T001 00030
T0001
TON T002 00010
T0002
TON T003 00020
T0003
TON T004 00010

메 모

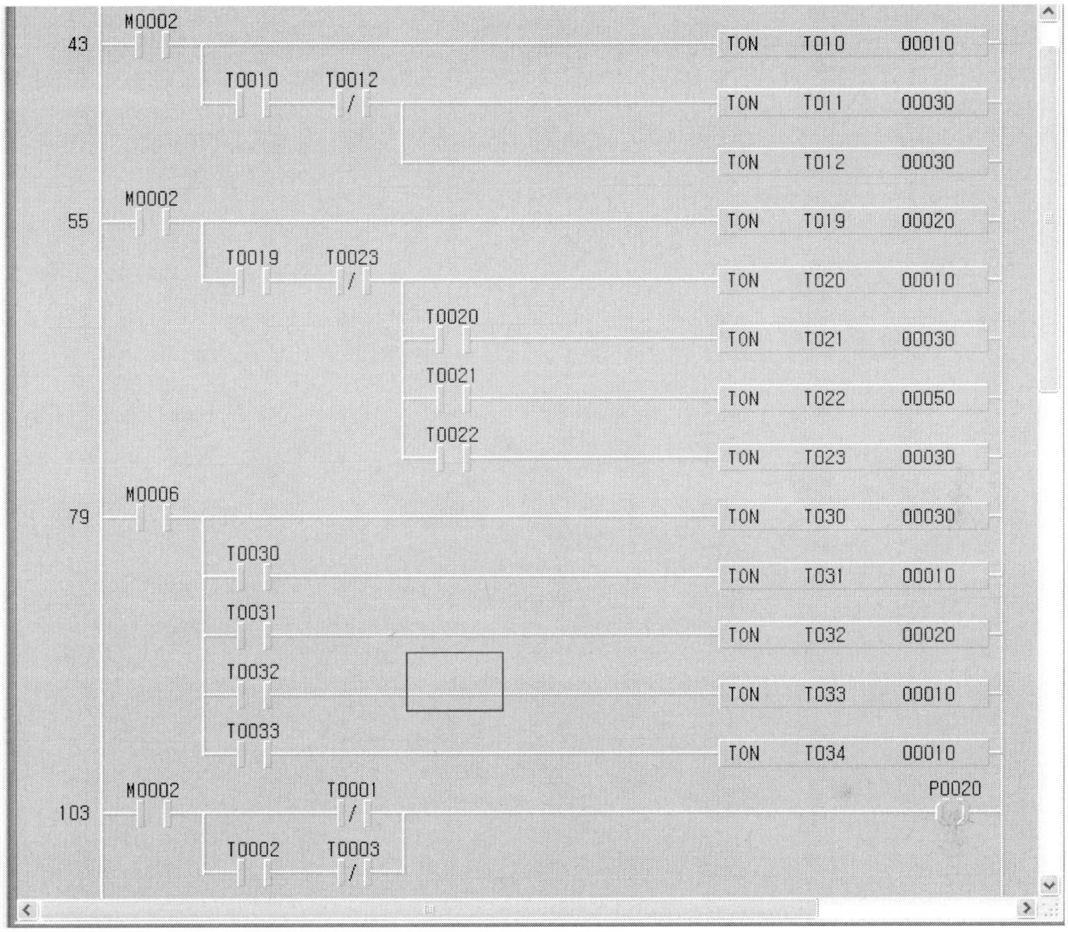
43
M0002
T0010
T0012
TON T010 00010
TON T011 00030
TON T012 00030
55
M0002
T0019
T0023
T0020
T0021
T0022
TON T019 00020
TON T020 00010
TON T021 00030
TON T022 00050
TON T023 00030
79
M0006
T0030
T0031
T0032
T0033
TON T030 00030
TON T031 00010
TON T032 00020
TON T033 00010
TON T034 00010
103
M0002
T0001
T0002
T0003
P0020

메 모

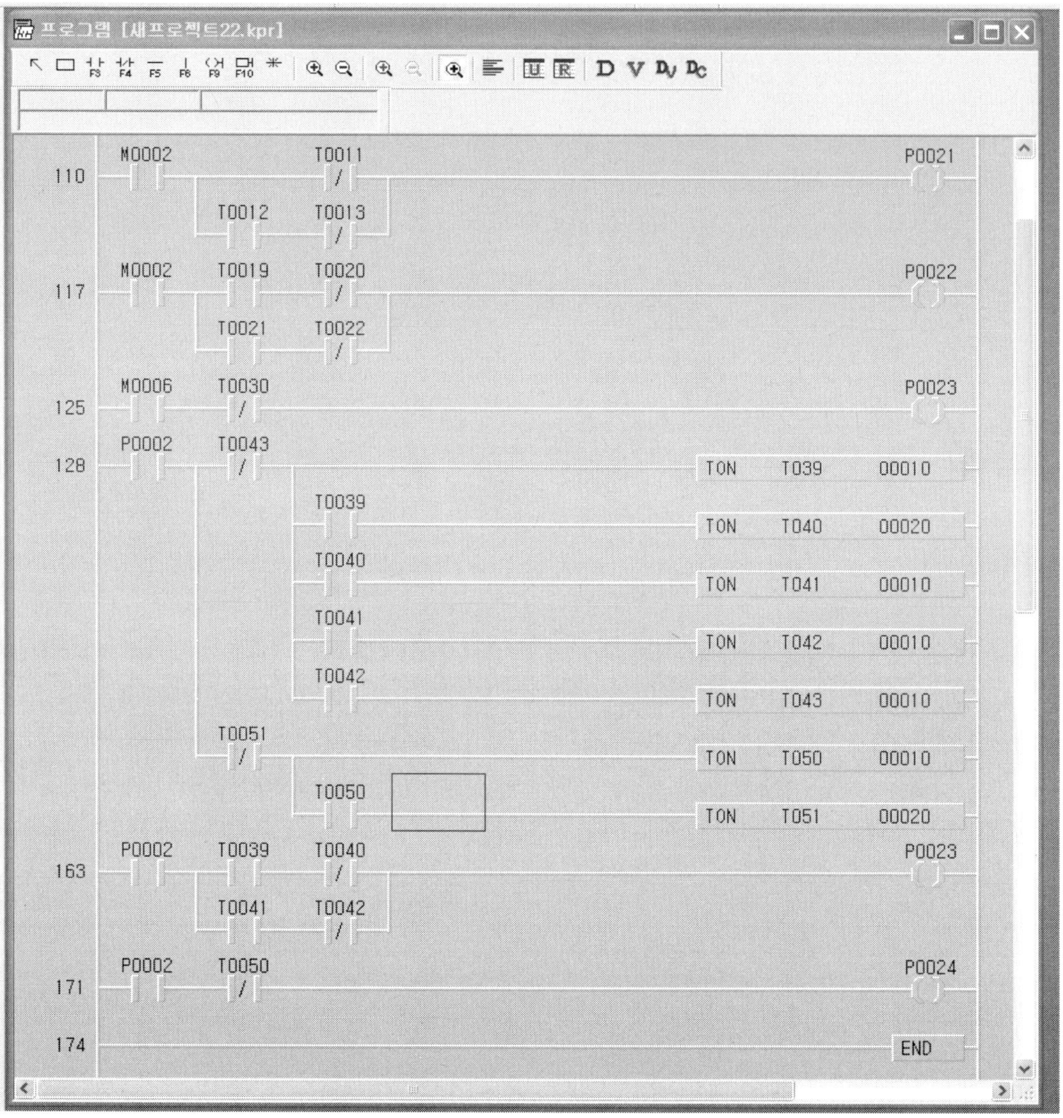
프로그램 [새프로젝트22.kpr]
110 M0002 T0011 P0021
T0012 T0013
117 M0002 T0019 T0020 P0022
T0021 T0022
125 M0006 T0030 P0023
128 P0002 T0043 TON T039 00010
T0039 TON T040 00020
T0040 TON T041 00010
T0041 TON T042 00010
T0042 TON T043 00010
T0051 TON T050 00010
T0050 TON T051 00020
163 P0002 T0039 T0040 P0023
T0041 T0042
171 P0002 T0050 P0024
174 END

메 모

타임차트_25

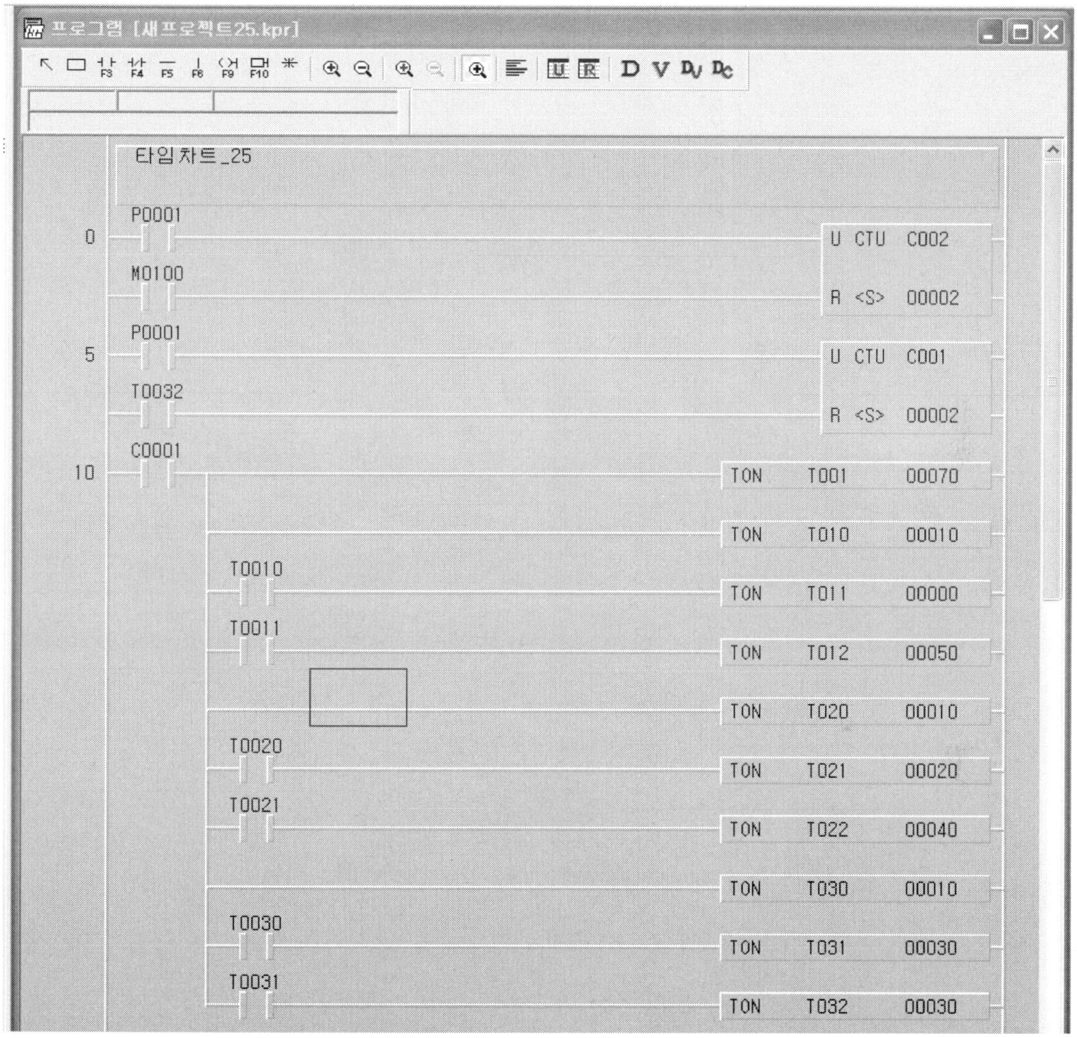
프로그램 [새프로젝트25.kpr]
타임차트_25
P0001
0
U CTU C002
M0100
R <S> 00002
P0001
5
U CTU C001
T0032
R <S> 00002
C0001
10
TON T001 00070
TON T010 00010
T0010
TON T011 00000
T0011
TON T012 00050
TON T020 00010
T0020
TON T021 00020
T0021
TON T022 00040
TON T030 00010
T0030
TON T031 00030
T0031
TON T032 00030

메 모

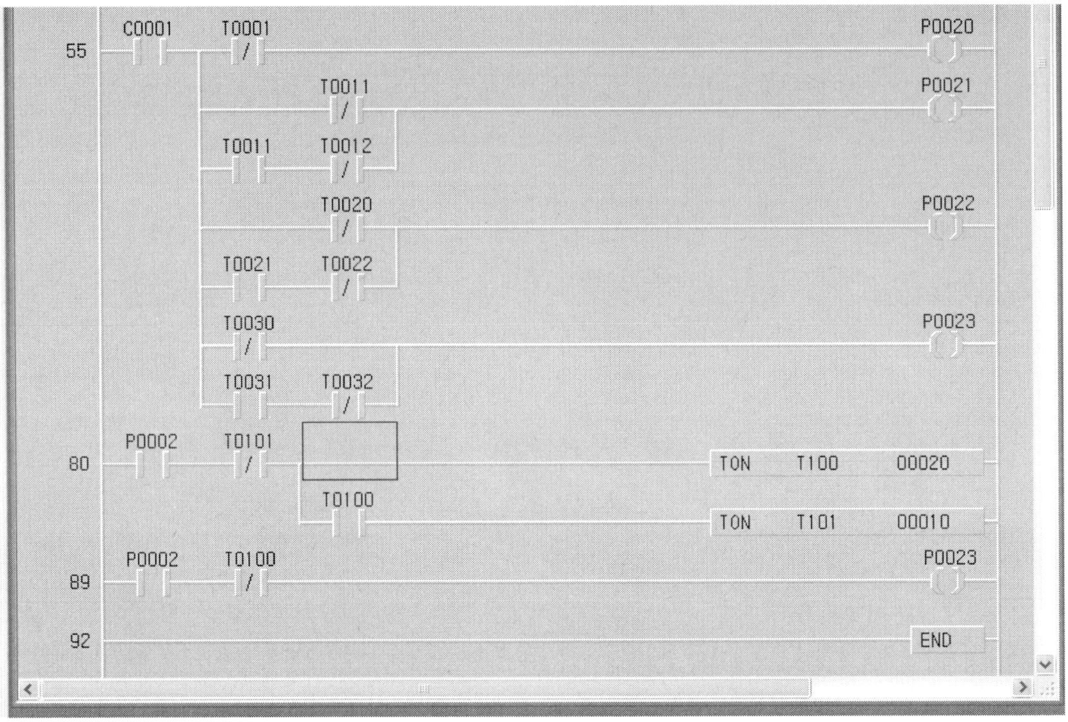
55
C0001
T0001
P0020
T0011
P0021
T0011
T0012
T0020
P0022
T0021
T0022
T0030
P0023
T0031
T0032
80
P0002
T0101
TON T100 00020
T0100
TON T101 00010
89
P0002
T0100
P0023
92
END

메 모

타임차트_26

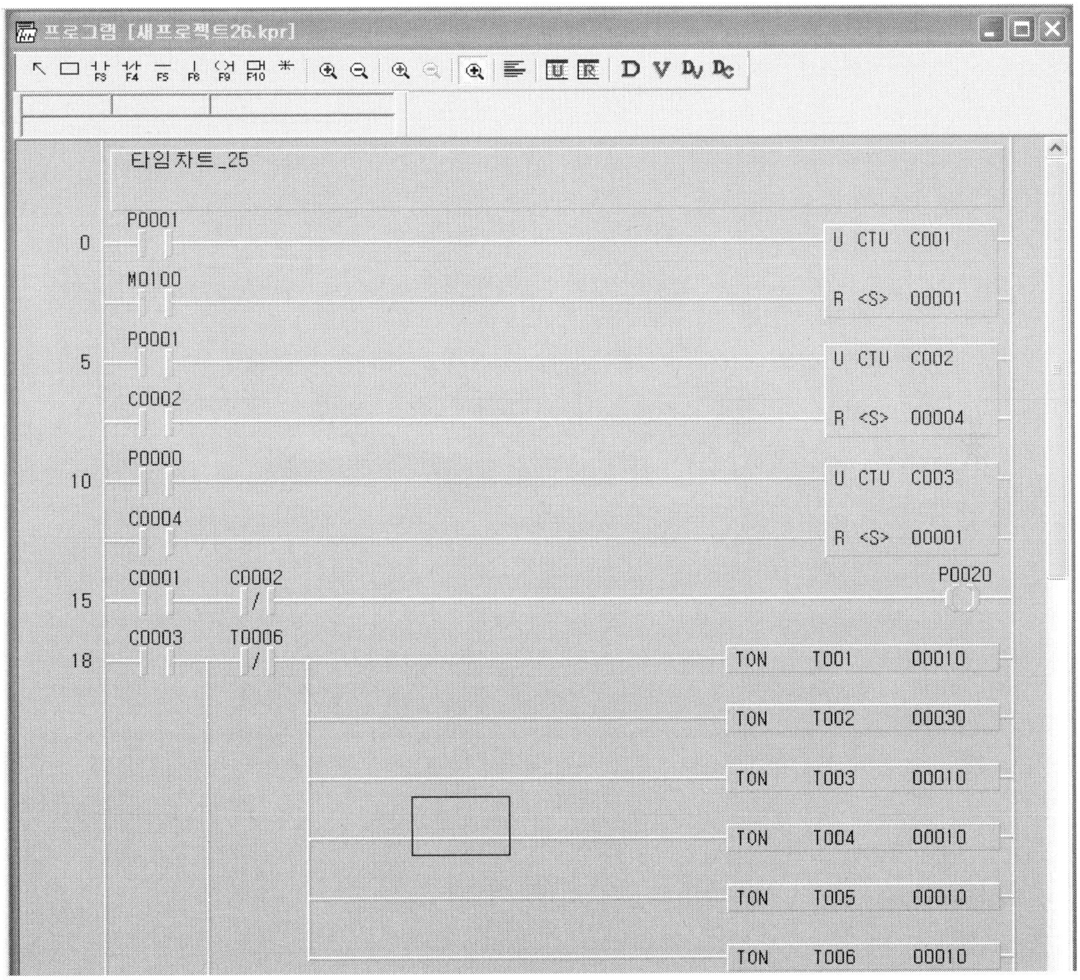
프로그램 [새프로젝트26.kpr]
타임차트_25
P0001
M0100
U CTU C001
R <S> 00001
P0001
C0002
U CTU C002
R <S> 00004
P0000
C0004
U CTU C003
R <S> 00001
C0001
C0002
P0020
C0003
T0006
TON T001 00010
TON T002 00030
TON T003 00010
TON T004 00010
TON T005 00010
TON T006 00010

메 모

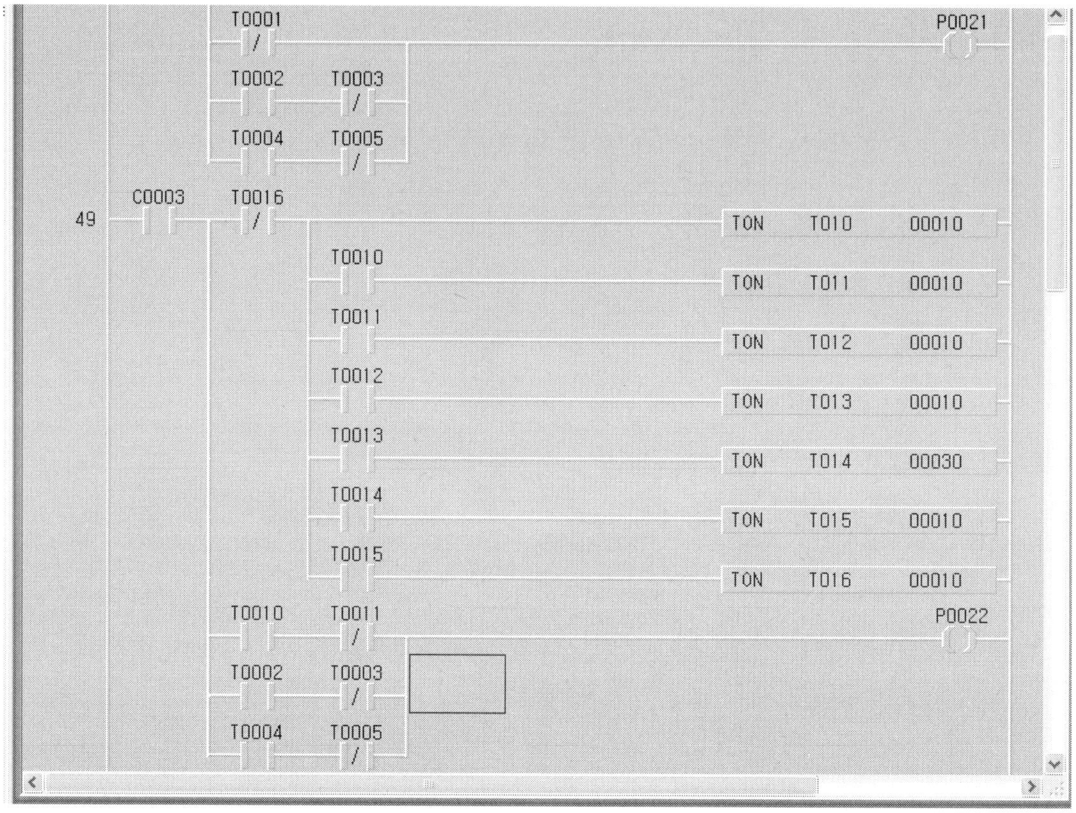
T0001
P0021
T0002
T0003
T0004
T0005
49
C0003
T0016
TON T010 00010
T0010
TON T011 00010
T0011
TON T012 00010
T0012
TON T013 00010
T0013
TON T014 00030
T0014
TON T015 00010
T0015
TON T016 00010
T0010
T0011
P0022
T0002
T0003
T0004
T0005

메 모

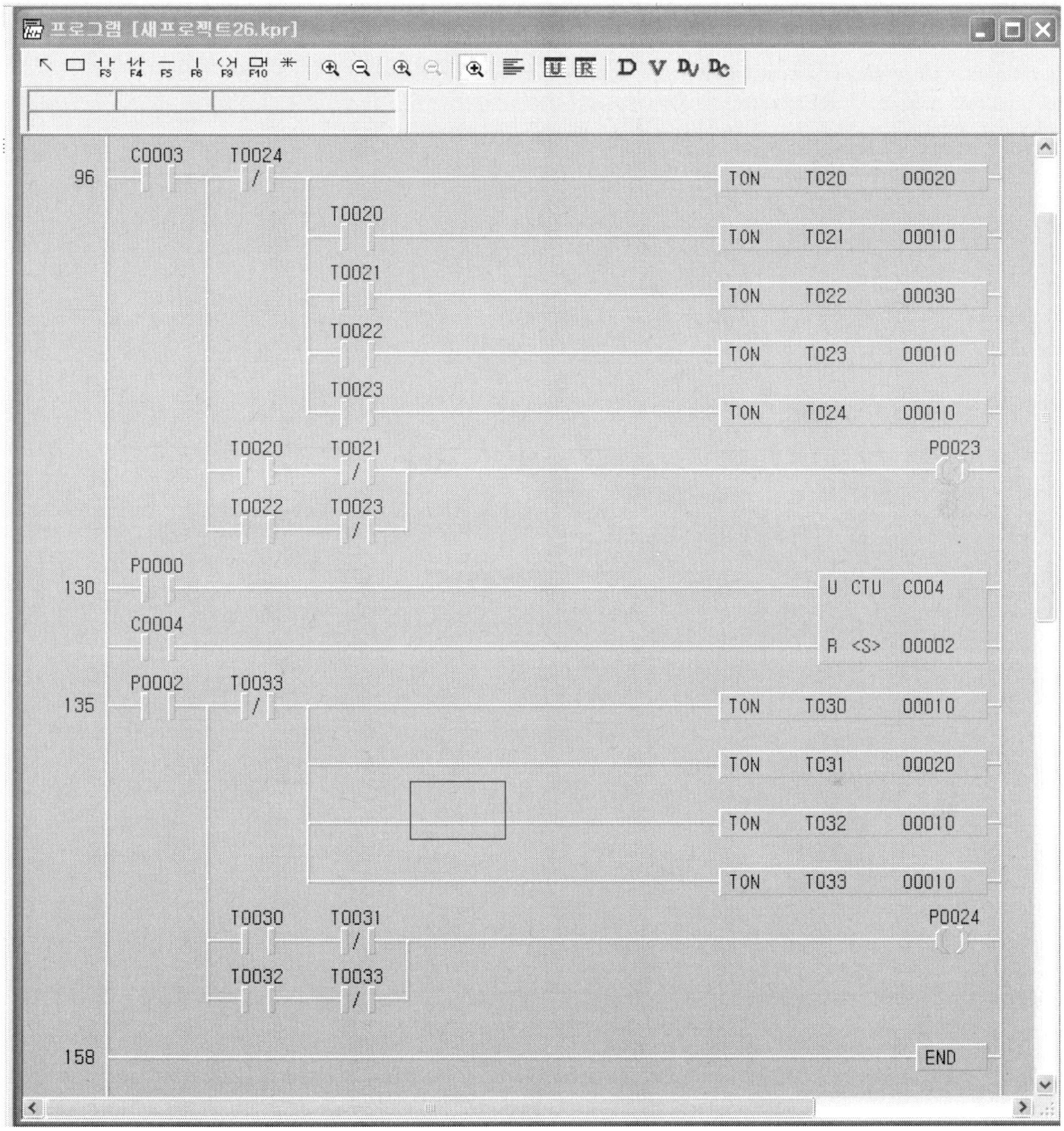
프로그램 [새프로젝트26.kpr]
96
C0003
T0024
TON T020 00020
T0020
TON T021 00010
T0021
TON T022 00030
T0022
TON T023 00010
T0023
TON T024 00010
T0020
T0021
P0023
T0022
T0023
130
P0000
U CTU C004
C0004
R <S> 00002
135
P0002
T0033
TON T030 00010
TON T031 00020
TON T032 00010
TON T033 00010
T0030
T0031
P0024
T0032
T0033
158
END

메 모

타임차트_27

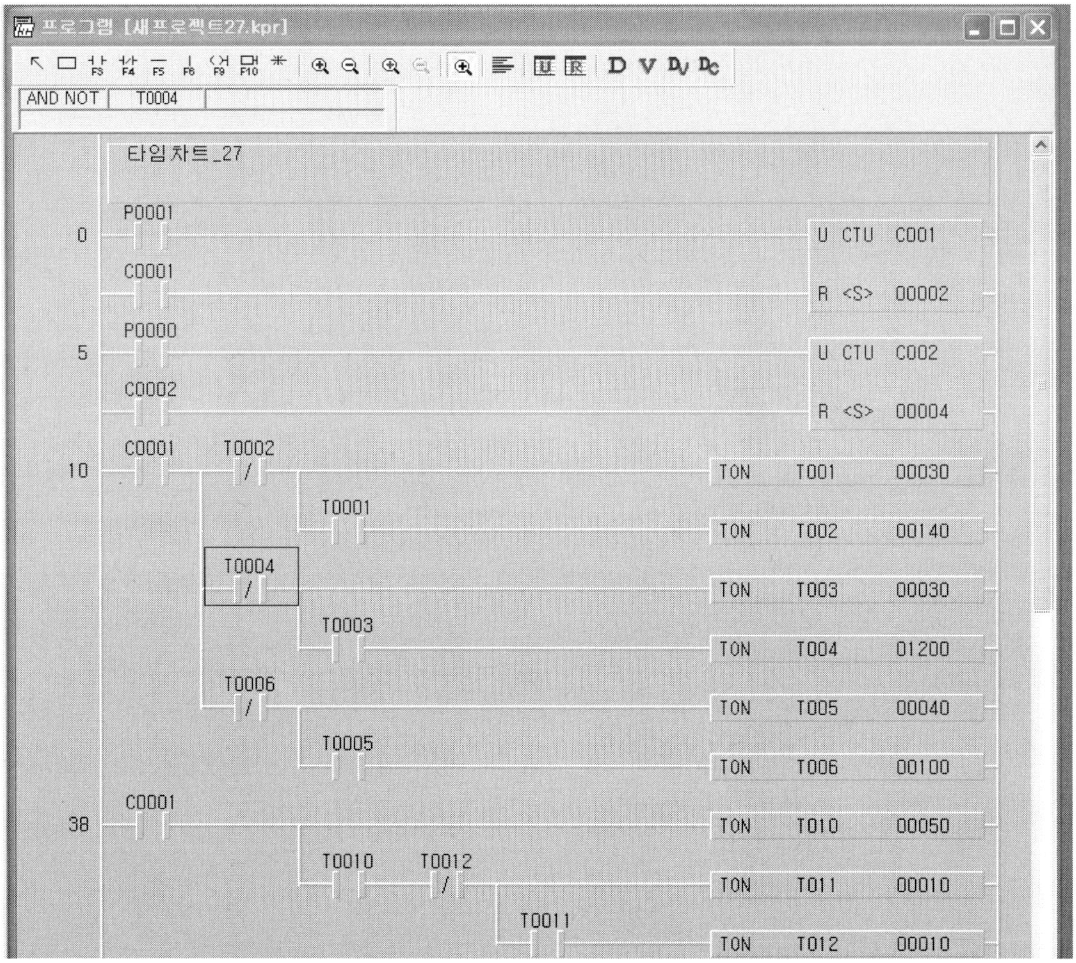
프로그램 [새프로젝트27.kpr]
AND NOT T0004
타임차트_27
P0001
U CTU C001
C0001
R <S> 00002
P0000
U CTU C002
C0002
R <S> 00004
C0001 T0002
TON T001 00030
T0001
TON T002 00140
T0004
TON T003 00030
T0003
TON T004 01200
T0006
TON T005 00040
T0005
TON T006 00100
C0001
TON T010 00050
T0010 T0012
TON T011 00010
T0011
TON T012 00010

메 모

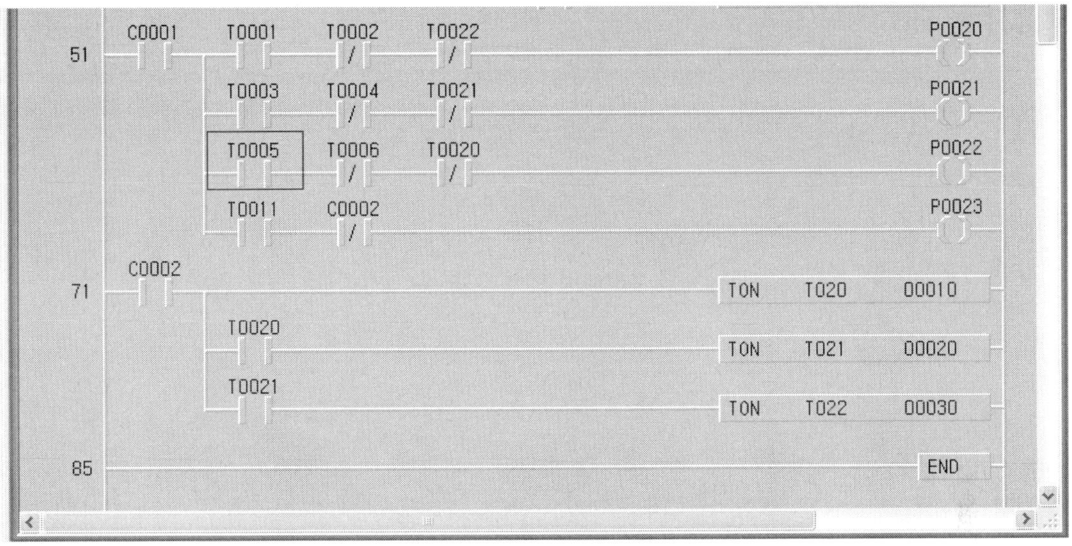
51
C0001
T0001
T0002
T0022
P0020
T0003
T0004
T0021
P0021
T0005
T0006
T0020
P0022
T0011
C0002
P0023
71
C0002
TON T020 00010
T0020
TON T021 00020
T0021
TON T022 00030
85
END

메 모

타임차트_28

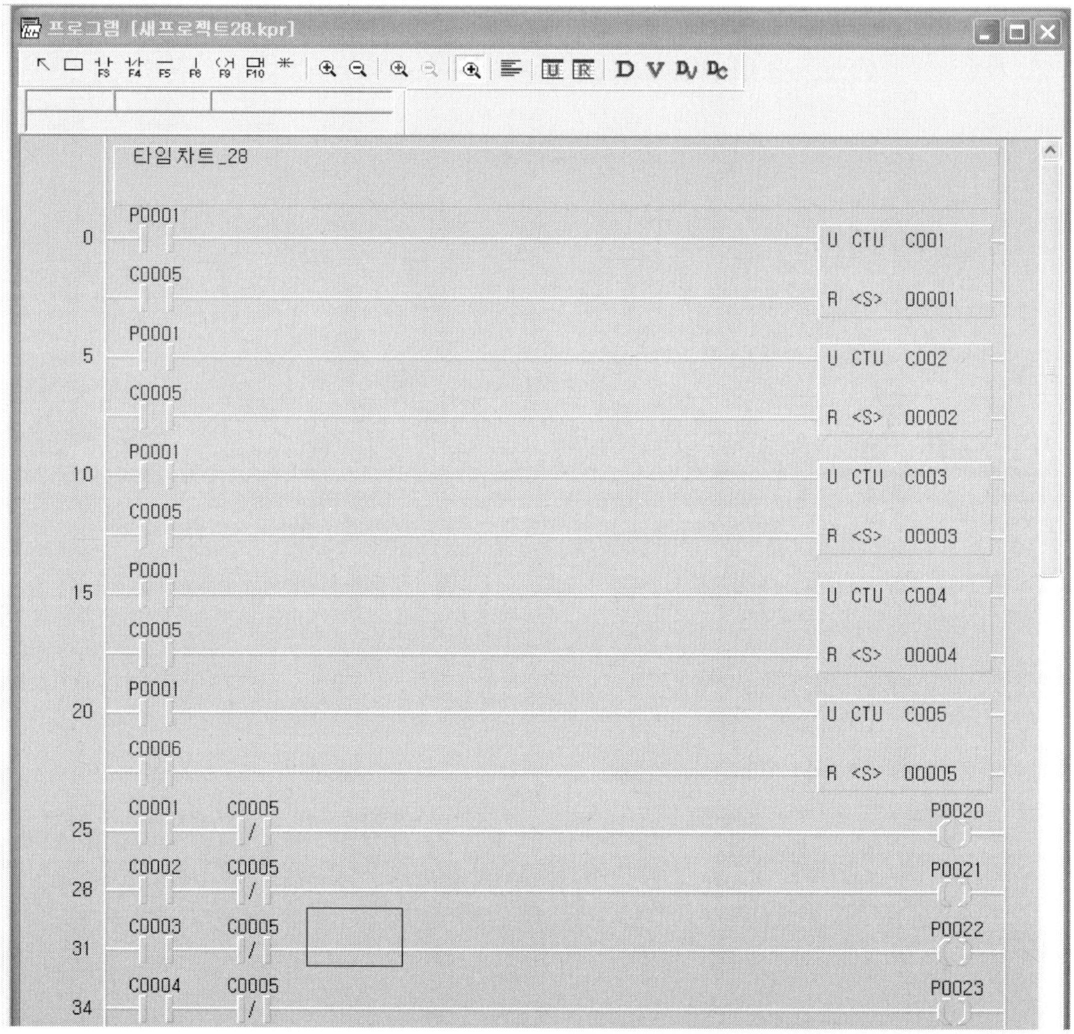
프로그램 [새프로젝트28.kpr]
타임차트_28
P0001
C0005
U CTU C001
R <S> 00001
P0001
C0005
U CTU C002
R <S> 00002
P0001
C0005
U CTU C003
R <S> 00003
P0001
C0005
U CTU C004
R <S> 00004
P0001
C0006
U CTU C005
R <S> 00005
C0001 C0005 P0020
C0002 C0005 P0021
C0003 C0005 P0022
C0004 C0005 P0023

메 모

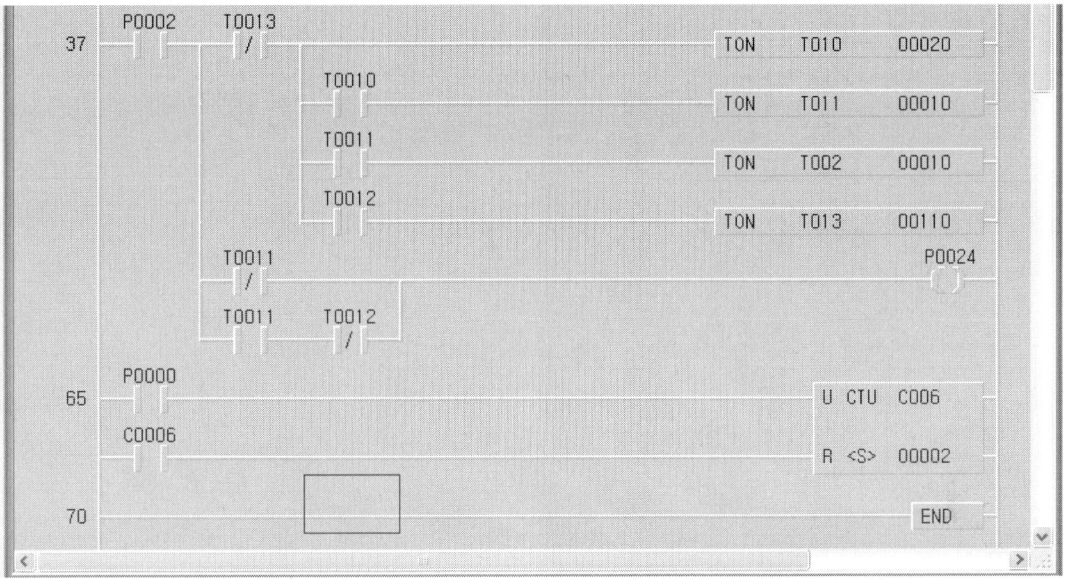
37
P0002
T0013
TON T010 00020
T0010
TON T011 00010
T0011
TON T002 00010
T0012
TON T013 00110
T0011
P0024
T0011
T0012
65
P0000
U CTU C006
C0006
R <S> 00002
70
END

메 모

타임차트_29

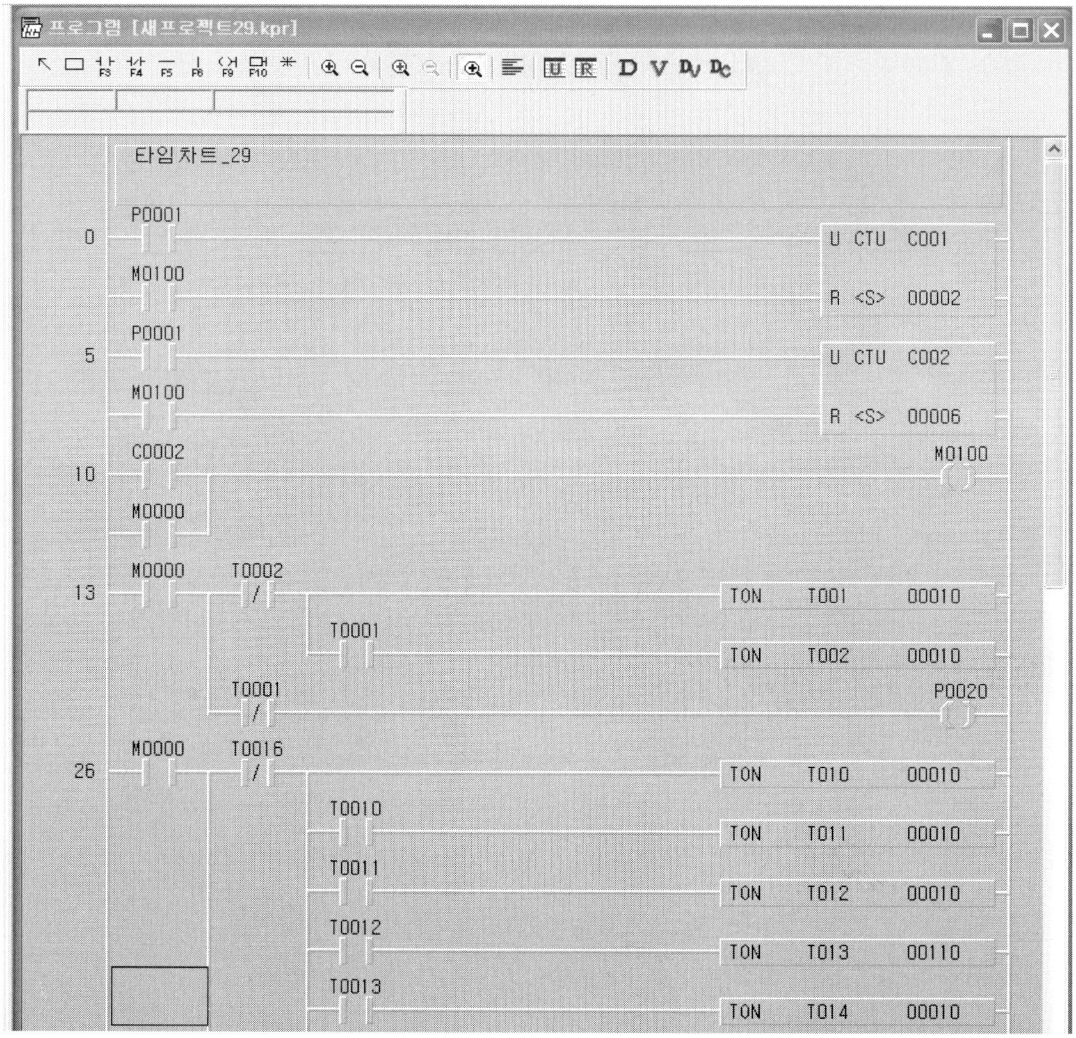
프로그램 [새프로젝트29.kpr]
타임차트_29
P0001
0
U CTU C001
M0100
R <S> 00002
P0001
5
U CTU C002
M0100
R <S> 00006
C0002
10
M0100
M0000
M0000
T0002
13
TON T001 00010
T0001
TON T002 00010
T0001
P0020
M0000
T0016
26
TON T010 00010
T0010
TON T011 00010
T0011
TON T012 00010
T0012
TON T013 00110
T0013
TON T014 00010

메 모

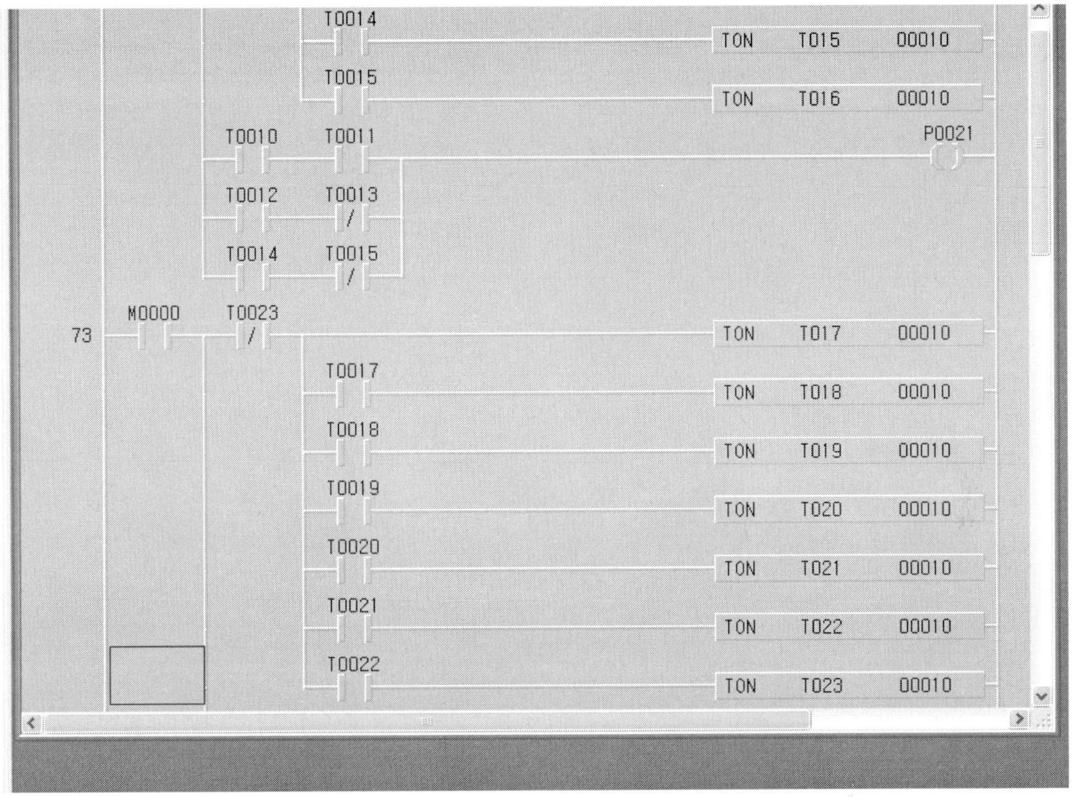
T0014
TON T015 00010
T0015
TON T016 00010
T0010 T0011
P0021
T0012 T0013
T0014 T0015
M0000 T0023
73
TON T017 00010
T0017
TON T018 00010
T0018
TON T019 00010
T0019
TON T020 00010
T0020
TON T021 00010
T0021
TON T022 00010
T0022
TON T023 00010

메 모

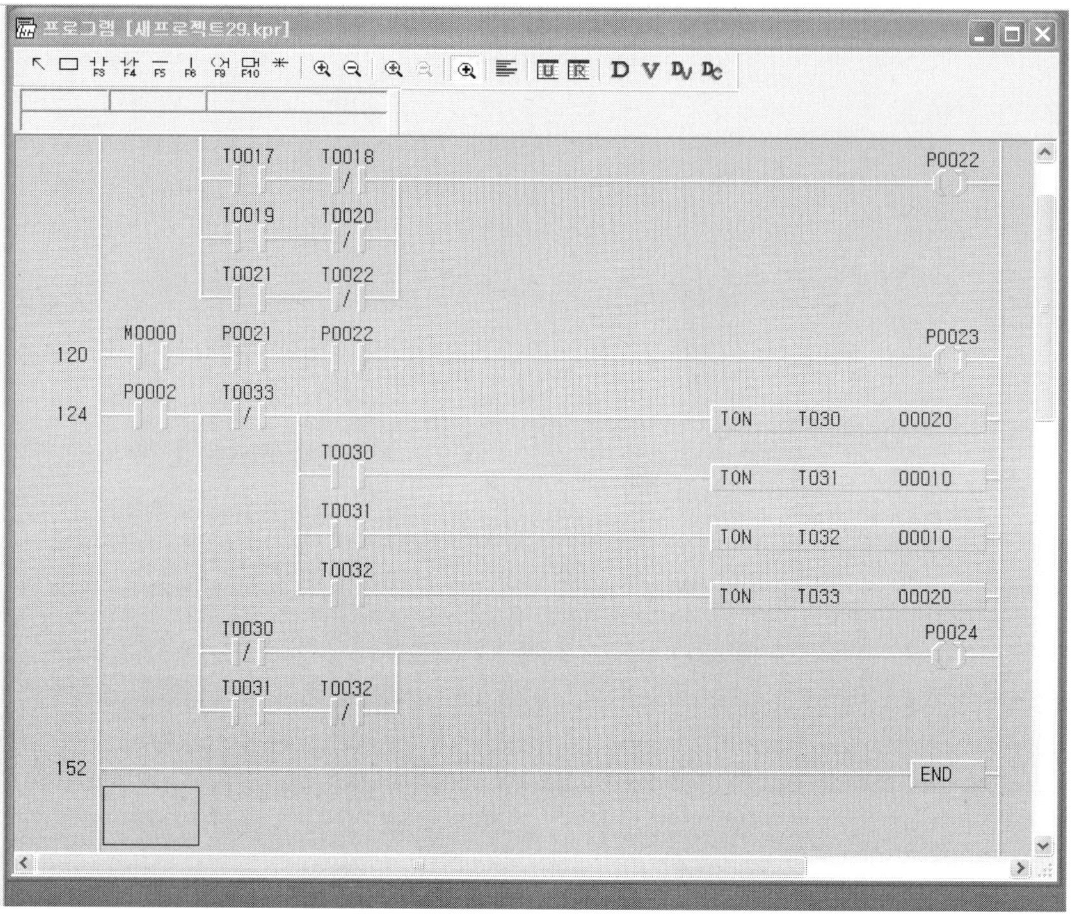
프로그램 [새프로젝트29.kpr]
T0017
T0018
P0022
T0019
T0020
T0021
T0022
120
M0000
P0021
P0022
P0023
124
P0002
T0033
TON T030 00020
T0030
TON T031 00010
T0031
TON T032 00010
T0032
TON T033 00020
T0030
P0024
T0031
T0032
152
END

메 모

타임차트_30

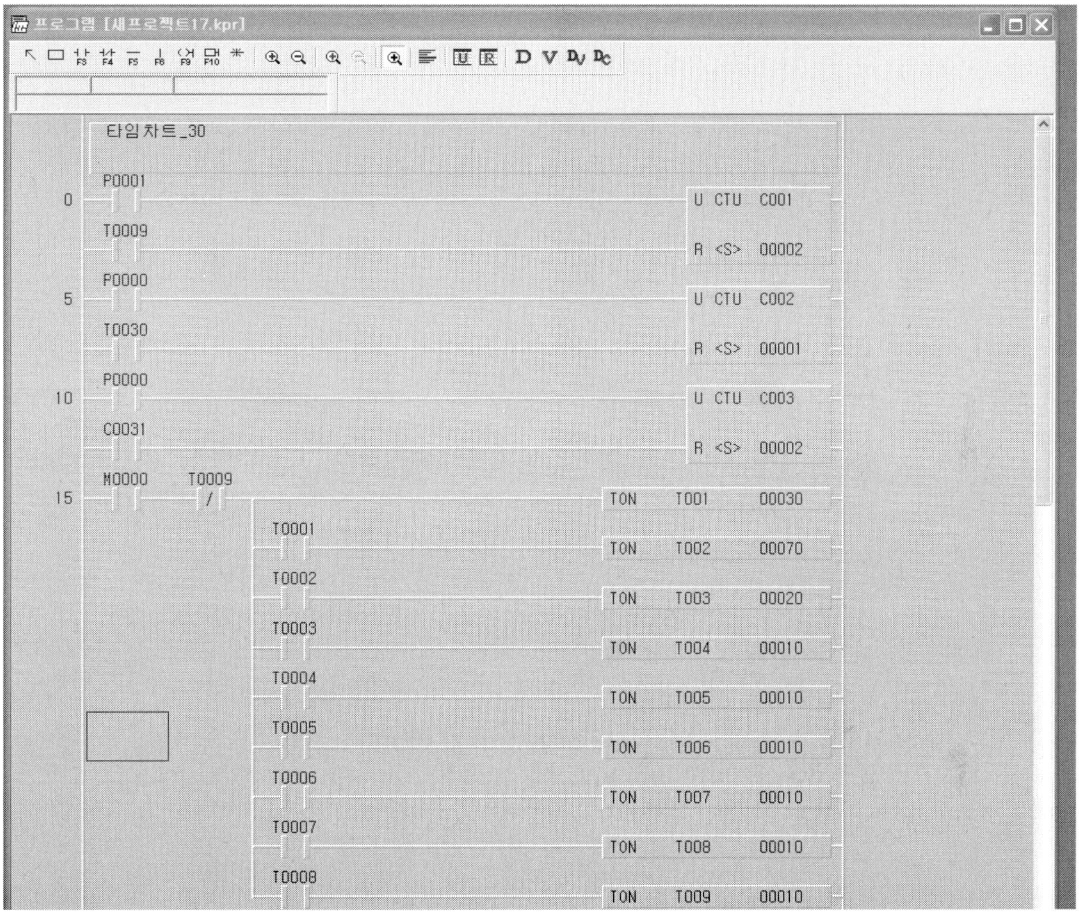
프로그램 [새프로젝트17.kpr]
타임차트_30
P0001
U CTU C001
T0009
R <S> 00002
P0000
U CTU C002
T0030
R <S> 00001
P0000
U CTU C003
C0031
R <S> 00002
M0000 T0009
TON T001 00030
T0001
TON T002 00070
T0002
TON T003 00020
T0003
TON T004 00010
T0004
TON T005 00010
T0005
TON T006 00010
T0006
TON T007 00010
T0007
TON T008 00010
T0008
TON T009 00010

메 모

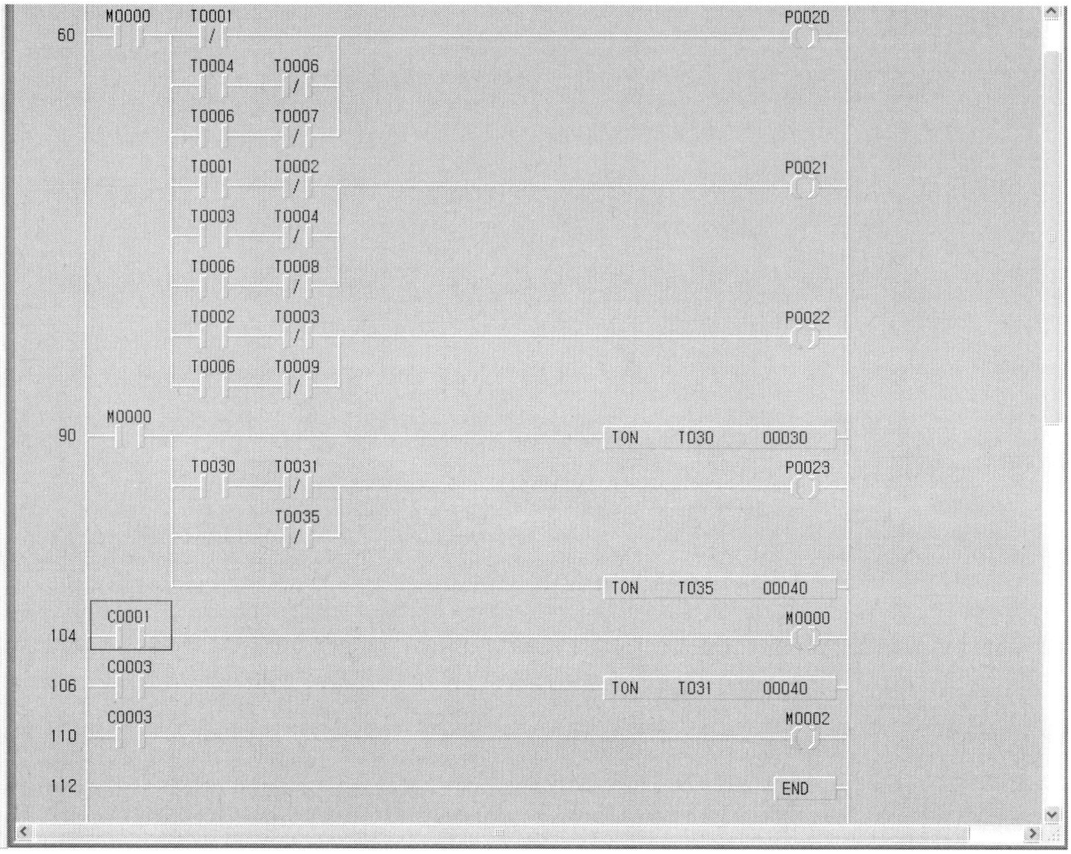
60
M0000
T0001
P0020
T0004
T0006
T0006
T0007
T0001
T0002
P0021
T0003
T0004
T0006
T0008
T0002
T0003
P0022
T0006
T0009
90
M0000
TON T030 00030
T0030
T0031
P0023
T0035
TON T035 00040
104
C0001
M0000
106
C0003
TON T031 00040
110
C0003
M0002
112
END

메 모

타밍차트_31

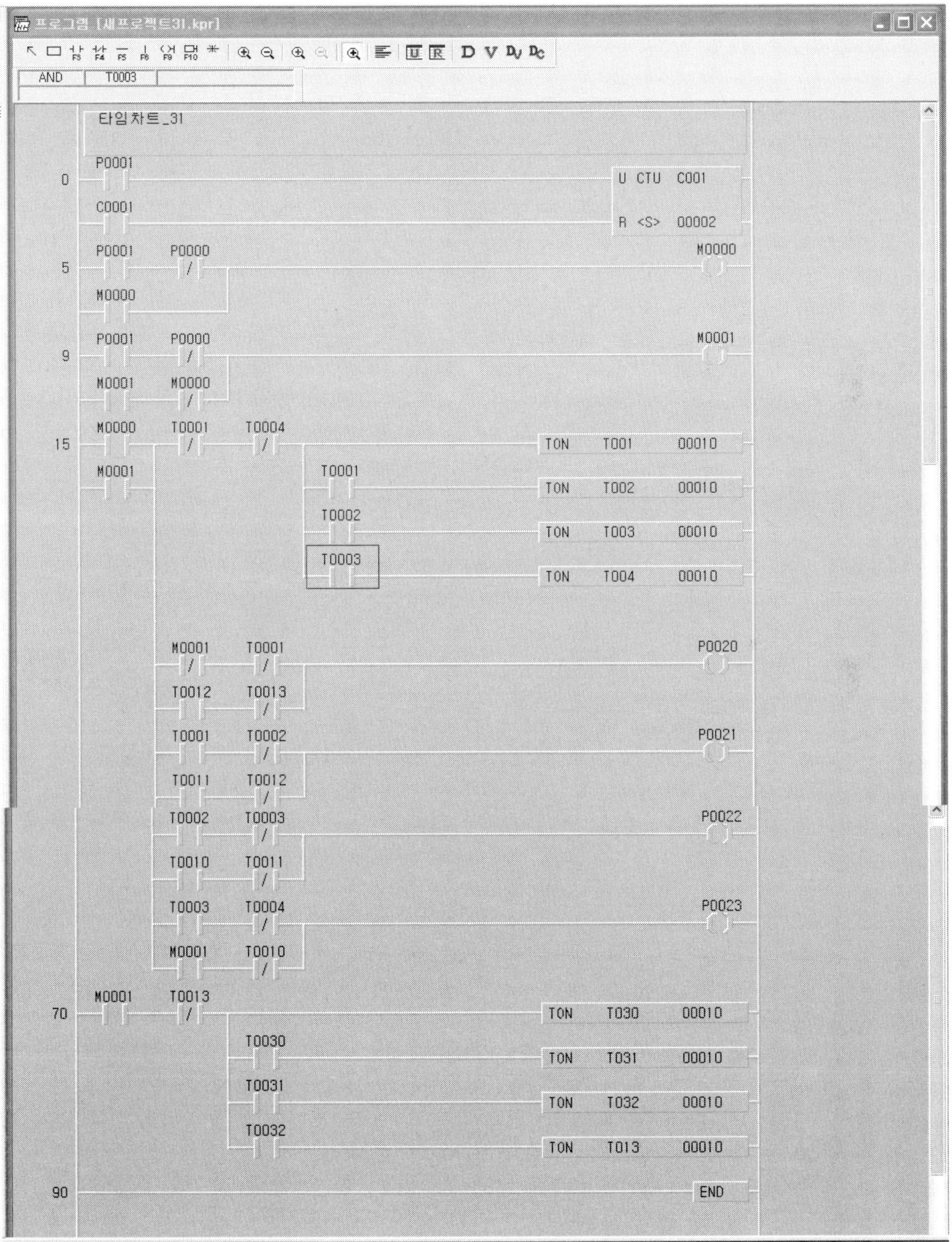
프로그램 [새프로젝트31.kpr]
AND T0003
타임차트_31
P0001
U CTU C001
C0001
R <S> 00002
P0001 P0000 M0000
M0000
P0001 P0000 M0001
M0001 M0000
M0000 T0001 T0004
TON T001 00010
M0001 T0001
TON T002 00010
T0002
TON T003 00010
T0003
TON T004 00010
M0001 T0001 P0020
T0012 T0013
T0001 T0002 P0021
T0011 T0012
T0002 T0003 P0022
T0010 T0011
T0003 T0004 P0023
M0001 T0010
M0001 T0013
TON T030 00010
T0030
TON T031 00010
T0031
TON T032 00010
T0032
TON T013 00010
END

타임차트_32

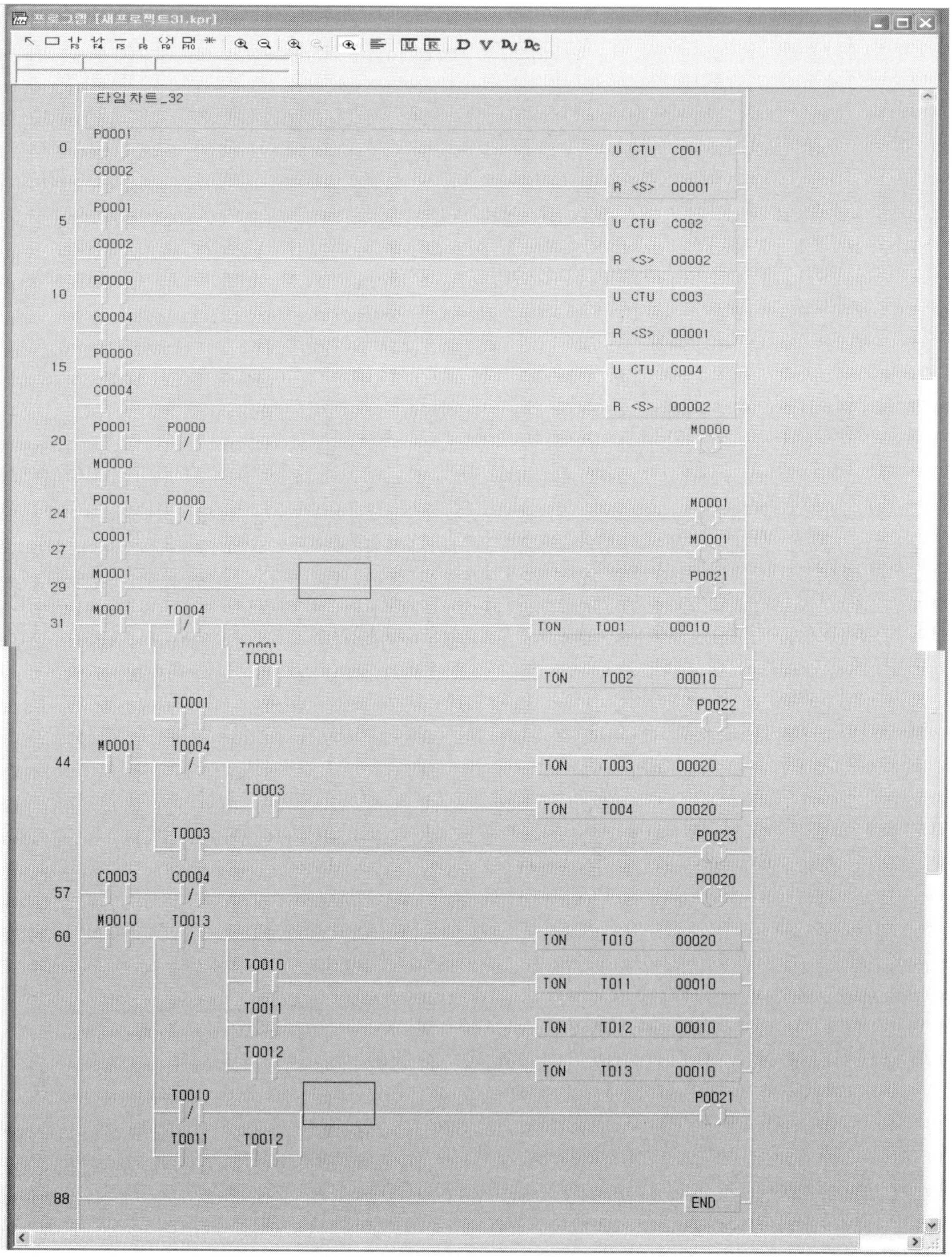

프로그램 [새프로젝트31.kpr]
타임차트_32
0 P0001 U CTU C001
C0002 R <S> 00001
5 P0001 U CTU C002
C0002 R <S> 00002
10 P0000 U CTU C003
C0004 R <S> 00001
15 P0000 U CTU C004
C0004 R <S> 00002
20 P0001 P0000 M0000
M0000
24 P0001 P0000 M0001
27 C0001 M0001
29 M0001 P0021
31 M0001 T0004 TON T001 00010
T0001 TON T002 00010
T0001 P0022
44 M0001 T0004 TON T003 00020
T0003 TON T004 00020
T0003 P0023
57 C0003 C0004 P0020
60 M0010 T0013 TON T010 00020
T0010 TON T011 00010
T0011 TON T012 00010
T0012 TON T013 00010
T0010 P0021
T0011 T0012
88 END

9-2 모듈 형 PLC 구조

■ XGB_DR32H 구조

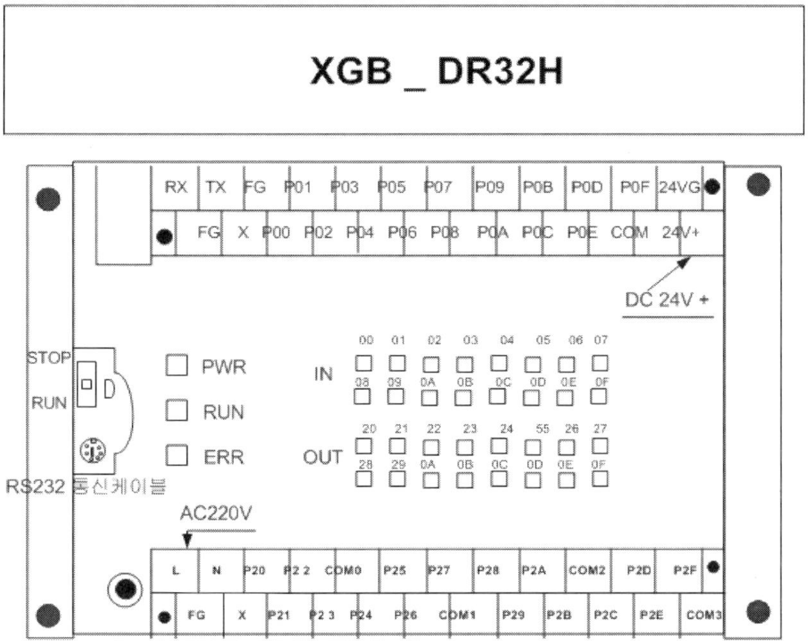

□ **XGB_**제어반

■ MITSUBISHI_MELSEC_FX3U_16DR_ 구조

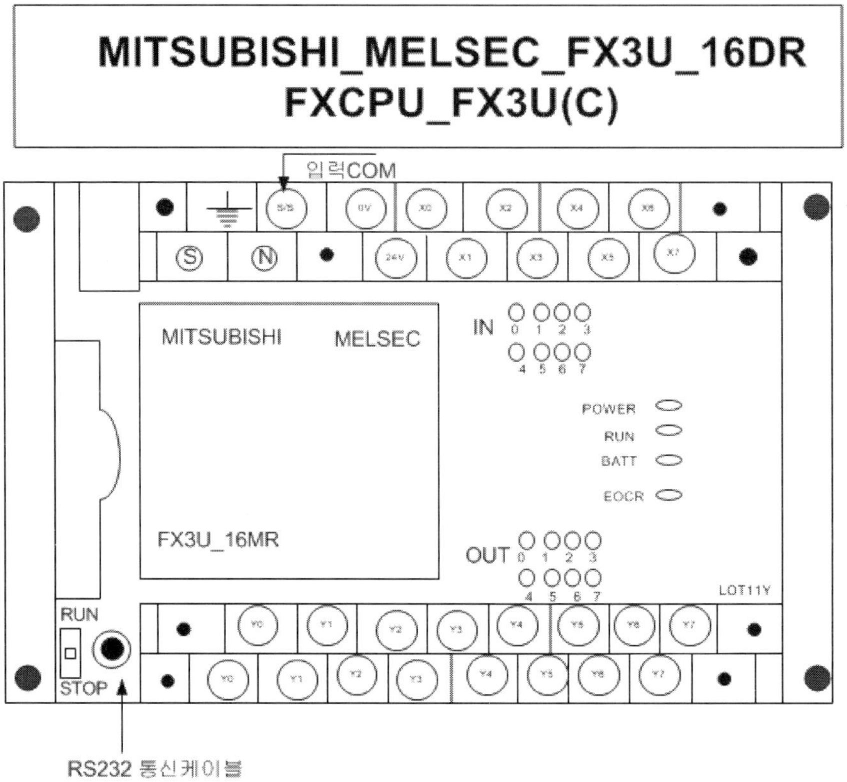

멜섹 사진

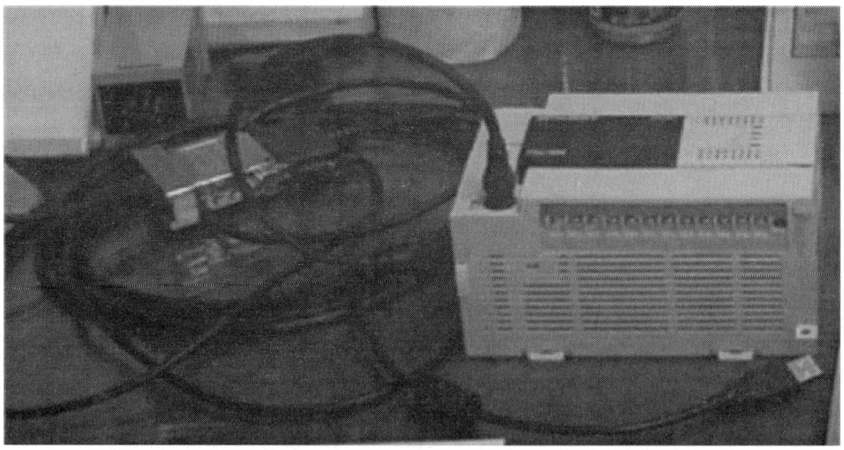

■ GLOFA_GM7_구조

	PLC_GLOFA_GM7_구조

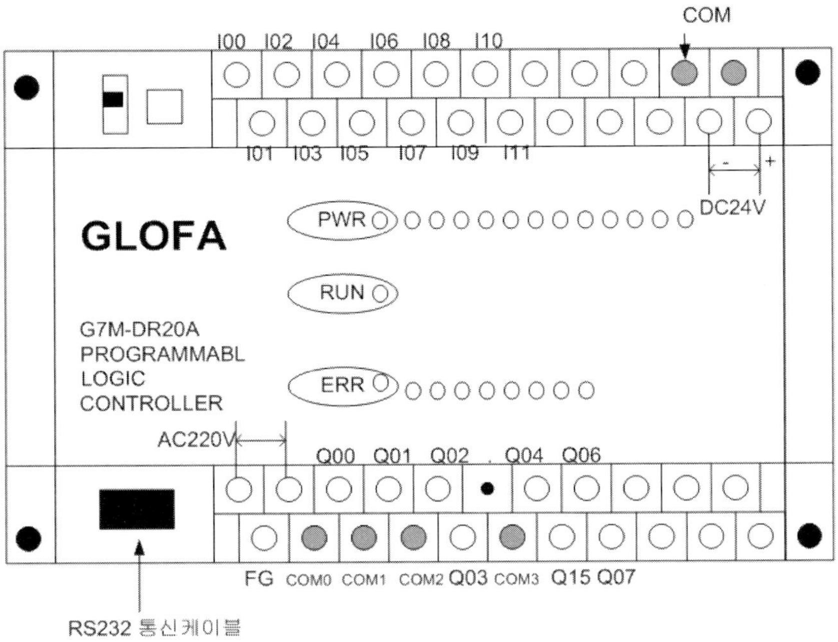

GLOFA_사진

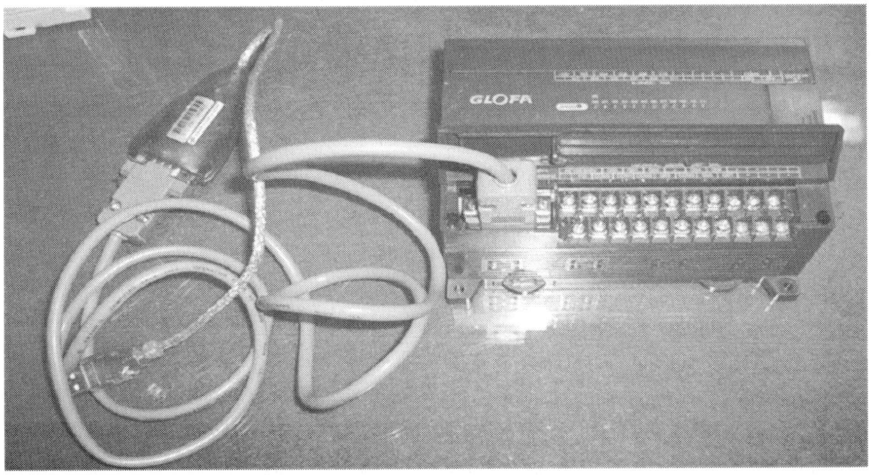

■ MASTER_K_120S_구조

MASTER_K_120s

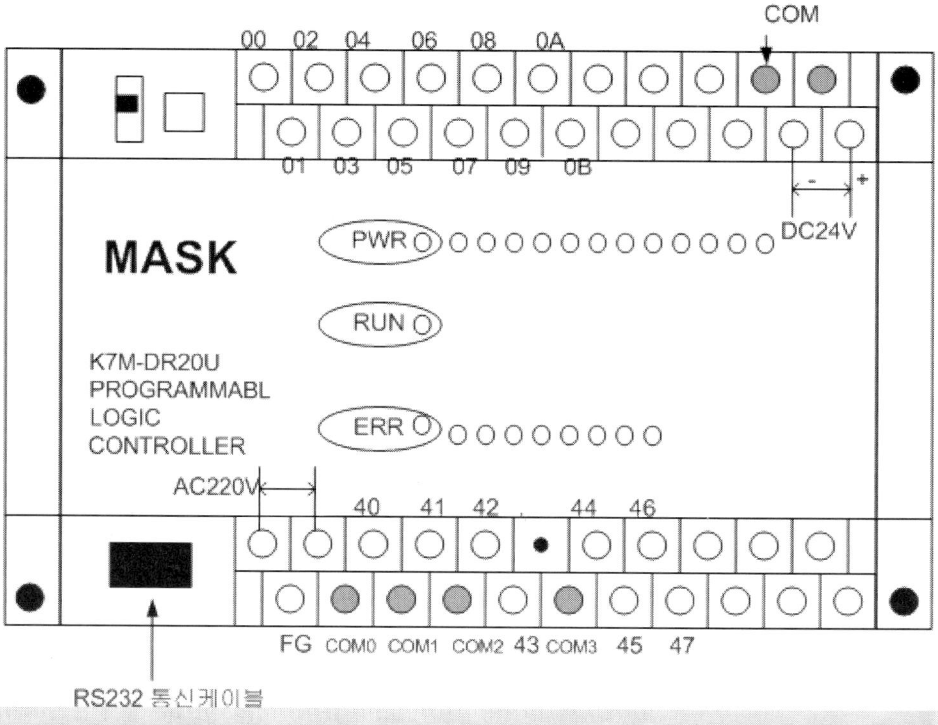

■ MELSEC_FX3U_32M

MITSUBISHI_MELSEC_FX3U_32M

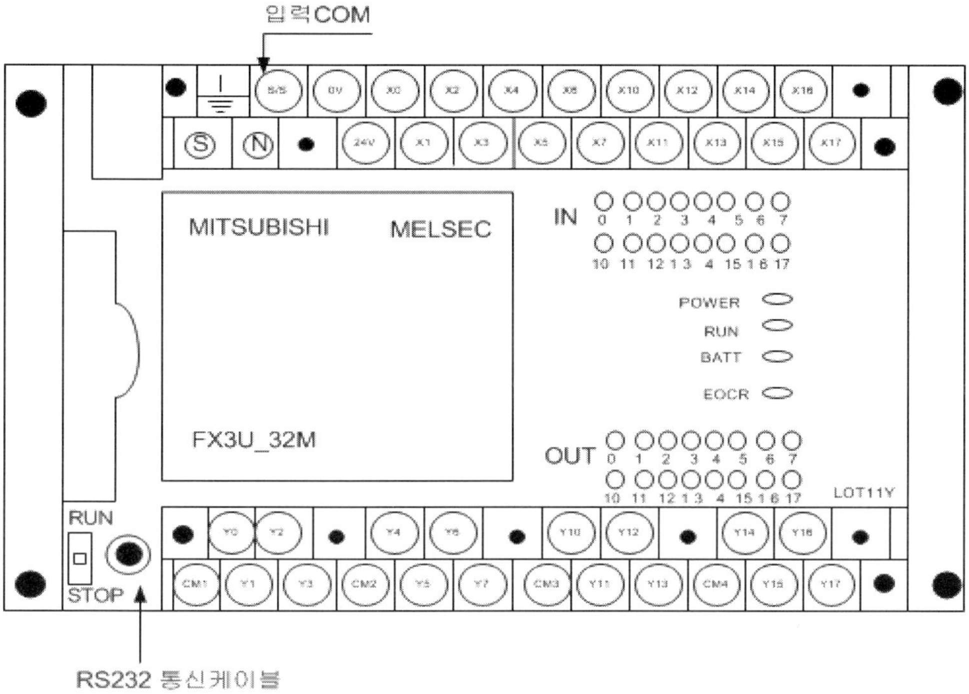

멜섹 사진

■ XGB_XBM_DR16S

XGB_XBM_DR16S 구조

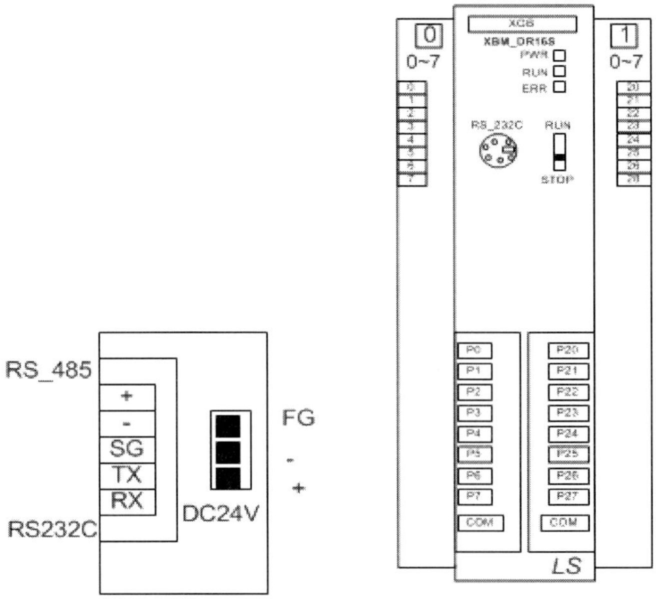

타임차트 PLC 응용제어

2013년 10월 22일 인쇄
2013년 10월 25일 발행
저 자 김 일 호
펴낸이 오 성 걸
펴낸곳 **오성미디어**
주 소 132-916 서울시 도봉구 창 3동 491-1
전 화 02)997-0136
FAX 02)997-0137
등 록 2000. 5. 12 제 7-212 호

ISBN 978-89-6628-079-7 값 16,000 원